Mantenimiento de ascensores

Fidel Romero Salord

cano▦pina

Reimpresión - 2026
Reimpresión - 2024
1.ª edición - 2024

© 2024, Editorial Cano Pina

www.canopina.com

ediciones@canopina.com

© 2024, Fidel Romero Salord • FEEDA • FEMPA

ISBN: 978-84-18430-72-5

DL MU 151-2024

Impreso en España

Utilización de imágenes y vectores de Freepik y Pixabay

Índice

Prólogo

España es el país europeo con mayor parque de ascensores. Cuenta con más de un millón de aparatos en funcionamiento y una regulación legislativa amplia, dinámica y compleja. Este sector requiere la incorporación continuada de nuevos trabajadores y trabajadoras, tanto para cubrir los puestos de quienes se jubilan como para atender las necesidades del continuo crecimiento del parque de ascensores. Estamos hablando de una oferta de empleo anual del orden de medio millar de profesionales y de la dificultad persistente de las empresas para completar sus plantillas con personas competentes y debidamente acreditadas.

Sensibles a este reto, desde la Federación Empresarial Española de Ascensores (FEEDA), se comenzó a buscar soluciones, estrategias y alianzas para darle respuesta. Así, en los últimos años, las líneas de trabajo han sido múltiples:

- La colaboración con el Instituto Nacional de Cualificaciones para actualizar la definición de las competencias profesionales vinculadas a la instalación y mantenimiento de ascensores.

- El trabajo conjunto con la administración en la definición y ampliación de los diversos itinerarios y procedimientos válidos para la formación y acreditación en la conservación de ascensores.

- La puesta en marcha pionera, en colaboración con la Federación de Empresas del Metal de la Provincia de Alicante (FEMPA) de un esquema de certificación de personas con reconocimiento oficial. Esta novedosa vía permite la acreditación ágil de aquellas personas que muestran ser competentes en las pruebas diseñadas a tal efecto. En paralelo a esta tarea, se ha constituido una red de centros colaboradores distribuidos por todo el territorio nacional donde poder realizar estas pruebas.

- También en colaboración con FEMPA, se presentó al Servicio Público Estatal de Empleo (SEPE) la definición de un nuevo curso en el Catálogo de Especialidades Formativas: el IMAI04 "Mantenimiento de Ascensores". Esta acción formativa de 125 horas facilita que personas con cierta base técnica puedan adquirir de forma eficiente las competencias específicas sobre ascensores y presentarse al proceso de certificación de personas.

- El impulso del trabajo en red de profesionales del sector en materia de formación. Tanto por medio de la Comisión de Formación de FEEDA como a través de la constitución y dinamización del grupo IMAI04, una red de docentes de diversos puntos de España que han desarrollado colaborativamente materiales didácticos específicos para la formación inicial de ascensoristas.

Este libro, que tenemos el placer de presentar, se inserta en esta dinámica de ampliación, organización, convergencia y mejora de los procesos de formación inicial y acreditación de ascensoristas. Nace del trabajo conjunto de FEEDA y FEMPA, de la experiencia profesional y docente de Fidel, su autor principal, de las aportaciones de la Comisión de Riesgos Laborales de FEEDA, del apoyo de la Comisión Técnica del Esquema de Certificación y de otras muchas colaboraciones de profesionales del sector.

Sus páginas están escritas desde el rigor técnico y el afán didáctico. Te ayudarán, sin duda, a prepararte para un oficio complejo, apasionante, tecnológicamente avanzado, y socialmente imprescindible. Esperamos, esta es nuestra ilusión y compromiso, que su estudio sea un primer paso para que puedas incorporarte en el sector y una referencia permanente en un proceso de aprendizaje y desarrollo profesional que, ya lo verás, nunca acaba.

José Carlos Frechilla Fernández. Director de FEEDA.

Lucía Moltó González. Directora General de Formación y Servicios de FEMPA

Presentación

Gracias por hacerme un hueco...

Soy Fidel Romero Salord. Mi primer trabajo en el sector del ascensor fue como ayudante de montaje muy a finales del siglo pasado. Llevo más de dos décadas aprendiendo el oficio de ascensorista... todavía estoy en ello.

Este libro es una reelaboración didáctica de un encargo que realicé previamente: el documento de especificaciones técnicas del esquema de certificación de personas de FEEDA – FEMPA. La edición impresa surge del compromiso de ambas entidades con la formación y certificación de ascensoristas, así como del buen hacer del equipo de la editorial Cano Pina.

La mayor parte del contenido procede de la reflexión y aprendizaje en mi actividad profesional y docente, del intercambio con otros profesionales y de la recopilación, síntesis y reelaboración de materiales heterogéneos y plurales. Cuando el texto se ha elaborado siguiendo de forma muy estrecha una fuente concreta se ha señalado debidamente en el propio texto o con nota a pie de página. Así ocurre, en particular, con algunos documentos de FEEDA en materia de prevención y rescate que se han incorporado dentro del libro.

La intención y el criterio de elaboración y selección de imágenes responde a los fines didácticos del documento sin que, en ningún momento, haya intención publicitaria o comercial en la selección de una u otra ilustración. La mayor parte de las imágenes son bien de elaboración propia bien cedidas por personas allegadas cuya aportación agradezco. En algunos casos y al amparo del derecho a cita, se ha recurrido a documentos de fabricantes, catálogos, bancos de imágenes, páginas web y otros recursos dejando constancia de la fuente. Con frecuencia no se ha utilizado la imagen original sino una selección o reelaboración de la misma para señalar aquellos aspectos relevantes.

Asumo plenamente la responsabilidad sobre los posibles errores que se hayan podido deslizar en este libro; con relación a los aciertos, no puedo menos que agradecer el trabajo de revisión y apoyo de las compañeras y compañeros que me han acompañado en el proceso de elaboración. De un modo particular:

- Las personas que forman parte de la Comisión Técnica del Esquema de FEEDA y FEMPA para la Certificación de Personas en Conservación de Ascensores: Carmen Carbonell, Alejandro Fidalgo y Jesús M. Valero.
- La Comisión de Prevención de Riesgos Laborales de FEEDA que ha realizado valiosas aportaciones en materia de seguridad.

- El equipo de docentes de diversos lugares de España vinculados al plan estratégico para el desarrollo de la especialidad formativa IMAI04 sobre mantenimiento de ascensores (Grupo IMAI04).

Agradecimiento expreso también a Juan Boluda cuya larga experiencia en el mantenimiento de ascensores y su compromiso en la transmisión del saber ha sido siempre estimulante.

A todos ellos y a quienes os aventuráis en la lectura de este libro, gracias por hacerme un hueco.

Un libro común para diversos itinerarios

En la actualidad son diversos los itinerarios formativos para prepararse y acreditarse como profesional de la conservación de ascensores (en el apartado de "marco legal y agentes implicados en el mantenimiento del ascensor" del Módulo 2 se detallan las diversas vías por las que una persona puede acreditarse como conservador/a de ascensores). En los últimos años se ha realizado un importante esfuerzo legal e institucional para que, aunque los procedimientos sean distintos, las competencias que se evalúan sean las mismas.

Este libro se ubica en este proceso de convergencia de temarios, por ello recoge el conjunto de contenidos teórico-prácticos asociados a las competencias sobre mantenimiento de ascensores tal y como vienen definidas por el Instituto Nacional de Calificaciones (Cualificación Profesional IMA 568_2, aprobada por el Real Decreto 150/2022 de 22 de febrero). Esta definición de competencias es la base para el desarrollo del **certificado de profesionalidad IMA_C_110_4B.**

Estas competencias se han estructurado en siete módulos cuyos contenidos se corresponden, a su vez, con la definición del **curso IMAI04 Mantenimiento de Ascensores** del catálogo de especialidades formativas del Servicio Público de Empleo Estatal (SEPE).

Por otra parte, el libro ha sido adoptado por FEEDA y FEMPA como documento de especificaciones técnicas de su esquema de **certificación de personas en conservación de ascensores**. Así pues, es el material de referencia para preparar estas pruebas que han sido validadas por la Entidad Nacional de Acreditación (ENAC) y que son conformes a la norma UNE-EN ISO/IEC 17024.

En la tabla siguiente se ofrece una visión de conjunto de la relación entre los siete módulos que componen el libro y el curso IMAI04 y las competencias de la cualificación profesional.

Módulos del libro (IMAI04)	Competencias (IMA568_2)
MÓDULO 1: Ascensores y otros equipos de elevación. Visión de conjunto y descripción de sus componentes. **MÓDULO 2:** Mantenimiento preventivo de ascensores y otros equipos de elevación.	**C1.** Aplicar las técnicas de mantenimiento preventivo de ascensores y equipos fijos de elevación y transporte, especificando las comprobaciones y secuencia del proceso con calidad, aplicando los procedimientos de trabajo seguros cumpliendo las medidas de prevención de riesgos laborales y protección medioambiental.
MÓDULO 3: Rescate de personas atrapadas en el ascensor.	**C7.** Aplicar técnicas para el rescate de personas atrapadas en un ascensor u otro equipo fijo de elevación y transporte, garantizando la seguridad de los mismos de acuerdo con los protocolos de seguridad establecidos en los programas de uso y/o mantenimiento.
MÓDULO 4: Mantenimiento correctivo de averías mecánicas en ascensores y otros equipos de elevación.	**C2.** Aplicar técnicas de diagnosis de averías en elementos del sistema mecánico de ascensores y equipos fijos de elevación y transporte, identificando las causas de las mismas. **C4.** Aplicar las técnicas de reparación del sistema mecánico de ascensores y equipos fijos de elevación y transporte, que impliquen sustitución o adición de elementos, especificando las comprobaciones y secuencia del proceso.
MÓDULO 5: Mantenimiento correctivo hidráulico en ascensores y otros equipos de elevación. **MÓDULO 6:** Mantenimiento correctivo eléctrico-electrónico de ascensores y otros equipos de elevación.	**C3.** Aplicar técnicas de diagnosis de averías en los elementos de los sistemas eléctricos y automáticos de regulación y control mecánico, hidráulico, de comunicación y transmisión de datos de ascensores y equipos fijos de elevación y transporte, identificando las causas de las mismas. **C5.** Aplicar las técnicas de reparación de sistemas eléctricos y automáticos de regulación y control mecánico, hidráulico de ascensores y equipos fijos de elevación y transporte, que impliquen sustitución de elementos, especificando las comprobaciones y secuencia del proceso.
MÓDULO 7: Gestión de modificaciones, y puesta en servicio de ascensores y otros equipos de elevación.	**C6.** Aplicar técnicas de realización de puesta a punto de los equipos, máquinas y sistemas de ascensores y otros equipos fijos de elevación y transporte después de la reparación y/o modificación, describiendo pruebas, modificaciones y ajustes, especificando las comprobaciones y secuencia del proceso.

Así pues, este libro, tal y como ha sido planteado, sirve simultáneamente:

- Como libro de texto del IMC_B_1791 sobre mantenimiento de ascensores del certificado de profesionalidad IMA_C_110_4B.
- Como libro de texto del curso IMAI04 Mantenimiento de ascensores del Catálogo de Especialidades Formativas del SEPE.
- Como material de referencia en la preparación personal de las pruebas de certificación de personas propuestas por FEEDA y FEMPA y reconocidas por ENAC.
- Como texto de apoyo en la consolidación de la formación básica de los profesionales del sector a título personal o dentro de cursos organizados.

En los siguientes QR puedes descargar material complementario con todos los objetivos y con los resultados de aprendizaje de cada una de los módulos desarrollados y anexos adicionales, además de las respuestas a las actividades y cuestionarios que te vas a ir encontrando a lo largo del manual.

Material complementario

Anexos adicionales

Respuestas a las actividades y cuestionarios

Introducción a los ascensores y otros equipos de elevación. Visión de conjunto y descripción de sus componentes

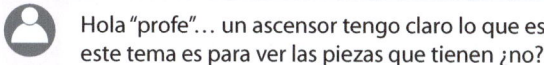 Hola "profe"… un ascensor tengo claro lo que es, este tema es para ver las piezas que tienen ¿no?

Sí, pero más cosas, en primer lugar, vamos a ver la definición legal de ascensor y las normas que debe cumplir.

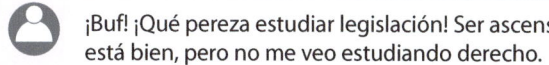 ¡Buf! ¡Qué pereza estudiar legislación! Ser ascensorista está bien, pero no me veo estudiando derecho.

No es que necesites ser abogado pero alguna referencia es importante… gran parte de nuestro trabajo consiste en que la gente pueda subir y bajar en aparatos que cumplan todas las normas legales exigibles.
Después de eso vamos a ampliar la mirada 🧐 para que veas, más allá del ascensor de tu casa, los diferentes tipos de ascensores que existen, cómo se llama cada parte y qué función tiene.

 Vale, tema legal, tipos, visión de conjunto y vocabulario ¿Es eso no?

Falta algo fundamental: recordar que tu principal deber como ascensorista es que tus clientes y tú podáis llegar de una pieza al hogar. Así que sí, desde el primer módulo vamos a empezar a hablar de seguridad.
… hasta aquí te adelanto, el resto ya lo vas viendo.

Presentación del módulo

Este módulo tiene carácter introductorio. Su objetivo es proporcionar una visión de conjunto sobre los ascensores y otros equipos de elevación. Es pues un módulo básico que facilita el manejo de conceptos fundamentales y necesarios para el desarrollo del resto de contenidos.

El módulo se aproxima al sector de los ascensores desde varias perspectivas:

La primera es jurídica y aborda la definición, el desarrollo legal y la normativa específica. No interesa un conocimiento exhaustivo sobre cada una de las normas y leyes; sí que precisamos, en cambio, algunas ideas claras sobre el marco jurídico que determina nuestra actuación como profesionales del sector.

La siguiente aproximación es clasificatoria. En ese apartado realizaremos una primera clasificación de los tipos de instalación sobre los que vamos a trabajar.

La tercera perspectiva es visual y espacial, su finalidad es distinguir y ubicar los diversos elementos que forman parte de la instalación. Esta aproximación visual sobre el ascensor se completa con una recopilación del vocabulario utilizado tanto a nivel técnico como coloquial en el sector.

El módulo termina con la introducción de un elemento que es clave y que nos acompañará de principio a fin en todo el temario: la valoración y prevención de riesgos.

Estructura de contenidos

- Definición de ascensor.

- Desarrollo legal y normativo en Europa y España.

- Criterios de clasificación.

- Identificación y ubicación de componentes.

- Vocabulario técnico básico.

- Espacios de trabajo y valoración de riesgos.

Definición de ascensor

En el mercado se pueden encontrar diversos sistemas de elevación y transporte de personas y/o cargas con diferentes nomenclaturas. Mostramos algunos ejemplos de artefactos y máquinas con esta función:

Ilustración 1. Diversas máquinas de elevación y transporte. Fuente: elaboración propia a partir de fotos de Pixabay

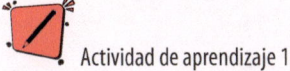 **Actividad de aprendizaje 1**

Trata de pensar y escribir una definición de ascensor. Una vez que la tengas, sigue leyendo y compara tu propia definición con la contenida en este apartado.

La Real Academia Española define ascensor como *"aparato para trasladar personas de unos pisos a otros"* y elevador como *"vehículo destinado a subir, bajar o desplazar, mediante un dispositivo especial, mercancías en almacenes, construcciones"*. Desde el punto de vista técnico estas definiciones son insuficientes. La definición precisa de ascensor no es solo una cuestión semántica. El hecho de que un aparato sea considerado ascensor o no, condiciona, por ejemplo, las normas de seguridad que se deben seguir en su fabricación, la cualificación de los técnicos que deben realizar su mantenimiento, la obligatoriedad o no de pasar revisiones periódicas, los organismos oficiales responsables de su inspección y otros muchos aspectos.

La definición legal de ascensor la encontramos en la Instrucción Técnica Complementaria (ITC) del Reglamento de Ascensores y contempla los siguientes elementos:

Ascensor es el aparato de elevación instalado permanentemente en edificios o construcciones, provisto de un habitáculo, que sirve niveles definidos siguiendo un recorrido fijo, que se desplaza a lo largo de guías (rígidas o no), y cuya inclinación sobre la horizontal es superior a 15 grados, destinado al transporte:

- *de personas;*
- *de personas y objetos;*
- *solamente de objetos, si el habitáculo es accesible, es decir, si una persona puede entrar en él sin dificultad, y si está provisto de órganos de accionamiento situados dentro del habitáculo o al alcance de una persona situada dentro del mismo.*

Saber más

«Habitáculo» es la parte del aparato de elevación en la que se sitúan las personas u objetos con la finalidad de ser elevados o descendidos. En ascensores de velocidad superior a 015 m/s el habitáculo ha de ser una cabina.

La consideración de "ascensor" se tendrá con independencia de la designación popular, comercial o la que figure en normas técnicas y la velocidad con que se desplace el habitáculo.

A pesar de que puedan cumplir la definición anterior, se excluyen expresamente del ámbito de aplicación de la Instrucción Técnica Complementaria del Reglamento de ascensores:

1. *los ascensores de obras de construcción,*
2. *las instalaciones de cables, incluidos los funiculares,*
3. *los ascensores especialmente diseñados y fabricados para fines militares o policiales,*
4. *los aparatos de elevación desde los cuales se pueden efectuar trabajos,*
5. *los ascensores para pozos de minas,*
6. *los aparatos de elevación destinados a mover actores durante representaciones artísticas,*
7. *los aparatos de elevación instalados en medios de transporte,*
8. *los aparatos de elevación vinculados a una máquina y destinados exclusivamente al acceso a puestos de trabajo, incluidos los puntos de mantenimiento e inspección de la máquina,*
9. *los trenes de cremallera,*
10. *las escaleras mecánicas y andenes móviles, y*
11. *los aparatos elevadores que discurran a lo largo de una escalera o rampa o que sirvan una distancia vertical menor que la existente entre dos plantas de un edificio o construcción con una distancia máxima entre las dos paradas de tres metros.*

 Toma nota

Dentro de la definición de ascensor hay tres características claves: que estén en edificios, que sean permanentes y que sea usable por personas.

Ilustración 2. Definición de ascensor en el reglamento de ascensores de 1952. Fuente: Boletín Oficial del Estado

Todos los aparatos que cumplan los criterios de la definición anterior están obligados a cumplir las exigencias de la Instrucción Técnica Complementaria, entre ellas el estar dados de alta en el Registro de Aparatos Elevadores.

La propia ITC señala que, con relación al diseño, la fabricación y comercialización hay dos tipos de ascensores:

- **Los ascensores de velocidad no superior a 0,15 m/s.** Estos aparatos se rigen por el Real Decreto 1644/2008, de 10 de octubre, conocido también como "Directiva de Máquinas". En 2023 se publicó el Reglamento (EU) 2023/1230 del Parlamento Europeo y del Consejo relativo a las máquinas. Este reglamento sustituirá a la actual directiva a partir del año 2027.

- **Los ascensores de velocidad superior a 0,15 m/s.** La norma de referencia en este caso es la Directiva 2014/33/UE del Parlamento Europeo y del Consejo, conocida como "Directiva de Ascensores" y que fue traspuesta a la legislación española por medio del Real Decreto 203/2106. Esta directiva recoge una definición de ascensor que es prácticamente idéntica a la de la ITC con la salvedad de que excluye dentro de su ámbito de aplicación a cualquier aparato de velocidad menor o igual a 0,15 m/s.

Se hace evidente que es una definición compleja, ampliamente debatida y que trata de solucionar diversas ambigüedades de definiciones anteriores. También es una definición en continua evolución, por lo que, para ser precisos, es necesario remitirse a la ITC vigente.

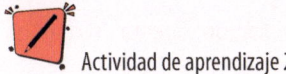 **Actividad de aprendizaje 2**

A partir de la definición de ascensor de la ITC, analiza uno a uno los aparatos que aparecen en la Ilustración 1 y señala aquellos que deben ser considerados ascensores. Justifica tu respuesta.

Desarrollo legal y normativo en Europa y España

Evolución histórica del marco legal

Aportamos un recorrido con las principales modificaciones legales que da cuenta de la complejidad y dinamismo del sector:

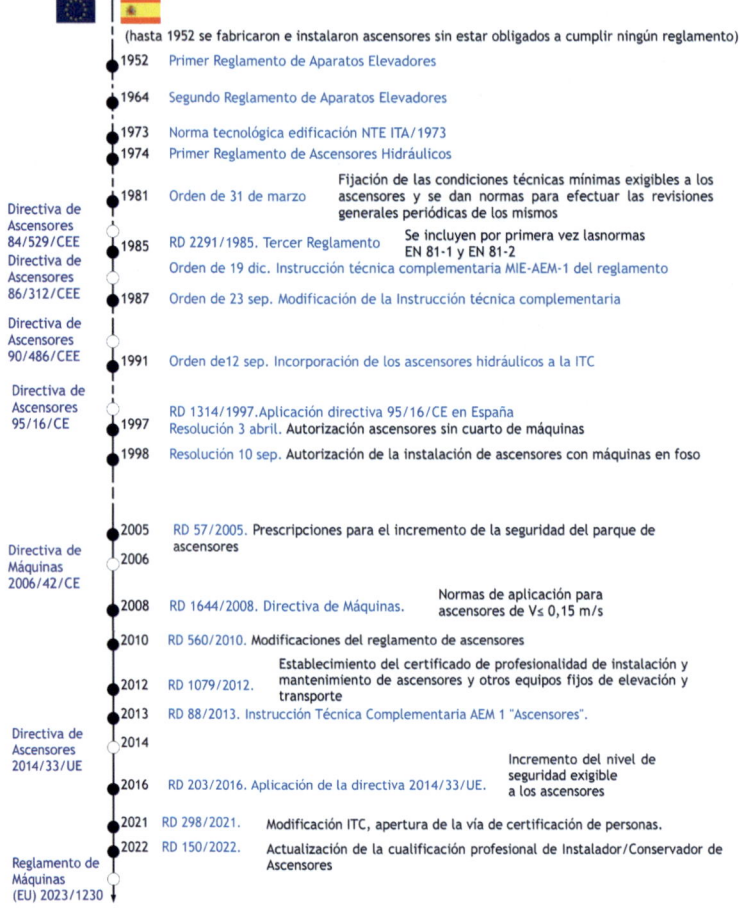

Ilustración 3. Evolución de la legislación sobre ascensores en la UE y España. Fuente: elaboración propia

La legislación en Europa y España ha ido evolucionando de forma continuada en las últimas décadas. Algunos de los vectores que marcan el desarrollo legal son:

- El incremento de la seguridad en el diseño, fabricación, instalación, puesta en marcha y mantenimiento.
- La incorporación de los avances tecnológicos: implementación histórica de ascensores hidráulicos, sin cuarto de máquinas, uso de nuevos materiales, mejora de la eficiencia energética…

- La sensibilidad a las demandas y necesidades sociales: eliminación de barreras arquitectónicas, adaptación a personas con diversidad funcional, incorporación de aparatos en viviendas unifamiliares…
- La convergencia con Europa en la construcción de un mercado único, a la vez que el respeto a las competencias autonómicas en las materias que les son propias.
- La necesidad de ordenamiento de las empresas del sector, así como de precisar las competencias y vías de acreditación de sus profesionales.

Legislación y normativa aplicable a ascensores y otros aparatos de elevación

Sin entrar en grandes precisiones legales, de una forma muy global, la legislación en estos momentos de referencia es:

		Ascensores V> 0,15 m/s	Elevadores V≤ 0,15 m/s
Diseño • Fabricación • Instalación e Introducción en el mercado	Ascensores previamente instalados	Aplicación de la normativa que estuviera vigente en el momento de introducción en el mercado junto con modificaciones de obligado cumplimiento introducidas con carácter retroactivo por legislaciones posteriores.	
	Ascensores de nueva fabricación	RD 203/2016 por el que se aplica la **directiva de ascensores** 2014/33/UE en la que se establecen los requisitos de seguridad esenciales para la comercialización. (Familia de normas UNE-EN 81)	*Hasta 2027:* RD 1644/2008 por el que se aplica la **directiva de máquinas** 2006/42/CE en la que se establecen los requisitos para su comercialización. *A partir de 2027:* **Reglamento de máquinas (EU)** 2023/1230
Alta • Conservación • Modificación y Baja (tanto ascensores antiguos como nuevos)		Última versión de la **Instrucción Técnica Complementaria AEM 1 "Ascensores"** del Reglamento de ascensores	

 Toma nota

La velocidad de un aparato (si es mayor o no de 0,15 m/s) es muy significativa con relación a los requisitos que debe cumplir en su diseño. Determina, por ejemplo, si los pasajeros deben viajar en una cabina cerrada o no, si el ascensor tiene que tener foso y otras muchas cuestiones; sin embargo, ese dato de la velocidad es poco significativo con relación a las normas que se deben cumplir para su mantenimiento.

El desarrollo legislativo ha ido acompañado de la publicación de las correspondientes normas por parte del organismo competente que actualmente es la Asociación Española de Normalización UNE. A través del QR adjunto puedes conocer el trabajo que desarrolla el comité técnico de normalización CTN321 sobre ascensores, escaleras mecánicas y andenes móviles. Las normas vigentes son diversas:

- La familia de normas UNE-EN 81 relacionadas con los criterios de seguridad para el diseño, fabricación, construcción e instalación de ascensores. Están debidamente organizadas y numeradas tal y como aparece en el esquema de la página siguiente.
- Otras normas que atienden aspectos generales como son las pautas de realización del mantenimiento y las inspecciones reglamentarias, la eficiencia energética, la compatibilidad electromagnética, la valoración de riesgos, etc.
- Existen, además, otras muchas normas relacionadas con componentes particulares o con otro tipo de aparatos de elevación (aparatos provisionales para obras, militares, minas, etc.) cuya relación no hemos incluido aquí.

Presentamos un cuadro resumen de normativa actualmente vigente.

 Toma nota

De la extensa variedad de normas hay dos que son especialmente importantes:

La **norma EN 81:20** que determina los criterios de seguridad en el diseño de todos los aparatos que deban cumplir la directiva de ascensores. En ella se establecen temas como la resistencia de los distintos elementos, los sistemas de parada de emergencia, los dispositivos que deben incorporarse para evitar un mal uso y accidentes, etc. La norma equivalente para algunos de los aparatos diseñados según la directiva de máquinas es la EN81: 41.

La **norma 58720** en la que se definen y secuencian las comprobaciones obligatorias mínimas que se deben realizar en las revisiones de mantenimiento preventivo de los ascensores.

La serie de Normas EN 81 sería:

- **Normas base e interpretaciones (EN 81-1x):**
  - ✓ 81-10 - Sistema de la serie de normas EN 81.
  - ✓ 81-11- Interpretaciones de la serie de normas EN 81.
  - ✓ 81-12 - Utilización normas 81-20 y 81-50 en mercados extra europeos.
- **Ascensores de personas y mercancías (EN 81-2x):**
  - ✓ 81-20 - Reglas de seguridad fabricación.
  - ✓ 81-21 - Ascensores nuevos en edificios existentes.
  - ✓ 81-22 - Ascensores eléctricos con trayectoria inclinada.

✓ 81-28 - Alarmas remotas.
- **Ascensores solo para mercancías (EN 81-3x):**
  ✓ 81-3 - Minicargas eléctricos e hidráulicos.
  ✓ 81-31 - Montacargas solo para mercancías.
- **Ascensores especiales (EN 81-4x):**
  ✓ 81-40 - Salvaescaleras y plataformas inclinadas personas con movilidad reducida.
  ✓ 81-41- Plataformas verticales personas con movilidad reducida.
  ✓ 81-43 - Ascensores de uso específico en grúas.
- **Pruebas y ensayos (EN 81-5x):**
  ✓ 81-50 - Reglas de diseño, cálculo y ensayos.
  ✓ 81-51 -Examen tipo para ascensores.
  ✓ 81-58 - Ensayos resistencia al fuego de las puertas de piso.
- **Documentación para ascensores (EN 81-6x):**
  ✓ 81-60 - Expediente técnico e instrucciones ascensores especiales.
  ✓ 81-60 - Expediente técnico e instrucciones montacargas.
- **Directrices sobre aspectos particulares de los ascensores (EN 81-7x):**
  ✓ 81-70 - Accesibilidad personas diversidad funcional.
  ✓ 81-71 - Ascensores resistentes al vandalismo.
  ✓ 81-72 - Ascensores de uso por bomberos para evacuar o extinción de incendios.
  ✓ 81-73 - Comportamiento ascensores en caso de incendio.
  ✓ 81-76 - Uso para evacuación personas con discapacidad.
  ✓ 81-77 - Ascensores sujetos a riesgos sísmicos.
- **Directrices sobre mejora en ascensores existentes (EN 81-8x):**
  ✓ 81-80 - Mejora seguridad.
  ✓ 81-81 - Modernización de ascensores.
  ✓ 81-82 - Reglas para mejora de la accesibilidad ascensores existentes.
  ✓ 81-83 - Mejora de la resistencia al vandalismo ascensores existentes.

Otras normas referentes a ascensores				
Mantenimiento	Inspecciones	Eficiencia energética	Compatibilidad electromagnética.	Riesgos
58720 Mantenimiento preventivo ascensores	192008-1 Inspección ascensores	25745-1 Medición de la energía y verificación	12015 Emisión	14798 Evaluación y reducción de riesgos
13015 Reglas para instrucciones mantenimiento	UNE 192008-2 Inspección elevadores V ≤ 0,15 m/s	25745-2 Cálculo energético y clasificación de los ascensores	12016 Inmunidad	

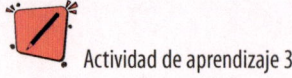

Actividad de aprendizaje 3

¿En qué norma irías a buscar las respuestas a estas preguntas?

- ¿Cuál ha de ser la iluminación mínima en cabina en un ascensor?
- ¿Cuál es el número mínimo de cables de suspensión que debe llevar un ascensor?
- ¿Es obligatorio que los ascensores nuevos lleven pesacargas?
- ¿Cada cuántas revisiones de mantenimiento preventivo hay que probar el funcionamiento del sistema de acuñamiento?
- ¿Es necesario revisar todas las puertas todas las veces que va el técnico a realizar el mantenimiento preventivo de un ascensor?
- ¿Cómo hay que diseñar la botonera de cabina para que pueda ser usada por personas invidentes?
- ¿Qué medidas de seguridad debe tener un aparato destinado, exclusivamente, para subir y bajar mercancías?

Criterios de clasificación

Hay distintos tipos, características, componentes y modelos de ascensores y otros sistemas fijos de elevación. Esta taxonomía permite a los y las profesionales de la conservación de ascensores describir de forma técnica la configuración básica los aparatos que deben mantener.

Desarrollamos a continuación las características más significativas para definir un ascensor.

La función y capacidad

- **Ascensores y elevadores destinados a ser utilizados por personas o personas y cargas.** Entran en esta categoría también las plataformas elevadoras para personas, montacamillas y los montacoches tanto en cuanto estén pensados para que accedan personas.
- **Montacargas en sentido estricto** que son aparatos diseñados expresamente para impedir que las personas suban al mismo, bien porque la dimensión de la cabina lo impide (minicargas o, en lenguaje común, montaplatos), bien porque no existen mandos accesibles desde cabina que permitan a una persona accionarlo desde dentro (aparatos elevadores cuyo accionamiento necesariamente debe hacerse desde el exterior de los mismos). Aunque en algunas zonas todavía se utiliza el término "montacargas" para designar a ascensores secundarios para el personal de servicio esta nomenclatura no sería adecuada cuando se trate de aparatos en los que está previsto que, además de carga, puedan subir personas a cabina.

Otro dato importante tanto para ascensores como para montacargas es el número máximo de personas y/o el peso máximo que está previsto movilizar. Aunque la norma contempla algunos matices, el criterio general es que para ascensores de tres o más personas se considera que el peso de cada pasajero es de 75 kg. Así, un ascensor para cuatro personas debe poder movilizar 300 kg y, en sentido inverso, un ascensor que pueda mover 750 kg está diseñado para que puedan viajar hasta 10 personas.

La norma EN81:20 establece la relación que debe existir entre la carga máxima y la superficie útil máxima y mínima del suelo de cabina. Esta superficie está calculada, por una parte, para garantizar que cabe realmente el pasaje previsto (superficie mínima) y, por otra, para evitar que entren más pasajeros de los permitidos (superficie máxima).

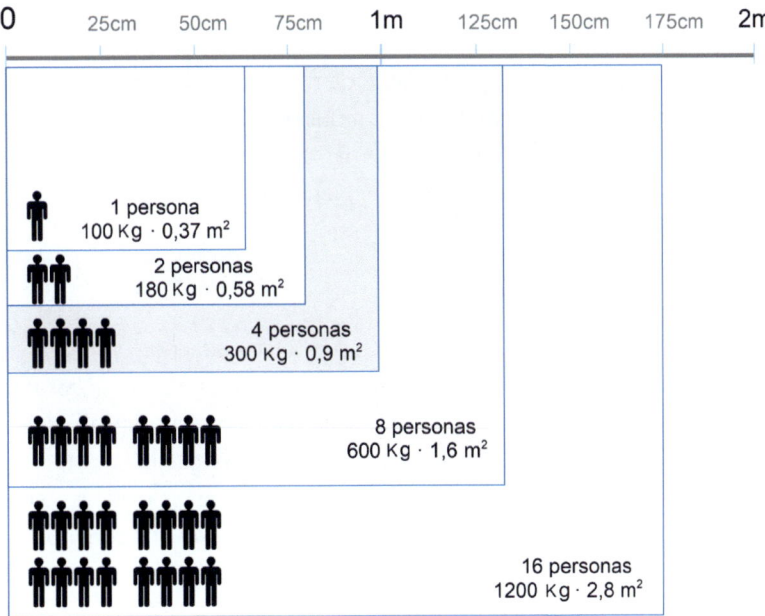

Ilustración 4. Comparativa de la superficie útil máxima de la cabina en función de la capacidad del ascensor.
Fuente: elaboración propia a partir de datos de la norma EN81: 20

La normativa reguladora

La primera distinción, tal y como hemos comentado, es la que determina la norma que debe cumplir en materia de diseño, fabricación, instalación y comercialización.

- **Ascensores con velocidad superior a 0,15 m/s** y que, en consecuencia, están obligados al cumplimiento de la Directiva de Ascensores 2014/33/UE del Parlamento Europeo y del Consejo de 26 febrero de 2014 (traspuesta a la legislación española por el Real Decreto 203/2016 de 20 de mayo del Ministerio de Industria Energía y Turismo).

- **Ascensores con velocidad igual o inferior a 0,15 m/s**, a veces llamados de forma un tanto imprecisa, elevadores, elevadores domésticos, ascensores unifamiliares, homelift, etc. Estos aparatos están diseñados conforme a la Directiva de máquinas 2006/42/CE de 17 de mayo del Parlamento Europeo y del Consejo (traspuesta al ordenamiento español por el Real Decreto 1644/2008 de 10 de octubre del Ministerio de la Presidencia). Esa norma estará vigente hasta que en 2027 sea sustituida por el Reglamento de Máquinas (EU) 2023/1230.

Sea cual sea la velocidad del ascensor está obligado a cumplir la Instrucción Técnica Complementaria del Reglamento de Ascensores con relación a su mantenimiento.

Aparte de estos dos grandes tipos de ascensores hay otra clase de máquinas elevadoras que no son propiamente ascensores. Este es el caso de, por ejemplo, los salvaescaleras, las escaleras mecánicas, las pequeñas plataformas elevadoras, los aparatos instalados en aerogeneradores o grúas, ascensores de obra, andamios móviles para el mantenimiento de fachadas, etc. Algunos de estos aparatos están regulados por la Directiva y el Reglamento de Máquinas y otros pueden tener normas más específicas. En cualquier caso, estos aparatos no están obligados llevar un mantenimiento conforme a la Instrucción Técnica Complementaria del Reglamento de Ascensores.

El principio de funcionamiento

- **Ascensores eléctricos:** basados en la tracción efectuada por un motor eléctrico que actúa sobre el habitáculo. Básicamente pueden ser ascensores basados en un conjunto de husillo y tuerca, en un tambor de enrollamiento de cables, o bien, de movimiento mediante polea tractora de un sistema de cabina y contrapeso. Este último es el sistema más utilizado y el que permite mayores velocidades y recorridos. Los motores pueden ser síncronos, asíncronos o de corriente continua. El motor puede llevar una máquina reductora basada en una rueda dentada y un tornillo sin fin o aparatos "gearless" (sin engranaje) donde no hay máquina reductora y la polea está asociada directamente al eje del motor.

Actividad de aprendizaje 4

Identifica qué imagen corresponde a un motor gearless y cuál a un motor con máquina reductora en función de la posición de la polea tractora con relación al eje del motor.

- **Ascensores hidráulicos:** basados en la extensión y contracción de uno o más pistones hidráulicos. Tuvieron un amplio desarrollo, especialmente en la instalación de ascensores nuevos en edificios antiguos por ofrecer en esos casos dos ventajas significativas: el traslado de las cargas directamente al suelo y y la flexibilidad en la ubicación del cuarto de máquinas lejos del hueco. Estas ventajas actualmente están cubiertas por los ascensores eléctricos sin cuarto de máquinas.
- **Elevadores neumáticos:** basados en un sistema neumático de vacío en un hueco sellado. Es un sistema muy poco frecuente actualmente comercializado solo para ascensores unifamiliares de velocidad inferior a 0,15 m/s.

La ubicación del motor o grupo hidráulico

- **Ascensor con cuarto de máquinas:** en la que el motor o el grupo hidráulico se encuentra en un espacio fuera del hueco, bien encima del mismo (que es la posición habitual en ascensores eléctricos), bien en una zona lateral (que es lo más corriente en ascensores hidráulicos). En los ascensores hidráulicos el cuarto de máquinas puede ser incluso un armario que contenga la maniobra y el grupo impulsor.
- **Ascensor sin cuarto de máquinas:** en la que el motor o el sistema impulsor se ubica dentro del propio hueco.

Actividad de aprendizaje 5

Escribe en las siguientes tablas comparativas dos ventajas de cada tipo frente al modelo con el que se compara.

Ventajas de un **ascensor hidráulico** frente a un eléctrico de 2 velocidades con cuarto de máquinas	Ventajas de un **ascensor eléctrico de 2 velocidades** con cuarto de máquinas frente a uno hidráulico

Ventajas de un **ascensor eléctrico sin cuarto de máquinas** frente a uno con cuarto de máquinas	Ventajas de un **ascensor eléctrico con cuarto de máquinas** frente a uno sin cuarto de máquinas

Ventajas de un **ascensor eléctrico de dos velocidades** frente a un ascensor con variador de frecuencia	Ventajas de un **ascensor con variador de frecuencia** frente a un ascensor de dos velocidades

El número de velocidades

- **Ascensores de una velocidad.** En estos aparatos se mantiene una misma velocidad desde el arranque hasta la parada. Es un sistema poco confortable pues, a menos que la velocidad nominal sea muy baja, el arranque y la frenada son muy bruscos y la parada poco precisa. En el pasado se llegó a usar este sistema en ascensores de hasta 0,7 m/s, en la actualidad solo está permitido usar sistemas de una velocidad para aparatos de como máximo 0,15 m/s.

- **Ascensores de dos velocidades.** Son aquellos en los que está previsto una velocidad para el arranque y transporte y otra velocidad, más lenta, previa a la llegada a planta. Este sistema es válido hasta ascensores de 1 m/s, más allá de ese valor tanto el arranque como el cambio de velocidad comienza a ser excesivamente brusco y poco confortable.

- **Ascensores de velocidad variable.** En este caso mediante un variador de frecuencia u otro dispositivo, es posible ajustar la velocidad en cualquier valor entre cero y la velocidad nominal facilitando transiciones suaves y fácilmente ajustables a lo largo de todo el recorrido, así como paradas muy precisas.

 Toma nota

Si la distancia típica entre dos plantas de un edificio es de aproximadamente 3 m, el tiempo que tarda un ascensor entre plantas consecutivas cuando va a velocidad rápida es:

Ascensores de 0,15 m/s: 20 segundos
Ascensores de 0,6 m/s: 5 segundos
Ascensores de 1 m/s: 3 segundos
Ascensores de 1,5 m/s: 2 segundos
Ascensores de 2 m/s: 1,5 segundos.

En el tiempo total del recorrido, además del número de paradas, hay que tener en cuenta los tiempos de aceleración, freno y espacio recorrido en velocidad lenta.

En los rascacielos más espectaculares del mundo las velocidades de los ascensores pueden alcanzar velocidades entre los 30 y los 75 km/h (es decir entre 8 y 21 m/s aproximadamente), se trata de instalaciones singulares que requieren medidas extraordinarias de control y seguridad.

El tipo de suspensión o tiro

En ascensores eléctricos la suspensión hace referencia al uso de sistemas de poleas que alteran la relación entre el movimiento de la cabina y el de polea tractora. En ascensores hidráulicos la suspensión es la relación entre el movimiento del vástago del pistón y la cabina. Según esta relación los ascensores pueden ser:

- **Tiro directo.** Por cada metro que gira la polea o se mueve el pistón la cabina se mueve 1 m. En ascensores eléctricos es el sistema más habitual. El hecho de que exista una polea de desvío no afecta esta proporción. En los ascensores hidráulicos de tiro directo el pistón va sujeto directamente al chasis de cabina. Se utiliza especialmente en recorridos pequeños o con grandes cargas.

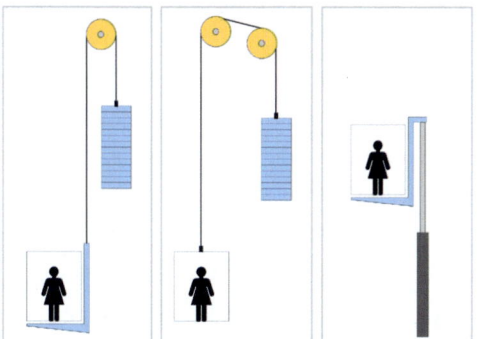

Ilustración 5. Ascensores eléctricos e hidráulico de tiro directo. Fuente: elaboración propia

- **Tiro diferencial 1:2 o 2:1.** El sistema de poleas hace que la cabina vaya al doble de velocidad que el pistón en ascensores hidráulicos. En ascensores eléctricos, se utiliza a veces el sistema a la inversa de forma que la cabina va a la mitad de la velocidad que el giro de la polea (es común en ascensores sin máquina reductora).

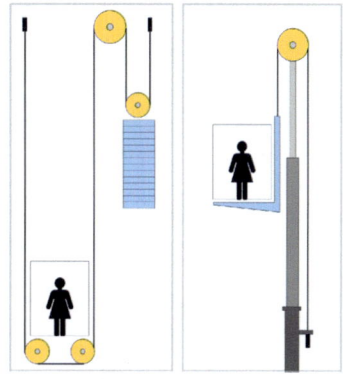

Ilustración 6. Ascensor eléctrico e hidráulico en tiro 1:2 y 2:1. Fuente: elaboración propia

- **Tiro diferencial 1:4 o 4:1.** El doble sistema de poleas cuadruplica la relación entre el movimiento de la cabina y el pistón o el giro de la polea. Es un sistema poco frecuente, prácticamente limitado a minicargas hidráulicos, puesto que permite que el pistón tenga una longitud cuatro veces inferior al tamaño del recorrido a cubrir.

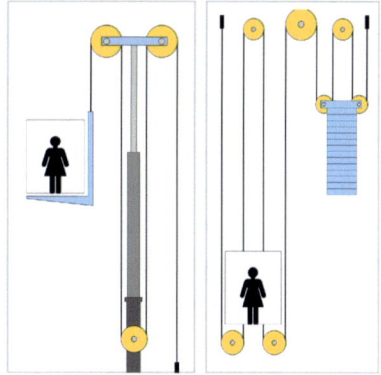

Ilustración 7. Ascensor eléctrico e hidráulico en tiro 1:4 y 4:1. Fuente: elaboración propia

El número de ascensores que funcionan de forma coordinada

Cuando existe más de un ascensor pueden darse dos situaciones:

- que cada ascensor funcione de forma independiente con botones de llamada exterior separados **(ascensores simples)**,
- o que compartan los botones de llamada exterior (lo que es más eficiente). En este caso el sistema de control valora, en función de la posición de cada ascensor, a cuál se asigna el servicio. Según el número de ascensores con las llamadas externas comunes se habla de ascensores o maniobras **dúplex** (previstas para dos ascensores), **tríplex**, **cuádruplex**, **quíntuplex**, **séxtuplex**, etc.

Lo más común en sistemas de ascensores dúplex o superior es que cualquiera de ellos pueda dar servicio a cualquiera de los niveles del edificio **(huecos simétricos)**; no obstante, existe también la posibilidad de que todos atiendan la mayoría de niveles y solo alguno pueda llegar a determinadas paradas extremas. Por ejemplo, existen instalaciones donde solo uno de los ascensores baja hasta los garajes de los sótanos (huecos asimétricos, **cojo inferior**) o que solo uno pueda llegar hasta el ático (huecos asimétricos, **cojo superior**).

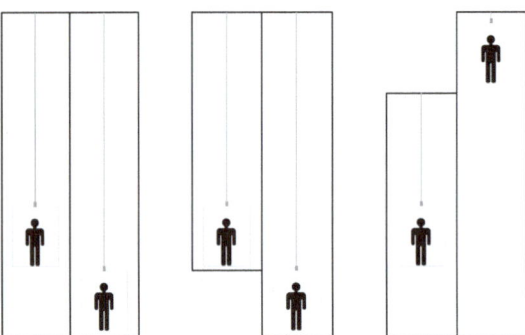

Ilustración 8. Huecos simétricos, cojo inferior y cojo superior. Fuente: elaboración propia

El tipo de puertas exteriores

El tipo de puertas es también un elemento característico en la clasificación de ascensores. Hay tres opciones:

- **Ascensores con puertas manuales:** el cierre y la apertura se debe realizar de forma manual. Actualmente es poco frecuente.
- **Ascensores con puertas semiautomáticas:** la apertura se realiza de forma manual empujando desde dentro o tirando desde el exterior de la puerta, pero el cierre se realiza de forma automática mediante un sistema de muelle y amortiguador.
- **Ascensores con puertas automáticas:** tanto la apertura como el cierre de las puertas se realiza de forma motorizada por la propia maniobra. La apertura puede ser lateral (la hoja u hojas se recogen hacia un lado) o central (las hojas se reparten a ambos lados).

Cuando la apertura no es central se distinguen entre puertas de apertura a derechas y puertas de apertura a izquierdas. El punto de vista para una y otra denominación siempre es el de una persona que esté situada en el rellano.

Toma nota

La selección del tipo de puerta puede depender de factores económicos (las puertas automáticas son algo más caras que las puertas semiautomáticas), pero también del tamaño disponible en el hueco o en el rellano (a diferencia de las puertas semiautomáticas, las puertas automáticas no invaden el rellano al abrirse pero requieren espacio en el hueco en uno o ambos lados.

El número y tipo de puertas en cabina

La directiva de ascensores obliga el uso de puertas de cabina en ascensores (en aparatos elevadores que siguen la directiva de máquinas es opcional y pueden sustituirse por otros sistemas de seguridad). Estas puertas también pueden ser manuales o automáticas. Además de ello podemos encontrarnos con:

- **Ascensores de un embarque:** existe un único acceso en cabina.
- **Ascensores de doble embarque:** con dos accesos en cabina, bien en caras opuestas (doble embarque a 180º) o en caras contiguas (doble embarque a 90º). En estos casos la maniobra debe tener previsto un sistema para determinar qué puerta o puertas se abren en cada planta.

Actividad de aprendizaje 6

Describe de forma técnica el tipo de puertas y de embarque de los ascensores correspondientes a estos dos planos:

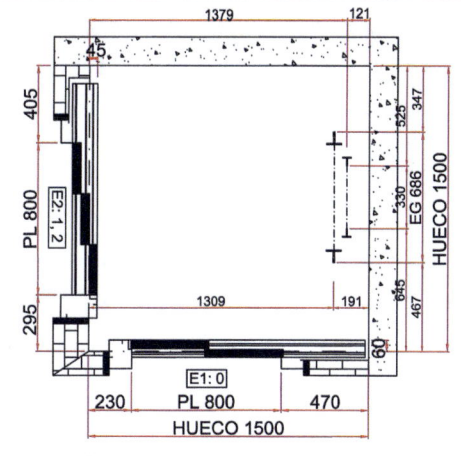

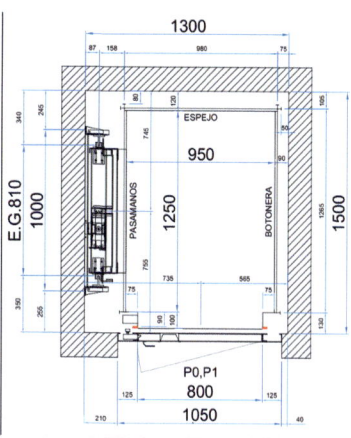

El tipo de maniobra

La maniobra es el elemento de control del ascensor que atiende la información de las llamadas, la posición y el estado de los diversos elementos. En base a ello, determina cómo, cuándo y hasta cuándo debe moverse el ascensor, gestiona la información tanto hacia la persona usuaria como hacia los profesionales del mantenimiento, controla la apertura y cierre de puertas, etc.

Existen infinidad de maniobras con diversas prestaciones. Básicamente se pueden clasificar en:

- **Maniobras basadas en relés.** Actualmente solo se utilizan en ascensores antiguos o maniobras extremadamente simples como montacargas.
- **Maniobras electrónicas** basadas, prácticamente todas ellas en microprocesadores, bien en placas electrónicas específicamente diseñadas como maniobra de ascensor, bien en autómatas programados para realizar esta tarea.

La gestión de las llamadas exteriores

Según el uso y la complejidad de la maniobra es posible una gestión más o menos eficiente de las llamadas, en particular de las llamadas externas.

- **Maniobra universal** (denominada también maniobra automática simple) es aquella que solo puede atender las llamadas de una en una. Una vez que el ascensor está ocupado no atiende nuevas llamadas ni de exteriores ni de cabina hasta que quede otra vez libre. Es el sistema más básico, se identifica fácilmente porque mientras está encendido el piloto de "ocupado" no atiende nuevas llamadas. Una vez que queda libre atenderá la primera llamada que reciba.
- **Maniobra selectiva[1] en bajada.** La maniobra, a pesar de estar el ascensor en movimiento, registra nuevas llamadas. El criterio para atenderlas es que las llamadas de cabina tienen prioridad. Con relación a llamadas exteriores no son atendidas mientras el ascensor sube pero sí que para mientras está bajando. Si no tiene llamadas de cabina y sí varias llamadas exteriores atenderá la más alta primero y conforme baja irá parando en las plantas en las que tenga llamada. Su aplicación habitual es en viviendas donde se puede presuponer que cualquier persona que llama al ascensor desde una planta distinta de la planta cero está interesada en bajar. De este modo se aprovecha el viaje de bajada para recoger a todas aquellas personas que hayan llamado al ascensor evitando tiempos de espera y mejorando la eficiencia. Entre otras señales luminosas suele tener el "registro de llamada" que es el que indica que la llamada exterior ha sido memorizada y está pendiente de ser atendida.

_____

(1) En ocasiones se utiliza el término de "colectiva" en lugar de "selectiva".

- **Maniobra selectiva en subida.** Funciona igual que la anterior, pero, si el ascensor está en movimiento la atención a llamadas exteriores solo la realiza durante la subida. Se utiliza en sótanos o garajes donde la planta de salida a la calle es la superior. En esos casos es razonable que cualquier persona que llame desde una planta necesita el ascensor para subir a nivel de calle.
- **Maniobra selectiva mixta.** Es una maniobra selectiva en bajada con una o más plantas en las que funciona como selectiva en subida. Se instala típicamente en viviendas con garajes. Todas las plantas de piso son atendidas en bajada mientras que las que vienen de garajes son atendidas en subida.
- **Maniobra selectiva en subida y bajada.** Es un sistema diferente a los tres anteriores. En este caso no existe un pulsador externo sino dos. La idea es que el usuario indique a la maniobra si lo que quiere es subir o bajar a otra planta. En función de cuál de los dos pulse, el ascensor parará en subida o en bajada. Teóricamente este es el sistema más eficiente en edificios con tráfico cruzado entre plantas (hospitales, centros comerciales, edificios de oficinas…), en la práctica existe la tendencia de las personas usuarias a pulsar doblemente por lo que el ascensor parará primero cuando suba y volverá a parar, inútilmente, también cuando baje. En estos aparatos, es preciso que exista una señalización de "próxima partida" llamada también "flechas de tendencia". La flecha (hacia arriba o hacia abajo) solo se enciende en la planta en la que está el ascensor y sirve para informar al usuario sobre la dirección que tomará el ascensor cuando arranque (si va a subir para atender otras llamadas en subida, si va a bajar para atender llamadas de pisos inferiores o si no tiene llamadas pendientes, en ese caso se encienden ambos o ninguno, por lo que el movimiento dependerá exclusivamente de la elección del usuario en cabina).

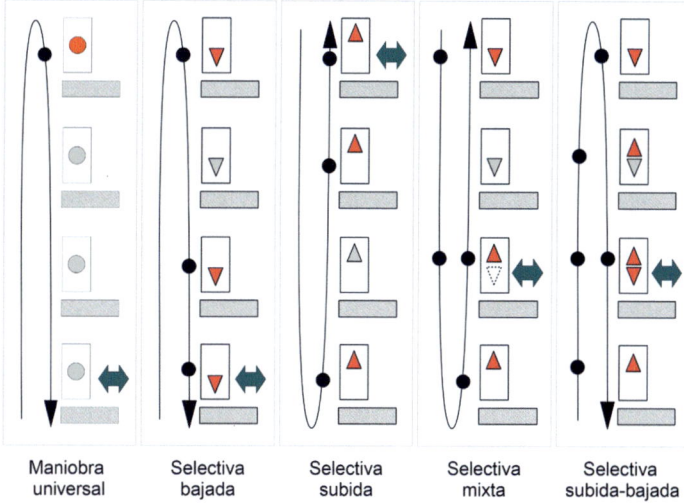

Ilustración 9. Clasificación de ascensores según el tipo de gestión de llamadas exteriores. Fuente: elaboración propia

- **Gestión de piso de destino.** En algunas maniobras múltiples muy especiales la gestión de llamadas se realiza exclusivamente desde el exterior de cabina. La persona que desea viajar llama al ascensor no con un botón sino a través de un panel indicando de antemano a qué planta desea ir. Esta información permite coordinar de forma muy eficiente los viajes entre los distintos ascensores y remitir a la persona que pide el ascensor a la puerta de embarque que le llevará a la planta elegida. Con este sistema no es necesaria la botonera de pisos en cabina.

 Actividad de aprendizaje 7

Completa la siguiente tabla sobre gestión de llamadas:

	Universal	Selectiva bajada	Selectiva subida	Selectiva mixta	Selectiva subida/bajada
Aplicación					
Indicaciones luminosas en exteriores					

 Toma nota

En las maniobras universales solo se registra la llamada que se está atendiendo. En las maniobras selectivas, en cambio, la llamada queda registrada en el momento en el que se pulsa. Una vez memorizada se atiende según sea la programación establecida. Por este motivo en lenguaje coloquial se suele hablar de ascensores "sin memoria" (maniobras universales) y ascensores "con memoria" (maniobras selectivas).

La maniobra selectiva en subida y bajada es una de esas ideas que funcionan bien en el papel pero que en la práctica suelen generar disfunciones. Para una gestión eficiente se requieren dos condiciones: que las personas usuarias solo accionen el pulsador de subida o de bajada según requieran viajar y que, cuando un ascensor para en rellano, solo suban quienes van en la misma dirección que indican las flechas de tendencia. La observación del comportamiento de las personas en cualquier edificio con este tipo de instalación pone de manifiesto que la conducta más frecuente es pulsar ambos botones para que venga un ascensor cuanto antes y subirse a la primera cabina que pare en el rellano sin fijarse cuál es su dirección de próxima partida.

La visibilidad del hueco y la cabina desde el exterior

Lo más frecuente es que el hueco tenga un cerramiento opaco. En el caso de que se priorice el uso de materiales transparentes o que el ascensor esté ubicado en la fachada del edificio, sin cerramiento exterior de forma que la cabina sea visible, se habla de ascensores panorámicos.

Por lo general, la construcción de ascensores panorámicos responde a cuestiones estéticas; no obstante, en algunos casos, viene exigido por la normativa de edificación o urbanismo. Este es el caso, por ejemplo, de los ascensores situados en itinerarios peatonales de zonas públicas o de algunos ascensores en edificios ya construidos que vayan a ocupar parte de un patio interior.

En los ascensores panorámicos hay que tener en cuenta, de una forma especial, los posibles problemas de calentamiento del hueco y la cabina por la incidencia directa del sol, así como la previsión sobre el modo y los recursos necesarios para poder limpiar por ambas caras, los cristales de cabina y hueco.

El nivel de adaptación y accesibilidad

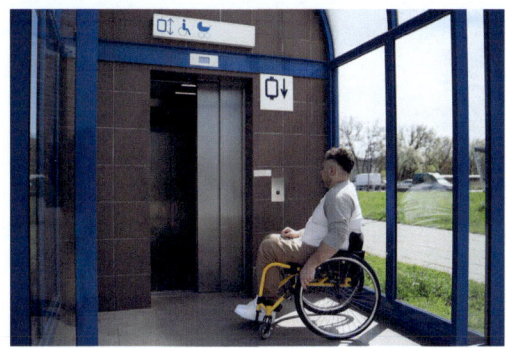

Ilustración 10. Ascensor accesible. Fuente: Freepick.com

La legislación nacional y autonómica determina las condiciones de accesibilidad que debe tener la instalación según el tipo de edificio (si se trata de obra nueva o edificio existente) y del uso al que se destina.

Las normas UNE EN 81-70 y UNE EN 81-82 regulan las condiciones de accesibilidad y uso por todo tipo de personas con o sin diversidad funcional para ascensores nuevos y ascensores existentes de velocidad superior a 0,15 m/s. Los aparatos elevadores de velocidad igual o menor a 0,15 m/s destinados a personas con movilidad reducida tienen como referencia la norma EN 81-41.

Dentro de estas normas se establecen varios tipos de aparatos en función de las dimensiones mínimas de la cabina, así como otras características básicas que deben cumplirse.

 Actividad de aprendizaje 8

Señala cinco características que se deberían tener en cuenta en el diseño de un ascensor para hacerlo accesible a cualquier persona. Investiga qué indicaciones da al respecto la norma EN81-70 sobre requisitos mínimos en ascensores adaptados de nueva instalación.

Toma nota

La legislación europea y española en materia de accesibilidad tiene como objetivo *garantizar a las personas con discapacidad la igualdad de oportunidades en relación con la accesibilidad universal a los entornos, procesos, bienes, productos y servicios, asegurando que sean comprensibles, utilizables y practicables por todas las personas, en igualdad de condiciones de seguridad y comodidad y de la manera más autónoma y natural posible.*

Los ascensores son un elemento estructural fundamental para garantizar la autonomía de las personas que habitan en un edificio. Por este motivo, la normativa que regula los ascensores es particularmente exigente y se ha ido mejorando en los últimos años.

 Actividad de aprendizaje 9

Haz un planteamiento comercial adecuado para la siguiente instalación: pabellón de aulas de un colegio privado de primaria con planta baja y dos alturas más. El hueco de ascensor se creará mediante estructura metálica por la fachada exterior que da al patio, no está pues inicialmente limitado el espacio. Su uso será eventual, exclusivamente para alumnos y personal del centro que tengan algún problema de movilidad. Valora y define la propuesta especificando:

- Legislación reguladora a efectos de fabricación.
- Legislación reguladora a efectos de mantenimiento.
- Normas UNE a tener especialmente en cuenta.
- Capacidad.
- Principio de funcionamiento.
- Ubicación sistema impulsor.
- Nº velocidades.
- Tipo de suspensión.
- Tipo puertas exteriores.
- Nº y tipo de puertas de cabina.
- Tipo de maniobra.
- Gestión llamadas exteriores.
- Visibilidad del hueco y cabina desde el exterior.

 Actividad de aprendizaje 10

Elige cualquier ascensor de tu entorno próximo y haz una descripción técnica adecuada en base a los criterios de clasificación desarrollados en este apartado.

Identificación y ubicación de componentes

Se recogen aquí, de forma visual, algunos de los principales componentes del ascensor. En el apartado de vocabulario puede encontrarse un listado más completo y una breve explicación de todos ellos.

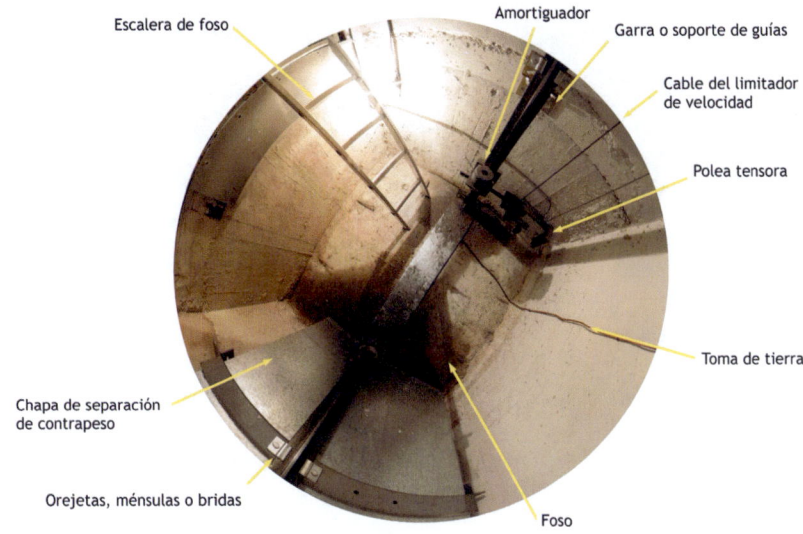

Ilustración 11. Foso de un ascensor eléctrico sin cuarto de máquinas. Fuente: elaboración propia a partir de la fotografía de Manuel Romero Velasco

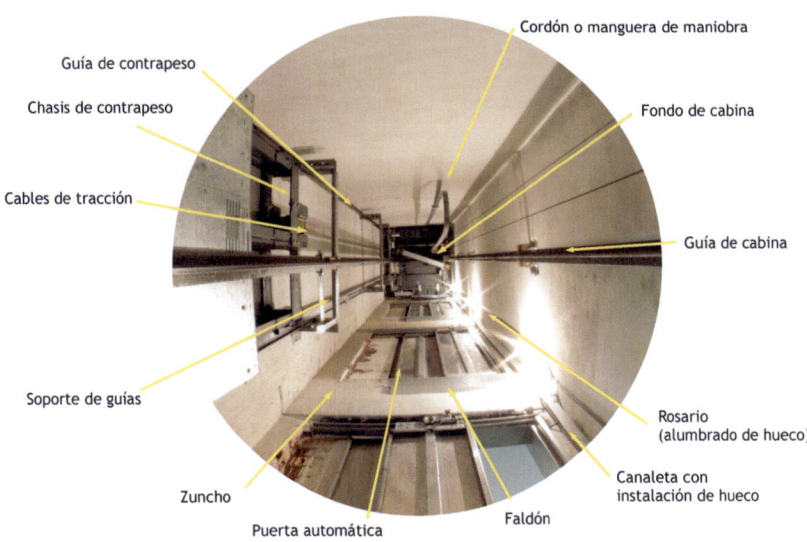

Ilustración 12. Hueco de un ascensor eléctrico sin cuarto de máquinas. Fuente: elaboración propia a partir de la fotografía de Manuel Romero Velasco

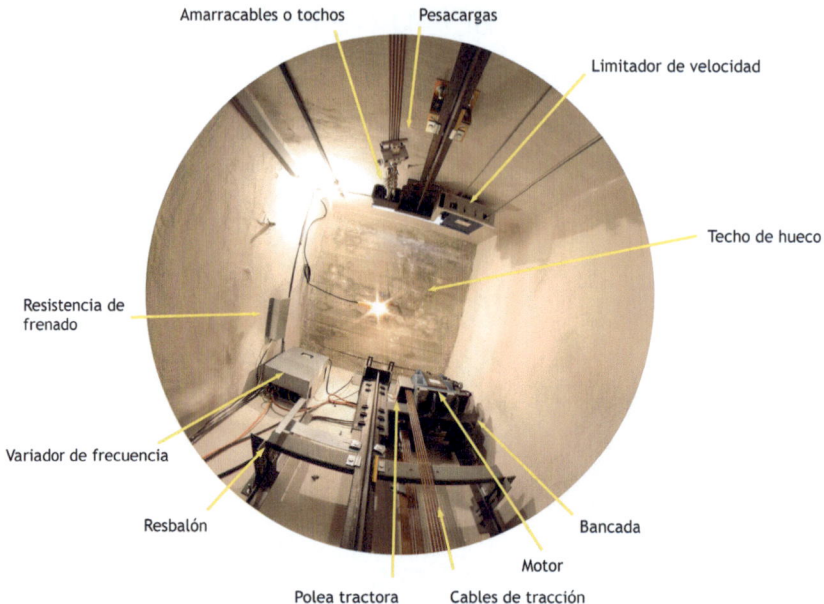

Amarracables o tochos

Pesacargas

Limitador de velocidad

Techo de hueco

Resistencia de frenado

Variador de frecuencia

Resbalón

Bancada

Motor

Polea tractora

Cables de tracción

Ilustración 13. Techo del hueco de un ascensor eléctrico sin cuarto de máquinas. Fuente: elaboración propia a partir de la fotografía de Manuel Romero Velasco

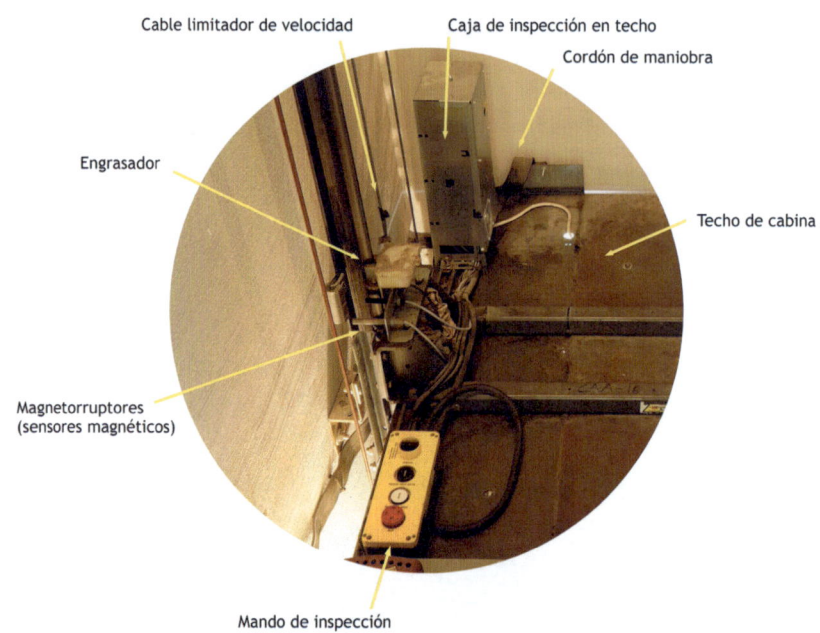

Cable limitador de velocidad

Caja de inspección en techo

Cordón de maniobra

Engrasador

Techo de cabina

Magnetorruptores (sensores magnéticos)

Mando de inspección

Ilustración 14. Techo de cabina en un ascensor eléctrico. Fuente: elaboración propia a partir de la fotografía de Manuel Romero Velasco

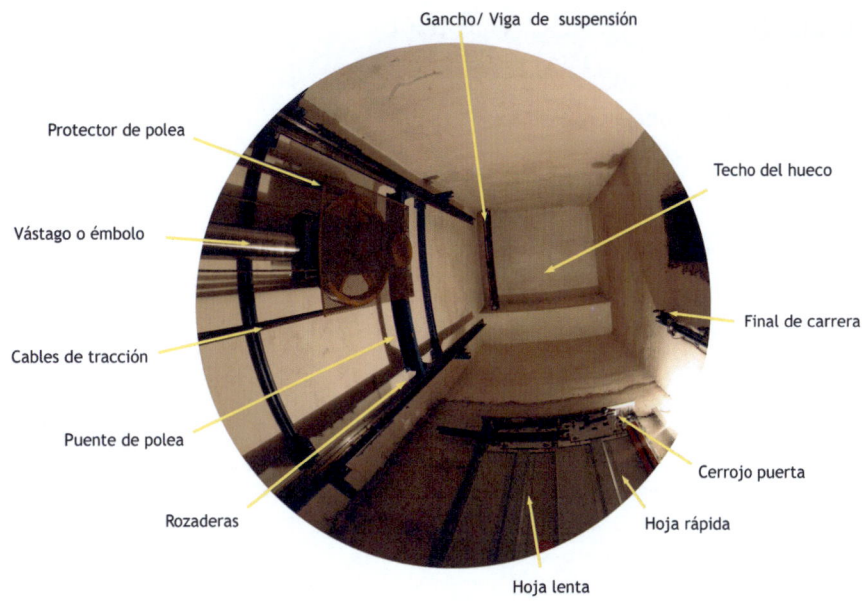

Gancho/ Viga de suspensión

Protector de polea

Techo del hueco

Vástago o émbolo

Final de carrera

Cables de tracción

Puente de polea

Cerrojo puerta

Rozaderas

Hoja rápida

Hoja lenta

Ilustración 15. Parte superior de hueco en ascensor hidráulico. Fuente: elaboración propia
a partir de la fotografía de Manuel Romero Velasco

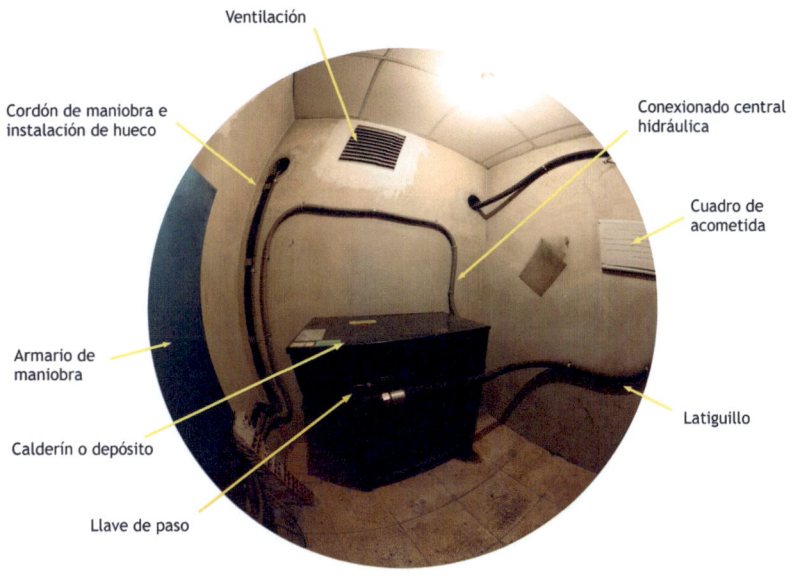

Ventilación

Cordón de maniobra e
instalación de hueco

Conexionado central
hidráulica

Cuadro de
acometida

Armario de
maniobra

Calderín o depósito

Latiguillo

Llave de paso

Ilustración 16. Cuarto de máquinas ascensor hidráulico. Fuente: elaboración propia
a partir de la fotografía de Manuel Romero Velasco

Vocabulario técnico básico

Aportamos en este apartado un diccionario con términos utilizados en el sector, se han incorporado tanto palabras empleadas en documentos oficiales como términos usados de forma coloquial por los y las profesionales.

A
Amperio, unidad de la intensidad de la corriente eléctrica.

Abarcón
Abrazadera en forma de U con roscas en sus extremos que permite sujetar un elemento cilíndrico, por ejemplo, el pistón.

Acometida
Suministro eléctrico proporcionado por la compañía correspondiente.

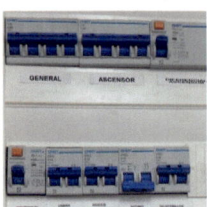

Ilustración 17. Fuente: elaboración propia

Acuñamiento
Ver paracaídas.

Aflojamiento de cables
Contacto de la serie de seguridad y dispositivo mecánico asociado. Su función es detener la maniobra al detectar la rotura o pérdida de tensión en alguno de los cables de suspensión.

Alojamiento del cerrojo
Ver cazoleta.

Amarracables
Ver tensor.

Amortiguador
Elemento que sirve de tope deformable al final del recorrido de la cabina o el contrapeso. Sinónimo: muelle. La palabra "púfer" aunque se usa frecuentemente en el sector es una adaptación incorrecta de la palabra inglesa "buffer".

Amortiguador de puertas
En puertas semiautomáticas dispositivo que facilita el cierre a la vez que evita portazos. Sinónimos: retenedor o freno retenedor, cerrador de puertas.

Ilustración 18. Fuente: elaboración propia

Amperio
Unidad de la intensidad de la corriente eléctrica. Abreviatura: A

Antefinales

Dispositivo que asegura el cambio a velocidad lenta en las paradas extremas. Sinónimos: paros de plantas extremas o prefinales.

Anticaídas

Equipo de protección individual destinado a evitar caídas a distinto nivel. Va asociado a una línea de vida.

Aplomar

Situar verticalmente.

Arranque

Inicio del movimiento. En montaje, primer tramo de guías que se fija al suelo o a las paredes del foso.

Arranque estrella triángulo

Sistema eléctrico de puesta en marcha de los motores de ascensores hidráulicos que disminuye el pico de consumo inicial.

Asiento

Ver silleta.

Autómata programable

Dispositivo electrónico que, mediante un programa informático puede controlar unas salidas a partir de la información recibida en los terminales de entrada. Sinónimos: PLC (Program Logic Controller- Controlador Lógico Programable).

Ilustración 19. Fuente: elaboración propia

Automática simple (maniobra)

Ver Universal.

Bancada

Soporte donde se instala el motor, la máquina y/o la polea de desvío.

Bastidor

Ver chasis.

Bobina

Hilo eléctrico enrollado capaz de genera un campo magnético cuando se conecta a la tensión adecuada.

Bobinado

Conjunto de bobinas de un motor eléctrico distribuidas de tal modo que provocan el giro del rotor cuando se les conecta a la tensión adecuada.

Bomba de husillos

Dispositivo que acoplado a un motor eléctrico y sumergido en un calderín hidráulico. Sirve para bombear aceite hacia el pistón.

Bomba manual

En ascensores hidráulicos sistema acoplado o integrado en el grupo de válvulas para subir el vástago mediante el movimiento manual de una palanca.

Botonera

Soporte, señalización luminosa y pulsadores de llamada del ascensor (tanto de cabina como de exteriores).

Ilustración 20. Fuente: Manuel Romero Velasco

Bridas (de la guía)

Ver ménsulas.

Buffer

Ver amortiguador.

Cables de suspensión (o cables de tracción)

Cordones trenzados de acero que sujetan la cabina con el contrapeso o con un punto fijo.

Cables eléctricos

Conductores por donde circula la corriente.

Cadena de compensación

Cadena que une la cabina y el contrapeso por la parte baja. Su finalidad es ayudar a equilibrar el peso aportado por los cables de suspensión según caigan en el lado de cabina o de contrapeso.

Caída de cables

Trayecto que recorren los cables desde las poleas hasta la cabina o el contrapeso.

Caja de bornas

Caja que contiene las fichas de conexión de los elementos de un motor u otro equipo eléctrico.

Ilustración 21. Fuente: elaboración propia

Caja de cuñas

Ver paracaídas.

Caja de revisión

Caja situada en el techo que alberga, por lo menos, los botones de mando en inspección y un interruptor de stop.

Calderín

Depósito situado en el cuarto de máquinas de los ascensores hidráulicos que contiene el aceite y los elementos de bombeo y regulación del caudal.

Camarín

Cabina.

Camisa

Parte fija del cilindro hidráulico.

Canal

Ver garganta.

Canaleta

Recipiente de plástico que aloja y protege el cableado eléctrico.

Cazoleta

Alojamiento del cerrojo en puertas semiautomáticas. Incorpora un elemento percutor que permite el cierre total del pestillo. Sinónimos: alojamiento del cerrojo, hembrilla del cerrojo.

Ilustración 22. Fuente: Josep Trescens Tarruella

Cerrador de puertas

Ver amortiguador.

Cerradura

En puertas semiautomáticas dispositivo que alberga el contacto de presencia de hoja y el sistema de enclavamiento de la puerta.

Cerrojo

Sistema de cierre mecánico de una puerta que evita su apertura. Contacto eléctrico asociado a ese cierre.

Chasis

Estructura metálica que soporta la cabina o las pesas del contrapeso. Sinónimo: bastidor.

Chasis de pórtico

Modelo de chasis en forma de rectángulo en cuyo interior se aloja la cabina centrada o las pesas del contrapeso.

Chasis de mochila

Modelo de chasis en forma de "L" que permite elevar la cabina desde un lateral.

Cilindro

Ver pistón.

Cojo

En sistemas dúplex o superiores manera de designar huecos asimétricos.

Colectiva

Ver selectiva.

Completo

Modo de funcionamiento en el que la maniobra no atiende llamadas exteriores por detectar que la cabina está por encima del 80 % de su carga.

Condena

Sistema mecánico o eléctrico que impide que un contactor entre mientras otro está activado. Sinónimo: enclavamiento.

Ilustración 23. Fuente: elaboración propia

Contacto

Elemento de un circuito eléctrico que puede permitir o cortar el paso de la corriente. En el caso de que sin ser actuado permita el paso de la corriente se habla de contacto normalmente cerrado (NC) y, en el caso contrario, si corta el paso de la corriente en reposo, de contacto normalmente abierto (NA o, habitualmente, en inglés NO, "normally open").

Contactor

Sistema electromecánico que abre o cierra unos contactos de potencia cuando recibe señal eléctrica. Sinónimo: inversor.

Contrapeso

Conjunto de pesas organizadas dentro de un chasis cuya función es equilibrar el peso con la cabina a media carga, disminuir el consumo del motor en ascensores eléctricos y garantizar la adherencia de los cables con la polea tractora.

Cordón de maniobra

Conjunto de conductores eléctricos que unen la cabina con la maniobra. Sinónimo: manguera de maniobra.

Corregirse

Realización de un viaje, normalmente a una planta extrema después de dar corriente, para que la maniobra pueda conocer la posición del ascensor.

Correa

Ver jácena.

Corriente

Ver intensidad.

Cuádruplex

Instalación con cuatro ascensores que comparten las llamadas exteriores.

CV

Caballo de vapor. Unidad de potencia. Equivalencia: 1 cv = 0,736 kW

Deltaflux

Es un nombre comercial, pero se usa por extensión para cualquier sistema magnético u óptico que sirva para detectar el nivel de planta o los puntos de cambio de velocidad.

Diferencia de potencial

Ver tensión.

Diferencial

Dispositivo instalado en el cuadro de acometida que, combinado con la toma de tierra, protege del riesgo de electrocución por contacto indirecto y contacto directo.

Dintel

Marco superior de una puerta.

Distribuidor

Ver grupo de válvulas.

Dúplex

Instalación con dos ascensores que comparten las llamadas exteriores.

Electroválvula

Válvula accionada por una señal eléctrica.

Embarque

Entradas a la cabina. Pueden ser: simple y doble. Cuando el embarque es doble y las puertas están en lados contiguos se denomina a 90º y, si están en lados enfrentados, se llama embarque a 180º.

Embocaduras

Elementos laterales del marco de una puerta de cabina o exterior. Sinónimo: jambas.

Empalme de guías

Pletina perforada que permite unir con precisión dos guías mediante atornillado.

Ilustración 24. Fuente: elaboración propia

Enclavamiento

Cierre mecánico de algún elemento, por ejemplo, de las puertas. También se denomina así al sistema mecánico o eléctrico que impide que entre un contactor si otro está activado. Sinónimo: condena.

Encóder

Elemento asociado a un eje que informa sobre la velocidad y el sentido de giro. Se suele emplear, en algunas instalaciones con variador de frecuencia, para el control de velocidad del motor.

Engrasadores

Pequeños depósitos de aceite situados en cabina o el contrapeso que van lubricando las guías en todo el recorrido del ascensor.

Ilustración 25. Fuente: Manuel Romero Velasco

Entochar

Fijar los cables de suspensión a la cabina o el contrapeso.

Entrecaída

Distancia entre la caída de cables de cabina y de contrapeso.

Entreguía

Distancia entre dos guías.

Escantillón

Pieza que se utiliza como plantilla para la correcta colocación, alineado y distanciamiento de las guías durante el proceso de montaje.

Espadín

Elemento mecánico asociado al operador de puertas para desenclavar y mover la puerta exterior. Sinónimo: patín.

También se llama "espadines" a un perfil metálico largo con sección en forma de "C" o de Ω que sirve para unir por fuera los paneles de la cabina.

Ilustración 26. Fuente: Manuel Romero Velasco

Faldón

Chapa metálica colgada de la pisadera de cabina o de una puerta exterior que sirve de protección frente a caídas o atrapamientos.

Ferodo

Recubrimiento de las zapatas de freno que aseguran la fuerza de rozamiento necesaria para retener el motor. Sinónimo: guarnición del freno.

Fijaciones (de guías)

Pieza mecanizada para facilitar la sujeción de las guías a la pared del hueco.

Finales

Dispositivos que abren la serie de seguridad cuando el ascensor se pasa de recorrido en la zona inferior o superior.

Fleje

Lámina metálica alargada ubicada en el marco de algunas puertas semiautomáticas que actúa, mediante torsión, como muelle para el cierre de la puerta.

Fotocélula

Sistema de detección óptica de obstáculos en la puerta.

Fotorruptor

Interruptor que se abre o cierra cuando se interrumpe un haz luminoso. Se utiliza para detectar las pantallas de cambio de velocidad y nivel.

Fusible

Dispositivo formado por un hilo fino que se funde ante una sobreintensidad interrumpiendo el paso de la corriente.

Fusible rearmable

Componente electrónico que evita el paso de corriente en caso de sobreintensidad y que permite nuevamente el paso al enfriarse.

Garganta

Cada una de las hendiduras de una polea por las que está previsto que asiente un cable. Sinónimo: canal.

Garras

Ver fijaciones.

Gervall

Nombre comercial. Por extensión aspa que, al ser cambiada de posición por el movimiento de la cabina abre o cierra contactos. En maniobras antiguas cumplían la finalidad de finales, antefinales o detección de paso por planta.

Grupo de válvulas

Conjunto de mecanismos hidráulicos que van en el calderín y se encargan de regular el caudal de aceite para controlar el movimiento del ascensor. Sinónimo: distribuidor.

Guardamotor

Dispositivo electromecánico que desconecta el motor en caso de detectarse un consumo elevado y/o prolongado en el tiempo.

Guarniciones (ascensores hidráulicos)

En ascensores hidráulicos: juntas (retén, OR, guardapolvos y anillos de guiado) que se alojan en la cabeza del cilindro e impiden las fugas de aceite a la salida del émbolo y el deterioro del pistón.

Guarniciones (del freno)

Ver ferodo.

Guía

Perfil de acero, generalmente con sección en forma de "T" por donde desliza la cabina o el contrapeso.

Guiador de puerta

Ver patines de puertas.

Hembrilla del cerrojo

Ver cazoleta.

Hoja

Cada uno de los paneles de una puerta automática.

Hoja rápida

Hoja que en el movimiento de cierre o apertura debe recorrer más espacio.

Hoja lenta

Hoja que en el movimiento de cierre o apertura tiene el recorrido menor.

HP

Horse Power, Caballo de fuerza unidad de potencia. Equivalencia: 1 HP = 1,014 CV y 1 HP = 0,746 kW

Huida

Distancia de seguridad entre el nivel de la última planta y el techo del hueco.

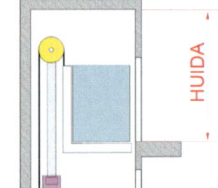

Ilustración 28. Fuente: elaboración propia

Husillo

Tornillo de acero de la longitud del hueco que se utiliza en algunos modelos de ascensores para generar el movimiento de subida y bajada mediante el roscado/desenroscado de una tuerca asociada al chasis de cabina.

Inspección

Modo de funcionamiento del ascensor en el que solo puede moverse, con velocidad reducida, accionando unos pulsadores situados en la caja de revisión. Sinónimos: modo inspección, engrase, revisión. Además, se utiliza este término para referirse a las revisiones obligatorias de periodicidad anual o superior que debe realizar un organismo de control autorizado.

Intensidad

Cantidad de carga eléctrica que pasa por un determinado punto por segundo. Sinónimo: corriente eléctrica.

Inversor

Ver contactor.

Jácena

Forjado de cada planta donde se apoyan las paredes del hueco.

Jamba

Elementos laterales del marco de la puerta. Sinónimo: embocaduras.

Junta tórica

ver OR.

kW

Kilowatio. Unidad de potencia.

Latiguillo

Ver manguera de presión.

Leva eléctrica

Resbalón que se acciona por medio de un electroimán.

Limitador de velocidad

Dispositivo que al llegar a determinada velocidad provoca la parada eléctrica y mecánica del ascensor.

Ilustración 29. Fuente: elaboración propia

Llave de paso

Maneta situada en la salida del calderín que corta el paso del aceite entre el pistón y el depósito.

Llavín bomberos

Llavín que sirve para interrumpir la marcha de los ascensores y enviarlos a la planta de evacuación dejándolos disponibles para labores de extinción o evacuación por parte de personal autorizado.

Losa

Forjado superior. Se corresponde con el techo del hueco.

Luz de la puerta

Ancho de paso de la puerta.

mA

Miliamperio.

Magnetorruptor

Interruptor que se abre o cierra ante la presencia de un campo magnético. Se utiliza para detectar los imanes situados en los puntos de cambio de velocidad y parada.

Magnetotérmico

Dispositivo instalado en el cuadro de acometida que protege el circuito eléctrico de sobreintensidades.

Manguera de maniobra

Ver cordón de maniobra.

Manguera de presión

Tubo flexible que une el calderín hidráulico con el pistón y que está diseñado para transportar el aceite a presión. Sinónimo: manguito, latiguillo.

Manguito

Ver manguera de presión.

Maniobra

Circuito eléctrico o electrónico que gestiona el funcionamiento del ascensor.

Máquina

Elemento mecánico formado por un tornillo sin fin y una rueda dentada que transmite el movimiento del eje del motor a la polea tractora y reduce el número de revoluciones. Sinónimo: reductor. Por extensión se denomina también así al conjunto motor.

Ilustración 30. Fuente: elaboración propia

Ménsulas

Piezas metálicas preparadas para la sujeción de la guía a su fijación permitiendo eventuales dilataciones. Sinónimos: orejetas, bridas.

Miliamperio

Milésima de amperio. Abreviatura mA.

Mirilla

Ventana situada en el paño de la puerta del ascensor.

Monofásica

Acometida que se caracteriza por transportar la corriente a través de dos conductores (fase y neutro). Su valor característico está entre 220 y 240 V.

Muelle

Ver amortiguador.

Nivelador

Fotorruptor, magnetorruptor o cualquier otro dispositivo situado en cabina que sirve para detectar los puntos de cambio de velocidad y parada. Sinónimos: captador, deltaflux.

Nivelar

Realizar las acciones oportunas para que el ascensor quede bien enrasado en todas las plantas.

Operador de puertas

Motor situado en el techo de la cabina que abre las puertas de cabina y arrastra las puertas exteriores.

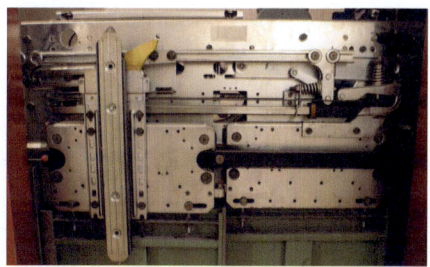

Ilustración 31. Fuente: Manuel Romero Velasco

OR (O-ring)

(del Inglés O-ring, anillo en forma de O). Anillo de goma que se coloca en las roscas de los elementos hidráulicos para garantizar la estanqueidad. Sinónimo: junta tórica.

Orejetas

Ver ménsulas.

Panorámico

Ascensor con la cabina visible desde el exterior del hueco.

Pantallas

Chapa metálica o pieza opaca que, en el hueco, marca las posiciones de cambio de velocidad o nivel. Son detectadas por la maniobra a través de un fotorruptor fijado en cabina.

PAP

Pulsador de apertura de puertas.

Paracaídas

Sistema destinado a parar e inmovilizar la cabina o el contrapeso sobre sus guías en caso de exceso de velocidad o de rotura de los cables de suspensión. Sinónimos: freno de emergencia, caja de cuñas, acuñamiento.

Ilustración 32. Fuente: Josep Trescens Tarruella

Patín (del operador de puertas)

Ver espadín.

Patines (de puertas)

Pieza de plástico que encaja dentro de la pisadera de puertas automáticas y permite un buen deslizamiento por dentro de la pisadera.

Peana

Base sobre la que se apoya el cilindro hidráulico. Sinónimos: torre o pedestal.

Pedestal

Ver peana.

Percutor

Vástago alojado en la cazoleta. Ese vástago acciona el núcleo del cerrojo de la puerta semiautomática permitiendo el enclavamiento total del mismo y el cierre de la serie.

Perrillo

Pequeña pieza de acero diseñada para el amarre de cables de acero mediante el apriete de un arco que se rosca con dos tuercas contra una base. Sinónimo: sujetacables.

Pesacargas

Dispositivo para el control del peso en cabina.

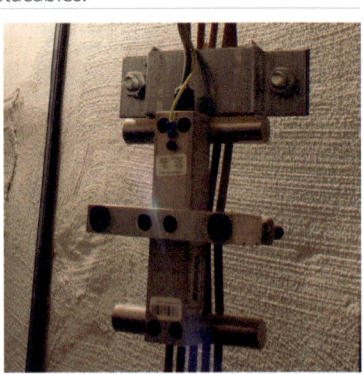

Ilustración 33. Fuente: Manuel Romero Velasco

Pisadera

Carril inferior por donde deslizan las puertas de hueco o cabina.

Ilustración 34. Fuente: Manuel Romero Velasco

Pistón

Sistema hidráulico capaz de producir el movimiento longitudinal de un vástago cuando se bombea o extrae aceite de su interior. Sinónimo: cilindro.

Plomo

Plomada realizada con alambre y un peso a lo largo de todo el hueco en vistas a servir de referencia para garantizar la verticalidad de las guías u otras instalaciones.

Polea de desvío

Polea auxiliar en la bancada para garantizar que los cables de suspensión bajen a la cabina y al contrapeso verticalmente respetando la distancia de entrecaída.

Polea tensora

Elemento situado en el foso que mantiene el cable del limitador de velocidad con la tensión necesaria para que pueda cumplir su función. Incorpora un contacto eléctrico asociado que detecta cuando, por alargamiento del cable del limitador, este deja de ser operativo.

Polea tractora

Polea del motor con canales o gargantas adecuados evitar que los cables de suspensión deslicen.

Ilustración 35. Fuente: Grupo IMAI04

Poleílla

Rueda que sirve para accionar un contacto o facilitar la conversión de un movimiento transversal en uno de giro para accionar un mecanismo.

Potencia

Cantidad de trabajo que puede realizarse por unidad de tiempo.

Prefinales

Ver antefinales.

Presencia de hoja

En puertas semiautomáticas contacto eléctrico que detecta que la hoja está en posición de cerrada (apoyada en el marco). Sinónimo: shunt (inglés).

PTC

Componente electrónico que se utiliza como sensor de temperatura. Ver termistor.

Puente

Unión de dos puntos mediante un conductor eléctrico. Se utiliza, eventualmente, para anular la función de algún contacto.

Puerta automática

Puerta movida por el operador de puertas.

Quíntuplex

Instalación con cinco ascensores que comparten las llamadas exteriores.

Reductor/a

Ver máquina.

Relé

Dispositivo electromecánico capaz de abrir o cerrar unos contactos cuando recibe una señal eléctrica.

Relé térmico

Dispositivo electromecánico capaz de abrir o cerrar unos contactos cuando es calentado por efecto de una sobreintensidad. Se utiliza en la protección de motores.

Renivelación

Pequeño movimiento del ascensor para recuperar el nivel de planta.

Replanteo

En montaje, sistema de marcado de las posiciones de las guías mediante la fijación provisional de unos plomos a lo largo de todo el hueco.

Resbalón

Pieza adecuada para accionar una poleílla.

Retén

Pieza que evita las fugas de aceite por la cabeza del pistón.

Rodaderas

Piezas de apoyo de la cabina contra las guías que permiten su deslizamiento mediante ruedas.

Roldana

Ver poleílla.

Retenedor de puertas

Ver amortiguador de puertas.

Rosario

Alumbrado de hueco.

Rotor

Parte móvil de un motor.

Rozaderas

Piezas que sujetan la cabina o el contrapeso a las guías y permiten su deslizamiento.

Ilustración 36. Fuente: Manuel Romero Velasco

Salvavidas

Dispositivo en forma de bandeja o marco que va colgado por debajo de la base de cabina y que detiene el ascensor en caso de detectar algún obstáculo durante la bajada. Se utiliza, fundamentalmente, en ascensores donde el hueco no está totalmente cerrado y existe el riesgo de atrapamiento de personas u objetos que se asomen dentro de la trayectoria de la cabina.

Seguridades

Ver series.

Selectiva

Sistema de gestión de las llamadas que permite a la maniobra registrarlas en su memoria y atenderlas en el orden más adecuado. Sinónimo: colectiva.

Selectiva en bajada

Sistema selectivo de gestión de llamadas exteriores que las atiende durante el movimiento de bajada del ascensor. Se utiliza fundamentalmente en edificios de viviendas.

Selectiva en subida

Sistema selectivo de gestión de llamadas exteriores que las atiende durante el movimiento de subida del ascensor. Se utiliza fundamentalmente en garajes y sótanos.

Selectiva mixta

Sistema selectivo de gestión de llamadas exteriores por el que en algunas plantas las llamadas exteriores son atendidas en subida y en otras son atendidas en bajada.

Selectiva en subida/bajada

Sistema selectivo de gestión de llamadas exteriores por el que, mediante un doble pulsador de exteriores se selecciona si el ascensor ha de atender la llamada en subida o en bajada.

Sensibilidad

Sistema de detección de choque de la puerta automática con un obstáculo.

Series

Conjunto de contactos eléctricos que deben estar simultáneamente cerrados para que la maniobra pueda accionar los contactores o el sistema de tracción. Sinónimo: seguridades.

Séxtuplex

Instalación con seis ascensores que comparten las llamadas exteriores.

Shunt (inglés)

Ver presencia de hoja.

Silent-blocks

Taco de goma que se utiliza para evitar la transmisión de ruidos o vibraciones.

Ilustración 37. Fuente: elaboración propia

Silleta

Pieza lateral de algunas máquinas para apoyar mediante rodamiento el eje de la polea tractora. Sinónimo: asiento

Símplex

Instalación donde existe un único ascensor o, en caso de ser varios, cada uno de ellos gestiona de manera independiente sus llamadas exteriores.

Sobreintensidad

Paso de corriente excesivo por un determinado punto.

Sobretensión

Incremento anómalo de una determinada tensión.

Sujetacables

Ver perrillo.

Tambor de enrollamiento

Pieza cilíndrica asociada al motor que, en algunos modelos de ascensor provoca el movimiento de la cabina por enrollado o desenrollado de los cables de tracción.

Tambor de freno

Pieza cilíndrica (frontal o superior según modelos) asociada al eje del motor sobre la que actúan las zapatas de freno.

Tensión

Diferencia de energía por unidad de carga entre dos puntos de un sistema eléctrico. Sinónimos: diferencia de potencial, voltaje.

Tensores

Sistema de fijación segura de los cables de suspensión a la cabina o el contrapeso. Sinónimo: tochos

Ilustración 38. Fuente: Manuel Romero Velasco

Termistor

Resistencia cuyo valor depende de la temperatura. Se utiliza como termosonda. Sinónimo: PTC

Termosonda

Dispositivo de detección de temperatura en cuarto de máquinas, motor, aceite u otros elementos de la instalación.

Timonería de acuñamiento

Sistema de palancas y otros mecanismos asociados al accionamiento del sistema paracaídas.

Tiro

Relación existente entre el movimiento del equipo impulsor (motor en eléctricos, pistón en hidráulicos) y el movimiento de cabina. Puede ser tiro directo (la cabina se mueve a la misma velocidad que el equipo impulsor) o tiro diferencial en el resto de los casos.

Tochos

Ver tensores.

Torre

Ver peana.

Trifásica

Acometida que se caracteriza por transportar la corriente a través de tres conductores (fases) y, eventualmente, un cuarto hilo de neutro (azul). Su valor característico entre fases es de 380-400 V y de 220-240 entre fase y neutro.

Tríplex

Instalación con tres ascensores que comparten las llamadas exteriores.

Universal

Maniobra en la que, si el ascensor está ocupado, no acepta nuevas llamadas. Sinónimo: automática simple.

V

Voltio. Unidad de tensión eléctrica.

Válvula paracaídas

Válvula ubicada en la entrada de los cilindros y que bloquea la salida del aceite cuando detecta un caudal excesivo en bajada.

Ilustración 39 Fuente: elaboración propia

Variador de frecuencia

Sistema electrónico capaz de controlar la velocidad de un motor mediante la generación de una señal eléctrica adecuada.

Varistor

Componente electrónico cuyo valor de resistencia baja notablemente al llegar a cierta tensión. Se suele utilizar para proteger los circuitos de sobretensiones.

Vástago

Parte móvil de un cilindro hidráulico. Sinónimos: émbolo (también, aunque no es exacto, pistón).

Volante

Pieza del motor asociada al tambor de freno que suaviza, por inercia, los cambios de velocidad y facilita el movimiento manual del motor cuando se requiere.

Ilustración 40. Fuente: elaboración propia

Voltio

Unidad de tensión.

Zapatas

Piezas mecánicas que, mediante presión y rozamiento evitan el giro de un motor.

Ilustración 41. Fuente: elaboración propia

Zarpas

Ver garras.

Zuncho

En sentido estricto es cualquier abrazadera que rodee el hueco y que sirva para la sujeción de guías. Dado que estas normalmente se sujetan a la jácena prácticamente se usan ambas palabras como sinónimas.

 Toma nota

Desde el punto de vista lingüístico todavía queda mucho trabajo por hacer para generar consensos sobre cuál es el nombre adecuado para cada elemento del ascensor. Nos encontramos, con frecuencia, que existen notables diferencias entre el vocabulario utilizado en la normativa y el realmente empleado en el trabajo cotidiano, entre el vocabulario utilizado en cada territorio e, incluso, entre el vocabulario utilizado por cada empresa. Se requiere pues sensibilidad para acoger la riqueza lingüística, tanto técnica como coloquial, del castellano y del resto de lenguas cooficiales. Además, son necesarias también habilidades comunicativas para adaptarse al vocabulario propio de cada contexto.

 Actividad de aprendizaje 11

Ordena los siguientes elementos de un ascensor eléctrico con cuarto de máquinas en cuatro columnas: elementos de cabina, elementos de hueco, elementos de cuarto de máquinas y elementos inexistentes en este tipo de ascensores

Orejetas	Bancada	Operador	Polea tensora
Ferodo	Stop de foso	Retén	Rosario
Empalme	Zapata	Caja de cuñas	Polea de desvío
Rozadera	Zuncho	PAP	Inspección
Encóder	Silleta	Espadín	Calderín

Espacios de trabajo y valoración de riesgos

En los siguientes módulos se desarrollan los riesgos vinculados a las diversas operaciones de mantenimiento preventivo o correctivo. En este módulo introductorio se señalan algunos riesgos generales vinculados a los distintos espacios de trabajo del ascensor y algunas de las medidas preventivas a tener en cuenta.

Se ha incorporado también en este apartado, de forma prácticamente literal, la información de la instrucción de seguridad y salud para el técnico de ascensores elaborada por el grupo de trabajo de seguridad de FEEDA con fecha 2 de julio de 2019. Esa instrucción tiene como objeto establecer la forma más segura de proceder para la realización de los trabajos en el techo de la cabina y el foso del ascensor de forma que se controle el ascensor en todo momento.

Ilustración 42. Fuente: FEEDA

Cuarto de máquinas: riesgos generales y medidas preventivas

Riesgos	Medidas preventivas
Caída de personas al mismo nivel	- Observación de la instalación, mantenimiento del orden y limpieza y uso de una iluminación adecuada. - Recogida inmediata de cualquier derrame de fluidos. - Señalización de tubos, canaletas y otras instalaciones ubicadas en el suelo.
Caída de personas a distinto nivel	- Instalación de barandillas en desniveles. - Señalización de escalones o rampas.
Golpes contra objetos	- Atención a la distribución del espacio de trabajo y las zonas de paso.
Atrapamientos	- Instalación de guardapoleas o carcasas de protección. - Respeto a las distancias de seguridad mínimas. - Evitar cabello largo no recogido, cadenas y colgantes, corbatas, bufandas o ropa suelta, anillos y cualquier material susceptible de engancharse en piezas móviles. - Uso de pintura amarilla para todas las partes móviles (poleas, tambores, limitadores de velocidad, etc.).
Contactos eléctricos directos e indirectos	- Verificación periódica del funcionamiento de diferenciales y otros sistemas de protección frente a contactos eléctricos. - Verificación de la existencia de toma de tierra de todas las partes metálicas. - Corte de tensión siempre que se vaya a manipular el cuadro (y condena del cuadro de acometida cuando no se encuentre dentro del cuarto de máquinas).

Rellano de planta: riesgos generales y medidas preventivas

Riesgos	Medidas preventivas
Caída de personas al mismo nivel	- Observación de la instalación, mantenimiento del orden y limpieza y uso de una iluminación adecuada. - Recogida inmediata de cualquier derrame de fluidos.
Caída de personas a distinto nivel	- Atención a la subida y bajada de escaleras evitando tener ambas manos ocupadas. - Mantenimiento de las puertas cerradas a menos que la cabina o el techo de cabina estén en planta impidiendo cualquier caída al hueco. - Uso de sistema anticaídas cuando se requiera operar en la puerta sin posibilidad de poner la cabina bloqueando la caída al hueco. - Jamás dejar puertas abiertas o anulación de cerrojos / presencia de hojas sin presencia de un técnico.

Foso: riesgos generales y medidas preventivas

Riesgos	Medidas preventivas
Caída de personas al mismo nivel	- Observación de la instalación, mantenimiento del orden y limpieza y uso de una iluminación adecuada. - Recogida inmediata de cualquier derrame de fluidos.
Caída de personas a distinto nivel	- Uso de la escalera para el acceso al foso. - Activación de la luz de hueco antes de acceso al mismo.
Aplastamiento	- Mandar el ascensor a la última planta antes de acceder al foso. - Uso del stop de foso antes de acceso. - En ascensores hidráulicos cierre de la llave de paso antes de acceder al foso. - Activación desde fuera del hueco de los sistemas de protección previstos en caso de fosos reducidos. - Mantener dos seguridades activas, verificadas de manera independiente que impidan el movimiento del ascensor.
Atrapamiento-encierro	- Verificación de la existencia y funcionamiento del dispositivo de apertura de puerta desde el foso. - Previsión de comunicación en caso de quedar encerrado en el foso con la cabina bloqueando la salida (teléfono, sistema de alarma en la base de cabina, información a otros compañeros...). En caso de tener que trabajar en la base de la cabina retirar previamente el faldón y evitar el cierre total de la puerta.
Golpe por caída de objetos o contra objetos	- Evitar, cuando no sea imprescindible, el trabajo simultáneo de dos operarios en distintos niveles. - Uso de casco o gorra de seguridad.
Sobresfuerzos	- Evitar posturas forzadas de forma prolongada. - Uso de medios auxiliares para trabajos en zonas de difícil acceso.

Toma nota

Poca gente identifica al ascensor como un medio de transporte; sin embargo, objetivamente, lo es. Teniendo en cuenta la cotidianidad de su uso y su muy baja siniestralidad para los pasajeros puede decirse, aunque sea como eslogan, que "es el medio de transporte más seguro del mundo".

Ahora bien, las estadísticas sobre accidentes laborales ponen de manifiesto que este nivel de seguridad en el uso no es el mismo para las labores de montaje y mantenimiento. Como en otras profesiones la mayor parte de los accidentes laborales causan problemas leves y no permanentes: bajas por sobreesfuerzos, contusiones por caídas al mismo nivel, cortes o golpes vinculados al manejo de herramientas, etc. Existe también, y es una realidad preocupante, un goteo de casos puntuales de fallecimientos de técnicos en el puesto de trabajo por diversas causas: electrocución, golpe de calor, caídas a distinto nivel, aplastamientos, accidentes de tráfico… Esta realidad nos debe llevar a un compromiso sostenido desde las administraciones, las empresas y los equipos de trabajo por garantizar la seguridad.

Acceso seguro al foso del ascensor

Para acceder de forma segura al foso es necesario:

- Verificar que la cabina está vacía. Iniciar la operación enviando la cabina a pisos superiores, si es posible, registrar dos llamadas.
- Antes de que la cabina llegue al destino, verificar que el cerrojo de la puerta corta correctamente la serie de seguridad abriendo la puerta de piso unos 15 cm con la llave de puertas.
- Colocar el retenedor de puertas y desde el rellano activar el stop de foso y encender la luz de hueco si dispone de conmutador. En caso contrario debe de encenderse, antes de abrir la puerta, desde la sala de máquinas o desde el cuadro de maniobra en los ascensores sin cuarto de máquinas.

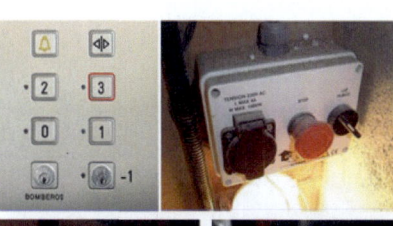

Ilustración 43. Elementos clave para el acceso seguro al foso. Fuente: FEEDA

- Comprobar el funcionamiento del stop de foso desde el rellano. Para ello se debe cerrar la puerta, realizar una llamada exterior y esperar 10 segundos. Si el ascensor no responde es que el stop está funcionando correctamente. Abrir entonces la puerta, asegurarse que el ascensor no se ha movido y que la cabina está fuera del nivel de planta.
- Contemplar la posición y el espacio de refugio del foso.
- Acceder al foso usando la escalera fija o manual. Utilizar los retenedores de puertas para asegurar que la puerta se mantiene abierta (menos de 15 cm) cuando se está trabajando.
- En el caso de ascensores de nueva normativa EN 81-20 si es necesario mover la cabina desde el foso, la puerta se mantendrá cerrada mientras se realicen las tareas de inspección con el mando de revisión del foso. Antes de realizar dichos trabajos se comprobará también de manera independiente que el stop de la botonera de foso y la inspección funcionan correctamente. La comprobación se realizará de forma análoga a como se realiza con los mandos de techo de cabina.

- Realizar las tareas siempre con el stop activado y la puerta abierta con el retenedor (menos de 15 cm) que impida su cierre o apertura completa de manera accidental.
- En el caso de que haya más de un ascensor por el mismo hueco debe existir malla de separación o cerramiento entre los diferentes elementos móviles en función de la distancia entre ellos. Si no la hubiera, el ascensor adyacente no debe moverse de forma accidental. Para ello desconectar la corriente del ascensor adyacente y bloquearla para evitar que alguien pueda ponerla de nuevo en marcha (o bien, comprobar y dejar activado el stop del foso o del techo de cabina).

Ilustración 44. Seguridad en huecos adyacentes. Fuente: FEEDA

Salida segura del foso del ascensor

Para salir de forma segura del foso el procedimiento es el siguiente:

- Subir por la escalera del foso (si procede).
- Salir del foso y retirar la escalera (si procede).
- Mantener la puerta abierta sujeta con el retenedor y desde el rellano desactivar el stop de foso.
- Apagar la luz del hueco y retirar el retenedor de puertas.
- Cerrar la puerta de piso y verificar que está enclavada mecánicamente.

- Desde el rellano hacer una llamada exterior y comprobar que el ascensor funciona con normalidad.
- En el caso de ascensores de nueva normativa EN 81-20, si se ha utilizado la botonera de inspección del foso, es necesario resetear el dispositivo eléctrico de seguridad de inicio de maniobra, siempre desde fuera del foso.

Interior de cabina: riesgos generales y medidas preventivas

Riesgos	Medidas preventivas
Atrapamiento - encierro	- Siempre que sea posible realización de trabajos en cabina con puerta abierta.

Techo de cabina: riesgos generales y medidas preventivas

Riesgos	Medidas preventivas
Caída de personas a distinto nivel	- Posicionar el techo de cabina a nivel de planta para acceder o salir del mismo. - Observación de la instalación, mantenimiento del orden y limpieza y uso de una iluminación adecuada. - Activación del stop y del interruptor de inspección antes de acceder al techo de cabina. - Instalación de barandillas en función de la distancia a las paredes de hueco o usar sistema de protección contra caídas (arnés de seguridad).
Atrapamientos y aplastamiento por objetos	- Vigilancia del movimiento de cabina y contrapeso evitando situarse fuera del espacio vertical delimitado por el techo de cabina. - Uso del stop cuando el ascensor esté parado. - En caso de huida reducida jamás anular los sistemas de protección alternativos. - Atención a los movimientos del operador de puertas.
Atrapamiento - encierro	- Previsión de comunicación en caso de quedar encerrado en el foso con la cabina sin acceso a la puerta (teléfono, sistema de alarma en la base de cabina, información a otros compañeros…). - Evitar utilizar garras, guías u otros elementos del hueco para trepar.
Golpe por caída de objetos o contra objetos	- Evitar, cuando no sea imprescindible, el trabajo simultáneo de dos operarios en distintos niveles. - Uso de casco o gorra de seguridad.
Sobreesfuerzos	- Evitar posturas forzadas de forma prolongada. - Uso de medios auxiliares para trabajos en zonas de difícil acceso.

Acceso seguro al techo de cabina

Para acceder de forma segura al techo de cabina se ha de realizar el siguiente proceso:

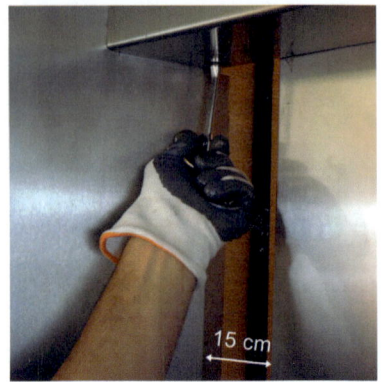

Ilustración 45. Apertura de puertas. Fuente: elaboración propia

- Encender la luz del hueco desde el cuarto de máquinas o desde el armario de maniobra asegurándose de que quedan cerrados.
- Llamar al ascensor, verificar que la cabina está vacía.
- Colocar el techo de cabina a nivel, enviando la cabina hacia abajo por medio de la botonera de cabina o el cuadro de maniobra, si es posible registrar dos llamadas de cabina.
- Abrir las puertas de rellano unos 15 cm para asegurarse de que el techo de la cabina está a nivel.
- Comprobar que el ascensor no se mueve al efectuar una llamada con la puerta abierta.
- Comprobar desde el rellano el mando de stop y el de inspección por separado: pulsar stop, cerrar la puerta y esperar 10 segundos para comprobar que el ascensor no responde; poner la inspección, soltar el stop, cerrar la puerta y esperar 10 segundos para comprobar que el ascensor tampoco responde.

Ilustración 46. Prueba del mando de inspección y del stop por separado. Fuente: Manuel Romero Velasco

- Antes de acceder al techo de cabina reactivar el botón de stop, asegurarse de que hay suficiente luz y una zona segura en el techo de la cabina donde situarse, que el techo está limpio y libre de manchas de aceite o grasa.
- Analizar los riesgos en función de las condiciones del hueco, del techo de cabina y el trabajo a realizar aplicando las medidas oportunas en cada caso y accediendo con precaución al techo de cabina.
- Acceder directamente al techo de la cabina si no existe riesgo de caída en altura o si este dispone de barandillas reglamentarias. Comprobar que las barandillas son estables y que cubren todo el perímetro con riesgo de caída en altura.

- En caso contrario, si la distancia entre el techo y la pared del hueco es mayor a 30 cm, y por lo tanto existe riesgo de caída en altura, utilizar el correspondiente sistema de protección contra caídas en altura. Se recomienda engancharse y desengancharse del punto de anclaje dentro del techo del ascensor.

Ilustración 47. Uso del arnés. Fuente: Feepick.com

Control del ascensor desde el techo de cabina

- Chequear en dinámico el botón de stop y los botones de subida / bajada moviendo el ascensor en inspección antes de comenzar el trabajo.
- Optar siempre por poner en marcha el ascensor hacia abajo en lugar de hacia arriba para reducir el riesgo de ser golpeado por el contrapeso o por cualquier dispositivo fijo instalado en el hueco. A su vez es una medida de seguridad adicional en los ascensores con huida reducida.
- Al inspeccionar el hueco hay que parar la cabina, pulsar el stop y mantenerse lejos de las partes móviles, manteniendo el cuerpo dentro de los límites del techo de la cabina.
- Al viajar sobre el techo de la cabina, solo se utilizará la velocidad de inspección. Está prohibido viajar a velocidad normal.
- Es necesario asegurarse de no llevar nada que pueda enredarse con cualquier elemento del hueco del ascensor.
- Mientras se viaja en el techo de la cabina hay que prestar mucha atención a la posición del contrapeso y otras partes fijas del hueco.

Salida del techo de cabina de forma segura

Los pasos para salir del techo con seguridad son:

- Poner el techo lo más enrasado posible con la planta de piso para evitar tropiezos al salir.
- Si se sale del techo de la cabina en una planta distinta a la que se accedió, verificar que el cerrojo de la puerta corta correctamente la serie de seguridad.
- Activar el botón de stop y mantener abierta la puerta de piso (utilizar un retenedor de puertas).
- Si se estaba utilizando el equipo anticaída, se recomienda desengancharlo antes de acceder al rellano.
- Poner la máxima atención en el techo de la cabina en el momento en que salga del mismo para evitar tropiezos, caídas, etc.
- Desactivar la inspección y el stop desde el rellano.
- Cerrar la puerta de piso y verificar que está enclavada mecánicamente.
- Desde el rellano hacer una llamada de exterior y comprobar que el ascensor funciona con normalidad.

Actividad de aprendizaje 12

En mayo de 2021 el conserje de un instituto de Asturias moría aplastado por un ascensor al ir a recoger unas llaves que se habían caído al foso. Busca información sobre este u otro accidente similar y explica qué medidas de prevención se deben tomar para realizar esa operación de forma segura.

Reglas de oro de la seguridad para el técnico de ascensores

Cumple todas las reglas de seguridad

1

SIEMPRE
usa el Equipo de Protección Individual adecuado

2

SIEMPRE
asegúrate de que las medidas de protección contra caídas son efectivas

3

SIEMPRE
aplica el procedimiento de bloqueo del interruptor principal cuando no necesites la energía pra trabajar

4

SIEMPRE
controla la energía mecánica cuando trabajes en equipos en movimiento

5

SIEMPRE
mantén el control de la cabina cuando accedas o salgas del hueco, o trabajes en el techo cabina o en el foso

6

SIEMPRE
mantén el cuerpo dentro de los bordes de cabina y mantén el control de los ascensores adyacentes

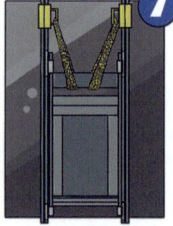

7

SIEMPRE
asegura la cabina y contrapeso con 2 medios independientes cuando cambies cables o trabajes en el sistema de suspensión

8

SIEMPRE
sigue las prácticas seguras de elevación y suspensión de cargas

9

SIEMPRE
sigue las prácticas seguras cuando instales y/o trabajes en plataformas o andamios temporales

10

SIEMPRE
para localizar averías utiliza el polímetro y usa puentes temporales autorizados cuando no haya otra alternativa

FEDERACIÓN EMPRESARIAL ESPAÑOLA DE ASCENSORES

Ilustración 48. Reglas de oro en materia de seguridad de ascensores. Fuente: FEEDA

En 2019 FEEDA editó una infografía (ilustración anterior) de referencia en materia de seguridad para técnicos de ascensores. En ella se recogen diez normas clave que deben tenerse en cuenta en todo momento.

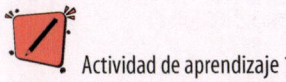

Actividad de aprendizaje 13

Explica qué reglas de oro hay que aplicar en la prevención de cada uno de los siguientes riesgos en el trabajo de mantenimiento del ascensor: caída de personas a distinto nivel, aplastamiento, sobresfuerzos y electrocución.

Cuestonario

1. Una gran superficie cuenta con un aparato para subir y bajar mercancías desde el almacén situado en el sótano hasta la zona de tienda. ¿Qué características tiene que tener este aparato para que la conservación pueda ser llevada por el personal de mantenimiento propio sin necesidad de suscribir un contrato con una empresa conservadora de ascensores?

2. Una comunidad de vecinos desea instalar un ascensor eléctrico sin cuarto de máquinas a 1 m/s aprovechando el amplio hueco de la escalera existente: ¿Qué directiva debe cumplir este aparato en su diseño y fabricación? ¿En qué norma UNE se definen los elementos de seguridad que debe tener este aparato? ¿En qué documento legal se estipula la periodicidad con la que debe ser revisado por un técnico cualificado? ¿En qué norma se explica qué pruebas mínimas deben realizarse en las revisiones de mantenimiento?

3. ¿Qué dos tipos de ascensores existen según la ubicación del sistema impulsor (sea un motor eléctrico o un grupo hidráulico)? ¿Dónde se ubica en cada caso el motor?

4. En un hospital de 6 plantas hay tres ascensores para el uso público y un montacamillas que puede ser llamado exclusivamente por el personal sanitario mediante una botonera con llavín. Todos los ascensores dan servicio en todas las plantas. ¿Qué configuración sería adecuada en este caso?

☐ a) Una maniobra cuádruplex con huecos simétricos.

☐ b) Una maniobra simple para el montacamillas y tríplex para los ascensores de uso público.

☐ c) Cuatro maniobras simples.

☐ d) Tres ascensores con huecos simétricos y un ascensor cojo superior.

5. ¿Qué tipo de gestión de llamadas sería la adecuada en cada una de las siguientes instalaciones?

Montacoches de dos plantas: _____

Edificio de viviendas sin sótanos: _____

Edificio de viviendas con garajes: _____

Parking público de tres sótanos con salida a la calle: _____

6. Distribuye los siguientes elementos del ascensor en tres columnas, según sean propios de un ascensor eléctrico, de un ascensor hidráulico o indistinto para ambos tipos de aparatos.

Final de carrera	Polea tractora	Cables de suspensión
Junta tórica	Válvula paracaídas	Aflojamiento de cables
Chasis	Freno	Vástago
Bancada	Silent blocks	Silleta
Contrapeso	Latiguillo	Volante
Sensibilidad		

7. Indica el nombre específico para designar:

La distancia entre el suelo de la última planta y el techo del hueco: _____

La distancia entre dos guías enfrentadas: _____

La distancia entre los cables de contrapeso y cabina: _____

8. Señala dos medidas de prevención específicas para evitar caídas de personas a distinto nivel en un cuarto de máquinas de un ascensor eléctrico.

9. Señala dos medidas de prevención específicas para evitar riesgo de lesiones por caída de objetos en trabajos de foso.

10. Marca en qué momentos el stop de techo de cabina debe estar presionado a lo largo de un trabajo de inspección de hueco:

• Cuando se manda la cabina a una planta inferior.

• Cuando se prueba desde el rellano que estando en inspección el ascensor no se mueve.

• Cuando se accede a techo de cabina.

• Mientras nos desplazamos por el hueco desde el techo de cabina.

• Antes de salir del techo de cabina.

• Una vez en el rellano tras cerrar la puerta.

Mantenimiento preventivo de ascensores

 Hola vamos a comenzar tema nuevo sobre mantenimiento preventivo de ascensores. Verás que no solo hay que revisar casi todos los ascensores mensualmente, sino que, además, debe hacerlo alguien competente (espero que, en breve, tú lo seas) 😉

 En ello estoy "profe". Lo de mantenimiento lo pillo, pero ¿qué es eso de "preventivo"? ¿Hay que vacunarlos de algo?

 Se trata de evitar averías (no es mejor ascensorista quien repara muchos ascensores sino quien evita que fallen), y también garantizar que los ascensores son seguros para quienes viajan o trabajan (más vale prevenir que curar…) 😓

 Sí, eso también lo decía mi abuela 😊

 Sabia mujer… Por el momento a ti te toca aprender el qué, cómo y cada cuánto de cada una de las pruebas que tendrás que hacer a todos los ascensores que tengas en conservación. ¡Ánimo con ello!

Presentación del módulo

Este módulo presenta y describe el mantenimiento preventivo de ascensores. Parte de la visión de conjunto y el vocabulario básico desarrollado en el módulo anterior y se centra, fundamentalmente, en las principales operaciones de mantenimiento preventivo.

El módulo está dividido en dos partes. La primera explica el marco legal que regula las operaciones de mantenimiento del ascensor. En esta parte se abordan temas como la definición de mantenimiento y sus tipos, las obligaciones de los titulares de la instalación y las empresas conservadoras, el papel de los organismos de control y la administración pública, las vías por las que una persona se puede acreditar como profesional de la conservación de ascensores, los diversos documentos asociados al expediente inicial y el registro de mantenimiento del ascensor, los plazos mínimos para efectuar las revisiones e inspecciones, los posibles resultados y consecuencias de las inspecciones periódicas, etc.

La segunda parte está mucho más orientada a la práctica cotidiana. En ella se explican con detalle y de forma ordenada todas las pruebas y verificaciones que deben realizarse en las revisiones de mantenimiento preventivo.

El módulo termina con una pequeña explicación de los aspectos más relevantes en la relación con los clientes.

En el módulo anterior se facilitaba una enumeración de riesgos y medidas preventivas según los espacios de trabajo. En este módulo se insiste en la aplicación de esas medidas señalando los riesgos específicos de algunas operaciones de mantenimiento.

Estructura de contenidos

- **Mantenimiento: definición y marco legal.** *¿Qué es mantenimiento y cuáles son sus tipos? El marco legal y agentes implicados en el mantenimiento del ascensor. La documentación del ascensor. Plazos establecidos para las revisiones e inspecciones.*

- **Operaciones de mantenimiento preventivo.** *Contenido, tipo y periodicidad de las operaciones de mantenimiento preventivo. Explicación de las comprobaciones mínimas a realizar. La revisión como espacio de atención al cliente.*

Mantenimiento: definición y marco legal

¿Qué es mantenimiento y cuáles son sus tipos?

Definición de mantenimiento

La definición técnica de mantenimiento (según la norma UNE EN 13306) es la *combinación de todas las acciones técnicas, administrativas y de gestión realizadas durante el ciclo de vida de un elemento, destinadas a conservarlo o a devolverlo a un estado en el que pueda desempeñar la función requerida.*

Saber más

La definición de **elemento** es: *la parte, componente, dispositivo, subsistema, unidad funcional, equipo o sistema que pueda describirse y considerarse de forma individual.* En el contexto de la conservación de ascensores el objeto del mantenimiento es tanto el ascensor en su conjunto como cada uno de sus componentes.

El mantenimiento que no implica un cambio en las funciones de la instalación se divide en dos tipos básicos: el mantenimiento preventivo y el mantenimiento correctivo.

	Mantenimiento preventivo	Mantenimiento correctivo
Definición (según la norma UNE EN 13306)	*Mantenimiento que se realiza a intervalos predeterminados o de acuerdo con criterios establecidos y que está destinado a reducir la probabilidad de fallo o la degradación del funcionamiento de un elemento.*	*Mantenimiento que se realiza después del reconocimiento de una avería y que está destinado a poner un elemento en un estado en que pueda realizar una función requerida.*
Objetivo	Conseguir que los ascensores que funcionan no fallen.	Conseguir que el ascensor que ha fallado funcione.
Estrategia de trabajo	• Gestión comercial y administrativa de un contrato de mantenimiento. • Establecimiento de un plan de mantenimiento. • Realización de las revisiones establecidas, esto es, comprobaciones sistemáticas y programadas sobre los elementos o funciones de un ascensor. • Documentación de las revisiones realizadas y otras gestiones.	• Gestión comercial y administrativa de un contrato de mantenimiento. • Recepción del aviso de avería. • Diagnóstico de la misma. • Reparación y puesta en servicio del aparato. • Documentación de las reparaciones efectuadas y otras gestiones.

Existe, además de esta división básica, que es la que necesitamos conocer, otros muchos matices y definiciones recogidos en la norma: mantenimiento mejorativo, activo, predictivo, basado en condición, instantáneo, diferido…

Toma nota

En lenguaje común y en la cotidianidad de las empresas con frecuencia se suele reservar la palabra "mantenimiento" como sinónimo de "conservación" o "revisiones" para referirse exclusivamente al mantenimiento preventivo.

Así mismo, se utilizan las palabras como "avisos", "reparaciones", "guardias" o "averías" para referirse al mantenimiento correctivo. En algunos casos una y otra tarea la realizan las mismas personas, pero en ocasiones, pueden ser equipos o profesionales diferenciados.

Para evitar confusiones semánticas es importante subrayar que, en sentido estricto, la palabra "mantenimiento" incluye tanto el mantenimiento preventivo como el correctivo y, en consecuencia, la certificación como profesional en conservación de ascensores exige tener competencias en ambos tipos de mantenimiento.

También hay que señalar que, si bien, en lenguaje corriente, "revisión" e "inspección" son prácticamente sinónimas, en el contexto técnico de los ascensores la palabra "inspección" se reserva a la supervisión del estado del ascensor que realiza cada cierto tiempo la administración pública por medio de un organismo de control autorizado (según el tipo de ascensor puede ser entre uno y seis años). Más adelante desarrollamos un poco más este tema.

Actividad de aprendizaje 1

Señala en la siguiente lista si son acciones de mantenimiento preventivo (P) o correctivo (C):

☐ Concertación de cita mensual con el cliente   ☐ Comprobación de que para a nivel

☐ Cambio de pulsador deteriorado   ☐ Reposición de bombilla fundida

☐ Ajuste de freno   ☐ Lubricación de guías

☐ Verificación de funcionamiento del acuñamiento   ☐ Limpieza de foso

El marco legal y agentes implicados en el mantenimiento del ascensor

Saber más

Este apartado sigue muy de cerca la evolución de la Instrucción Técnica Complementaria AEM 1 «Ascensores» del Reglamento de aparatos de elevación y manutención. En cualquier caso, al tratarse de aspectos de carácter no solo técnico sino también jurídico, es necesario remitirse al texto que legalmente esté vigente.

La propia definición de mantenimiento hace referencia no solo a los aspectos técnicos sino también a los administrativos y de gestión. El mantenimiento de ascensores y otros aparatos de elevación no es solo la acción de un técnico sobre una máquina, sino que esa actuación forma parte de un contexto más amplio con varios agentes implicados. La **Instrucción Técnica Complementaria del Reglamento de ascensores**, la llamada ITC, es el documento de referencia con relación al mantenimiento de cualquier ascensor con independencia de su velocidad. Esta instrucción facilita esta visión de conjunto y evidencia una relación entre cuatro agentes: el titular del ascensor, la empresa conservadora, los organismos de control y la administración pública.

Ilustración 49. Agentes implicados en el mantenimiento preventivo del ascensor. Fuente: elaboración propia

Titular del ascensor

Titular de un ascensor es quien tiene la propiedad o, en su caso, quien arrienda el aparato. Puede ser una o más personas físicas o una persona jurídica (por ejemplo, una comunidad de propietarios). Sus principales obligaciones son:

- Contratar un servicio de mantenimiento con una empresa conservadora debidamente acreditada. En caso de que no tenga un contrato de mantenimiento no debe permitir que el ascensor sea utilizado.
- Impedir el funcionamiento del ascensor cuando tenga conocimiento, por sí mismo o por indicación de la empresa conservadora, organismo de control u órgano competente de la Administración Pública, de que su utilización no reúne las debidas garantías de seguridad.
- En caso de accidente, anomalía en el funcionamiento, o cualquier deficiencia o abandono en relación con la debida conservación del ascensor, ponerlo en conocimiento inmediato de la empresa conservadora.
- En caso de que la comunicación no sea atendida deberá denunciar esta circunstancia ante el órgano competente de la Administración Pública.
- Solicitar a su debido tiempo y facilitar a los organismos de control la realización de las inspecciones periódicas que le correspondan al aparato.
- Conservar originales o copia de la documentación del ascensor, en particular: alta en el departamento de industria, declaración de conformidad, ficha técnica, manual de funcionamiento, registro de mantenimiento, contrato de mantenimiento y acta de la última inspección.

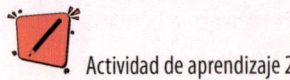

Actividad de aprendizaje 2

En algún momento se ha hablado en textos legales de la figura de "la persona encargada del ascensor" designada por el titular de la instalación. Este nombramiento solía recaer sobre quien se encargaba de la portería, la conserjería o el mantenimiento de la finca. Busca en la ITC en vigor si esta figura todavía está vigente y cuáles serían exactamente sus competencias. ¿Qué opinas sobre la existencia de esta figura?

La empresa conservadora y sus profesionales

Empresa conservadora

La empresa conservadora es una persona física o jurídica acreditada ante la administración pública que acuerda, mediante contrato con el titular, la gestión del mantenimiento preventivo, el rescate de personas, y la reparación de los ascensores. Sus obligaciones son:

- Estar legalmente constituidas y dadas de alta en el departamento de industria de la comunidad autónoma donde trabajen.

- Contar con el personal necesario para realizar la actividad en condiciones de seguridad, en número suficiente para atender las instalaciones que tengan contratadas con un mínimo de:

  - ✓ Un técnico titulado universitario con competencias específicas en la materia, que será el responsable técnico.

  - ✓ Un conservador contratado en plantilla a jornada completa (salvo que se acredite que el horario de apertura de la empresa es menor, en cuyo caso se admitirá que el trabajador esté contratado a tiempo parcial para prestar servicios durante un número de horas equivalente al horario durante el que la empresa desarrolle su actividad).

- Disponer de los medios técnicos necesarios para realizar su actividad en condiciones de seguridad.

- Haber suscrito un seguro de responsabilidad civil profesional u otra garantía equivalente, que cubra los daños que pueda provocar en la prestación del servicio.

- Responsabilizarse de que los aparatos que les sean encomendados se mantienen en condiciones de funcionamiento correctas, cumpliendo íntegramente los requisitos de la ITC.

- Garantizar, durante un periodo de dos años, la corrección de las deficiencias atribuidas a una mala ejecución de las operaciones que les hayan sido encomendadas, así como de las consecuencias que de ellas se deriven.

Con relación al mantenimiento, las obligaciones que deben constar en el correspondiente contrato son:

- Conservar los ascensores de acuerdo con lo estipulado en la ITC en referencia a planes de actuación, periodicidad de las revisiones, pruebas a realizar, etc.
- Garantizar, **en plazo máximo de 24 horas**, el envío de personal competente cuando sea solicitado por el titular o por el personal encargado del servicio ordinario del ascensor para corregir averías que ocasionen la parada del mismo, sin atrapamiento de personas en la cabina, y **de manera inmediata cuando sean requeridos por motivo de parada del ascensor** con personas atrapadas en la cabina o accidentes o urgencia similar.
- Poner por escrito, en conocimiento del titular, los elementos del ascensor que deban sustituirse, por apreciar que no se encuentran en las condiciones precisas para ofrecer las debidas garantías de buen funcionamiento, o si el ascensor no cumpliera las condiciones vigentes que le fueran exigibles.
- Interrumpir el servicio del ascensor cuando apreciara riesgo grave e inminente de accidente, hasta que se realice la oportuna reparación.
- En caso de accidente, con daños a personas o cosas, deberá ponerlo en conocimiento del órgano territorial competente de la comunidad autónoma, manteniendo interrumpido el servicio del ascensor hasta que se realice la oportuna reparación e inspección, en su caso, y lo autorice dicho órgano.
- Mantener al día el registro de mantenimiento.
- Dar cuenta al órgano competente de la comunidad autónoma donde se ubiquen los correspondientes aparatos, en el plazo máximo de 30 días, de todas las altas y bajas de contratos de conservación de los ascensores que tengan a su cargo, poniendo a disposición del mismo los correspondientes historiales de mantenimiento.
- Notificar con la debida antelación al titular del aparato la fecha en la que corresponde realizar la próxima inspección periódica. En caso de que no se realice la inspección dentro de plazo deberá notificar esta circunstancia al departamento de industria de la comunidad autónoma.
- Estar presentes en las inspecciones periódicas y prestar asistencia a los organismos de control, para el exacto cumplimiento de las mismas y garantía de la seguridad en las maniobras que deban realizarse.

 Actividad de aprendizaje 3

En el sector del mantenimiento de ascensores hay algunos temas legales de debate especialmente relacionados con la competencia de las empresas. Competencia en su doble sentido, como garantía de que se realiza un trabajo correcto y como existencia de unas normas que garantizan igualdad de oportunidades y de exigencias. Da tu opinión sobre las siguientes cuestiones y valora cómo están reguladas en la ITC actualmente vigente:

- ¿Qué posibilidad hay de que uno o más profesionales puedan montar su propia empresa de mantenimiento de ascensores si ninguno de ellos tiene titulación de ingeniero?
- ¿Puede una empresa subcontratar los mantenimientos con profesionales autónomos?
- ¿Cómo se puede garantizar que realmente todas las empresas del sector dedican el tiempo y el personal necesario a realizar un mantenimiento preventivo correcto?

Los y las profesionales de la conservación de ascensores

El conservador o la conservadora de ascensores es la persona física que tiene conocimientos para desempeñar las actividades de mantenimiento, rescates de personas, reparación de averías y modificación de los ascensores.

Esta persona deberá desarrollar su actividad en el seno de una empresa conservadora de ascensores habilitada (la empresa, como hemos dicho anteriormente podría ser unipersonal, pero debe estar legalmente constituida y contar con los medios técnicos y administrativos adecuados para cumplir con sus obligaciones).

La titulación o procedimiento de acreditación de competencias establecidas en la ITC que habilitan a una persona para actuar como conservadora de ascensores son:

a) Disponer de un título universitario cuyo plan de estudios cubra las materias objeto de la ITC.

b) Disponer de un título de formación profesional o de un certificado de profesionalidad incluido en el Catálogo Nacional de Cualificaciones Profesionales, cuyo ámbito competencial incluya las materias objeto de la ITC.

Saber más

El ministerio con competencia en Industria, publica y actualiza el listado de titulaciones que actualmente valida para ejercer como profesional de la conservación de ascensores. Se puede localizar la última versión de este listado poniendo en un buscador palabras claves como "titulaciones válidas conservador de ascensores ministerio industria".

---

c) Tener reconocida una competencia profesional adquirida por experiencia laboral, de acuerdo con lo estipulado en el Real Decreto 1224/2009, de 17 de julio, de reconocimiento de las competencias profesionales adquiridas por experiencia laboral, en las materias objeto de esta ITC. Este reconocimiento de competencias se organiza por parte de las comunidades autónomas. Los plazos de estas convocatorias son muy irregulares y hay incluso comunidades que nunca han abierto este tipo de procesos. La acreditación obtenida por esta vía es válida en todo el territorio nacional con independencia de la comunidad autónoma donde se haya tramitado.

d) Poseer una certificación otorgada por entidad acreditada para la certificación de personas según lo establecido en el Real Decreto 2200/1995, de 28 de diciembre.

En esta vía no es obligatorio demostrar ni formación ni experiencia previa pero sí superar un examen teórico y práctico en el que la persona candidata demuestra sus competencias. Este sistema de certificación de personas se utiliza también para otras profesiones y viene regulado por una norma europea (UNE-EN ISO/IEC 17024). En esta norma se establece el requisito de que quienes obtengan la certificación por esta vía deben renovarla cada cinco años. Es pues, la única certificación que tiene un carácter temporal, el resto de vías son permanentes.

La legislación actual solo exige una titulación o acreditación de competencias para profesionales que se dediquen a la conservación. Para el montaje de ascensores no se requiere ninguna formación o acreditación específica más allá de cierta formación en prevención de riesgos laborales. Es posible que esta situación cambie en el futuro.

 Actividad de aprendizaje 4

Identifica, de las diversas opciones que contempla la Instrucción Técnica Complementaria para trabajar en la conservación de ascensores, cuál es la vía adecuada para ti y qué otras alternativas serían viables en tu caso particular.

Administración pública

La administración pública es el tercer agente implicado con relación al mantenimiento de ascensores. Su papel es de regulación legislativa, registro, control y supervisión del sistema de inspección.

Las normas de seguridad en el diseño y fabricación de ascensores son comunes a todos los estados miembro de la Unión Europea. El mantenimiento, en cambio, viene regulado por el ministerio con competencias en seguridad industrial sin perjuicio de que las comunidades autónomas, con competencia legislativas sobre industria, puedan introducir requisitos adicionales cuando se trate de instalaciones radicadas en su territorio.

El control de los ascensores y aparatos de elevación de un territorio es competencia de los departamentos de industria de las comunidades autónomas. Para ello deben llevar un registro de todos los aparatos existentes en el territorio y las empresas que los conservan. En dicho registro se asigna el número de RAE (Registro de Aparatos Elevadores) y se abre un expediente técnico que se explica más adelante.

Ilustración 50. Número de RAE en la botonera de cabina de un ascensor. Fuente: Manuel Romero Velasco

Toma nota

El número de RAE de un ascensor sería equivalente al número de matrícula de un vehículo. Precisamente la existencia de registros autonómicos con todos los ascensores instalados nos permite saber con precisión cuántos ascensores hay en España.

Saber más

Una comunidad autónoma puede legislar sobre temas tales como a partir de cuántas alturas de un edificio nuevo es obligatorio que tengan un ascensor y de qué tipo debe ser. También puede organizar, dentro de un cierto marco nacional la gestión del registro de ascensores o el seguimiento de las empresas de conservación en su territorio. No tiene en cambio potestad para decidir normas de seguridad en el diseño que sean distintas a las fijadas por la legislación europea. Las directivas europeas en esta materia deben ser traspuestas de forma íntegra a la legislación nacional y no marcan criterios mínimos sino absolutos. Una determinada comunidad autónoma podrá decidir que todos los edificios nuevos cuenten, como mínimo con un ascensor que garantice la accesibilidad y otra, en cambio, podrá no exigirlo. Lo que no puede pasar es que una comunidad exija que los ascensores nuevos lleven un tipo de acuñamiento que no sea prescriptivo para el conjunto de países europeos o permita la instalación de un tipo de puertas que no sean admisibles en otro lugar de la Unión Europea.

Organismos de control

La labor de inspección se realiza por medio de organismos de control debidamente acreditados por la administración pública y que están regulados el Real Decreto 2200/1995, de 28 de diciembre. Los organismos de control son aquellas personas físicas o jurídicas que teniendo capacidad de obrar y disponiendo de los medios técnicos, materiales y humanos e imparcialidad e independencia necesarias, pueden verificar el cumplimiento de las condiciones y requisitos de seguridad establecidos en los reglamentos de seguridad para los productos e instalaciones. Así pues, al igual que los vehículos tienen la obligación de pasar cada cierto tiempo por una inspección técnica de vehículos (ITV) gestionada por un organismo de control acreditado por la administración, también los ascensores deben pasar una inspección técnica gestionada por una entidad independiente y especializada en este campo.

Las pruebas que se realizan en la inspección están desarrolladas en la norma UNE 192008. Procedimiento para la inspección reglamentaria ascensores que consta de dos partes.

- Parte I (UNE 192008-1): Aparatos de elevación recogidos en la directiva de ascensores.

- Parte II (UNE 192008-2): Ascensores con velocidad no superior a 0,15 m/s recogidos en directiva de máquinas.

La responsabilidad de estas pruebas recae sobre el técnico del organismo de control quien ha de contar durante las mismas con la asistencia de quien realiza la conservación del ascensor. En lo fundamental estas pruebas son las mismas que las que se explican en el apartado de mantenimiento preventivo.

Actividad de aprendizaje 5

Además de las normas UNE de referencia, los departamentos de industria de las comunidades autónomas suelen contar con protocolos específicos donde se recogen, con más detalle, las posibles incidencias y su gravedad. Aunque en términos generales haya coincidencia, existen también algunas divergencias en los criterios de valoración según el territorio. Trata de localizar el protocolo o la legislación sobre inspección de ascensores de tu comunidad autónoma y mira qué criterios y qué nivel de gravedad establece con relación a los siguientes defectos:

- Imprecisión de la nivelación.
- El diferencial no actúa correctamente.
- Falta la serie de presencia de puerta o está puenteada.
- No existe o no funciona el final de carrera superior.

Como resultado de la visita de inspección, el organismo de control emitirá un certificado en el que se harán constar los defectos encontrados y el resultado de la inspección. El resultado de la misma puede ser:

- **Favorable** con las siguientes calificaciones:
    - ✓ Favorable sin defectos.
    - ✓ Favorable con defectos leves. Es obligatoria la subsanación de los mismos en el plazo que se establezca en la ITC.
    - ✓ Favorable con defectos leves reiterados. Este es el caso de que en la nueva inspección sigan sin corregirse los defectos detectados en la inspección anterior.

    Los casos de defectos leves no subsanados en el plazo establecido o reiterados podrán ser objeto de sanción por parte del departamento de industria de la comunidad autónoma.

- **Desfavorable con defectos graves.** El inspector anotará en el certificado de inspección con resultado desfavorable los defectos y su plazo de subsanación; este plazo se estimará en función de la importancia del defecto y en ningún caso será superior a seis meses a partir de la fecha de la visita de inspección. El día hábil siguiente al vencimiento del plazo de corrección de defectos, el inspector del organismo de control volverá a realizar visita de inspección, salvo si el titular, o la empresa conservadora en su nombre, comunicara la subsanación de los defectos antes de dicho plazo, en cuyo caso pasará nueva visita de inspección en el plazo de 30 días a partir de dicha comunicación, sin sobrepasar en ningún caso el plazo máximo establecido en el certificado de inspección. En caso de que no se subsanen los defectos en ese plazo se procederá igual que en el caso de defectos muy graves.

- **Desfavorable con defectos muy graves.** Si se encontrara algún defecto muy grave, la empresa conservadora presente, a instancias del organismo de control, deberá dejar el aparato fuera de servicio, entregando al titular y a la empresa conservadora copia del certificado desfavorable y con la advertencia al titular de que el ascensor deberá permanecer en esa situación en tanto el defecto no sea subsanado. El organismo de control remitirá al órgano competente de la comunidad autónoma, copia del certificado de inspección.

La documentación del ascensor

La interrelación entre los diversos agentes que contribuyen al mantenimiento del ascensor genera un amplio despliegue documental tanto en la fase inicial como durante el ciclo de funcionamiento del ascensor.

El expediente técnico inicial del ascensor

Este expediente es conservado por el titular de la instalación y tiene que guardarse copia del mismo en la empresa que realiza la conservación. Este expediente debe ponerse a disposición del departamento de industria de la comunidad autónoma cuando así lo requiera.

Los documentos que forman inicialmente este expediente son:

- La ficha técnica de la instalación.
- La declaración CE/UE de conformidad.
- El manual de funcionamiento.
- La copia del contrato de conservación.
- Las actas de los ensayos relacionadas con el control final (cuando sea aplicable).
- El certificado de inspección inicial favorable.
- La hoja de registro y asignación de número de RAE.

El registro de mantenimiento

Sobre el expediente inicial se va incorporando toda la documentación que se genera durante el proceso de mantenimiento del ascensor. El titular del aparato se responsabilizará de entregar este registro a la empresa conservadora con la que contrate el mantenimiento. La empresa deberá ir actualizándolo y mandando las notificaciones oportunas durante el tiempo que proporcione dicho servicio.

A la finalización del contrato, la empresa lo reintegrará al propietario; no obstante, mantendrá una copia del registro de mantenimiento relativo a su periodo de prestación de servicios a disposición del órgano competente en materia de industria hasta el momento en que corresponda realizar la siguiente inspección periódica, debiendo, en todo caso, mantener el registro de los últimos doce meses de prestación de servicio, que será entregado a dicho órgano previo requerimiento.

Toma nota

Hace varias décadas el Ministerio de industria sellaba un libro de visitas para el registro de las inspecciones de cada ascensor. Este libro debía ser guardado por el titular de la instalación y presentado a la inspección en caso de que fuera requerido. Actualmente, la tendencia es que toda la documentación del aparato esté en soporte informático y sea remitida al departamento de industria de la comunidad autónoma de forma telemática.

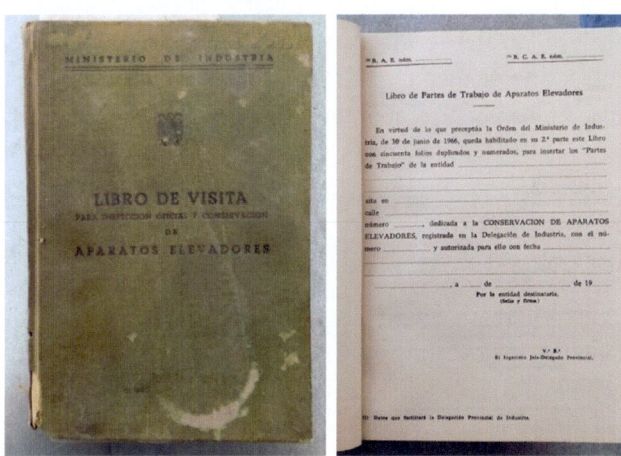

Ilustración 51. Libro de visita de un ascensor del año 75. Fuente: elaboración propia

Los documentos que deben incorporarse en este registro son:

- Los **boletines** de mantenimiento ordinario, incidencias y averías. En dichos boletines debe aparecer, como mínimo:
  - ✓ La fecha de la revisión.
  - ✓ La identificación de la empresa conservadora y del conservador de ascensores.
  - ✓ El número de Registro de Aparato Elevador (RAE), número de serie del aparato y la dirección del ascensor.
  - ✓ Hora de inicio y finalización del mantenimiento.
  - ✓ Relación de todos los trabajos y comprobaciones llevadas a cabo según el plan de mantenimiento.

✓ Acuse de recibo del titular o su representante en formato papel o electrónico.

✓ Firma del conservador de ascensores.

Así mismo el boletín debe tener trazabilidad con el plan de mantenimiento y debe existir constancia de su entrega al titular. Será emitido en soporte físico (papel), a menos que, con acuerdo del titular por disponer este de los medios oportunos, se comunique de manera fidedigna por vía electrónica.

Los boletines de mantenimiento ordinario serán conservados hasta la primera inspección periódica con resultado favorable y, sucesivamente, entre dos inspecciones periódicas con resultado favorable, debiendo, además, mantener el registro de los doce meses anteriores a la última inspección.

- **Reparaciones y cambios de piezas.**
- **Accidentes con daños a personas o cosas.**
- **Componentes de seguridad.** Con el fin de facilitar y asegurar la trazabilidad de los componentes de seguridad de una instalación, las empresas conservadoras, deberán reflejar en este registro, las características de los componentes de seguridad, incluyendo al menos el tipo de componente y su número de tipo, lote o serie o cualquier otro elemento que permita su identificación. Esta información en el registro deberá mantenerse, aunque se realice la sustitución del componente de seguridad.
- **Modificaciones** (este tema se aborda con más detalle en el último módulo).
- **Inspecciones periódicas.**
- **Cambios en el contrato o la empresa conservadora.**

Los documentos de la lista anterior que deben notificarse también al departamento de industria de la comunidad autónoma son: accidentes con daños a personas o cosas, los cambios en el contrato o la empresa conservadora, las modificaciones que se realicen y las actas de las inspecciones realizadas por el organismo de control.

Modelos orientativos de documentación asociada al ascensor

Saber más

A través del código QR puedes acceder a un archivo con diversos ejemplos y modelos de la documentación vinculada a los ascensores (Anexo 1).

Plazos establecidos para las revisiones e inspecciones

Periodicidad de las revisiones

La Instrucción Técnica Complementaria define la periodicidad con la que las empresas conservadoras deberán realizar las revisiones.

De una forma simplificada el criterio es que:

- Tanto los ascensores de velocidad igual o inferior a 0,15 m/s como los ascensores unifamiliares (no importa a qué velocidad vayan) tengan una revisión obligatoria como mínimo cada cuatro meses.
- El resto de ascensores tengan una revisión mensual.

Sobre esta base la instrucción contempla algunos matices que hay que tener en cuenta.

Periodicidad de las inspecciones

Con relación a las inspecciones obligatorias el criterio base es que:

- Ascensores instalados en edificios de uso industrial o lugares de pública concurrencia: cada dos años.
- Ascensores instalados en edificios de más de veinte viviendas, o con más de cuatro plantas servidas: cada cuatro años.
- Ascensores no incluidos en los casos anteriores: cada seis años.

También aquí es importante consultar la Instrucción Técnica Complementaria vigente para ver los diversos matices y definiciones que contempla. En particular sobre la posible evolución de estos criterios generales y qué ha de entenderse como "lugares de pública concurrencia".

Además de estas inspecciones se deberá realizar una **inspección tras un accidente con daños** a las personas o a los bienes, o que produzcan daños en elementos relevantes de la instalación o cuando así lo determiné el órgano competente de la comunidad autónoma.

Por lo menos en algunas situaciones también es necesaria la inspección **antes de la puesta en marcha del aparato**. Es posible que en el futuro se extienda esta medida a todos los aparatos de nueva instalación.

Actividad de aprendizaje 6

Consulta la Instrucción Técnica Complementaria vigente y señala en qué artículos y cómo quedan definidos los siguientes aspectos:

- Plazos mínimos para la realización de revisiones
- Plazos mínimos para la realización de inspecciones periódicas
- Obligatoriedad de la realización de una inspección tras un accidente
- Situaciones en las que es prescriptiva la realización de una inspección por parte de una OCA previa a la puesta en servicio de un nuevo ascensor.

Operaciones de mantenimiento preventivo

Contenido, tipo y periodicidad de las operaciones de mantenimiento preventivo

En las últimas décadas se ha ido avanzando en la homogenización de la seguridad de todos los ascensores existentes. Esto se ha hecho de una forma evidente en el diseño y fabricación y, también, aunque de forma más lenta, en la concreción de las tareas de mantenimiento preventivo.

La norma *UNE 58720 Mantenimiento de ascensores* señala algunos aspectos importantes que deben tenerse en cuenta en la revisión de mantenimiento preventivo de los ascensores. Así mismo indica la periodicidad mínima en la que debe realizarse cada comprobación y el tipo de verificación que debe realizarse. Esta norma amplía una norma anterior la *UNE 13015 Mantenimiento de ascensores y escaleras mecánicas – reglas para instrucciones de mantenimiento* en la que también se daban algunas indicaciones al respecto.

A las verificaciones contempladas en la norma UNE 58720 hay que añadir, además, las derivadas de las instrucciones del instalador o fabricante, junto con aquellas que la empresa conservadora considere necesarias en función de las peculiaridades de cada ascensor.

Si bien la norma UNE 58720 comenzó siendo una recomendación, pasa a ser de obligado cumplimiento, al señalarse así en la Instrucción Técnica Complementaria.

Los tipos de comprobación recogidos en la misma pueden ser:

- **Visuales (V):** examen visual del cumplimiento de un requisito (por ejemplo, verificación de la inexistencia de maquinaria o instalaciones ajenas al ascensor).
- **Funcionales (F):** verificación de la correcta realización de una función (por ejemplo, verificación de que no es posible abrir la puerta de piso si la cabina no está en planta).
- **Cumplimentación (C):** registro de una determinada información (por ejemplo, anotación en el boletín las tareas de mantenimiento realizadas).
- **Actuación (A):** realización de operaciones específicas no habituales en el funcionamiento ordinario del ascensor para la comprobación del estado de un elemento (por ejemplo, verificación del funcionamiento de la válvula de sobrepresión en un grupo hidráulico mediante la activación del motor con la llave de paso cerrada).

Con relación a la periodicidad en la que deben realizarse las comprobaciones la norma establece cuatro niveles:

    I. En cada revisión.

II. Cada tres revisiones.

III. Cada seis revisiones (o anuales en ascensores unifamiliares y en ascensores de velocidad inferior a 0,15 m/s).

IV. Una vez al año.

A continuación se adjunta un modelo de parte de revisión del ascensor basado en la norma UNE 58720.

N.º RAE:	Dirección:	
Fecha revisión:	Hora inicio:	Hora finalización:
Empresa conservadora		
En **cada revisión**		
En todas las puertas	☐ Cerraduras (cierre mecánico, control eléctrico y presencia de hoja) (F) ☐ Estado general (holguras, tiradores, deformaciones, oxidaciones, señalizaciones, etc.) (V) ☐ Funcionamiento (F) ☐ Mirillas o señales luminosas de presencia en puertas manuales o batientes (V) ☐ Medidas y sistema antipellizcos para evitar que los niños se pillen las manos en las puertas automáticas de vidrio (V)	
En el cuarto de máquinas o armario de maniobra	☐ Estado paredes, ventilación, acceso a bancada, instalaciones extrañas (V) ☐ Instrucciones de emergencia, palanca freno y otros elementos de rescate (V) ☐ Accesibilidad a espacios maquinaria (iluminación, obstáculos, suelo…(V) ☐ Puertas y trampillas (V) ☐ Cerradura puerta del cuarto de máquinas y posibles trampillas (F) ☐ Cajetín con llave donde proceda (V) ☐ Iluminación de espacios de trabajo y hueco (F) ☐ Dispositivos de parada de emergencia (F) ☐ Interruptor principal y protecciones eléctricas (A) ☐ Polea de tracción (V) ☐ Eje polea de tracción (V) ☐ Colocación y estado de conservación de protecciones de poleas de tracción, desvío y tensora (V) ☐ Cables u otros medios de suspensión en cabina y contrapeso (V) ☐ Sistema de rescate eléctrico o automático si lo hubiera (F) ☐ Funcionamiento de la máquina, ruidos anormales (F) ☐ Elementos de suspensión, fijación y de actuación del limitador, precinto y placa de características (V) ☐ Nivel y fugas de aceite en reductor o en central y conducciones hidráulicas (V) ☐ Colocación y estado de conservación de la tapa del cuadro de maniobra (V)	

Hueco y foso	☐ Interruptor de parada en foso (F)
	☐ Tensión del cable del limitador y contacto de polea tensora (F)
	☐ Contrapeso: bastidor y sujeción de las pesas (V)
	☐ Aspecto de guías y sus fijaciones; en su caso nivel apropiado de engrase (V)
	☐ Amortiguadores (V)
	☐ Fugas de aceite en pistón y conducciones hidráulicas (V)
Cabina	☐ Botonera de revisión, stop (F)
	☐ Amarres de los elementos de suspensión a la cabina (V)
	☐ Sistema accionamiento paracaídas (V)
	☐ Dispositivo salvavidas bajo la cabina si lo hubiera (F)
	☐ Puertas de cabina (F)
	☐ Estado general de conservación del interior (V)
	☐ Ruidos anómalos en funcionamiento (F)
	☐ Botonera interior, alarma, iluminación normal y de emergencia, comunicación bidireccional (F)
	☐ Comprobación fotocélula o barrera, reapertura por contacto y botón de apertura de puertas (F)
	☐ Precisión de parada y nivelación (F)
	☐ Existencia y estado de la pegatina de inspección con los datos que fija la ITC (V)
	☐ Anclajes de los falsos techos (V)
General	☐ Registro de mantenimiento (C)
Cada tres revisiones	
Puertas	☐ Holguras y puesta en funcionamiento con puerta abierta (F)
Cuarto máquinas	☐ Limpieza de los elementos propios del ascensor e informar a la propiedad de la existencia de elementos ajenos para que gestione la retirada (F)
	☐ Poleas de desvío (V)
	☐ Sistema mecánico de rescate manual (F)
	☐ Actuación del sistema de frenado del elemento tractor en ausencia de alimentación eléctrica del mismo (F)
Cada seis revisiones (o anuales en ascensores unifamiliares y en ascensores de velocidad inferior a 0,15 m/s)	
Puertas	☐ Fijaciones de las hojas de vidrio en puertas y hojas de piso (V)
Cuarto máquinas	☐ Comprobación cuadro de maniobra (V)
	☐ Valoración de posibles holguras en la máquina (F)
	☐ Deslizamiento y adherencia de los elementos de suspensión y tracción (F)
Hueco y foso	☐ Finales de carrera (F)
	☐ En máquina abajo de eje largo a polea tractora revisar la ausencia de fisuras externas del material (V)

Cabina	☐ Limpiar techo cabina y retirar los elementos que impidan el mantenimiento (C)
	☐ Holguras de cabina (rozaderas y rodaderas) (F)
	☐ Holgura entre las pisaderas de cabina y las de los accesos (F)
	☐ Dispositivo de protección contra el movimiento incontrolado de cabina (F)
Anual	
Cuarto máquinas	☐ Limitador de velocidad, su contacto eléctrico y contacto de polea tensora (A)
	☐ Válvulas de sobrepresión y de presión mínima de la central hidráulica (A)
	☐ Válvula paracaídas (A)
	☐ Accionamiento del sistema de paracaídas, mediante cable de limitador y/o aflojamiento de elementos de suspensión/tracción donde proceda (A)
	☐ Estado del aceite (reductor / central hidráulica) (V)
Hueco y foso	☐ Medidas compensatorias de distancias y volúmenes de seguridad en hueco en ascensores con foso o huida reducida (F)
	☐ Amarres de las guías al hueco (V)
Cabina	☐ Estado general conservación elementos estructurales (V)
	☐ Dispositivo de control de carga (F)
	☐ Correcta fijación y estado de conservación de las balaustradas exigibles en techo de cabina (V)
General	☐ Continuidad de la puesta a tierra de la instalación (F)
	☐ Carteles, inscripciones, etc. exigibles en el hueco, techo, cuarto de máquinas (V)
Otras operaciones de mantenimiento, reparaciones, cambios de componentes:	
Conservador (nombre y apellidos)	Firma del conservador

Ni la norma UNE 58720 ni la ITC establecen las técnicas, herramientas, utillajes, procesos, medidas de prevención de riesgos, número de personas y tiempos de ejecución en las tareas de mantenimiento. Todo ello debe quedar definido en el **plan de mantenimiento del ascensor** cuya elaboración es responsabilidad de la empresa conservadora.

Comprobaciones mínimas a realizar en puertas de piso

Ubicación	Comprobación	Tipo	Periodicidad
	Estado general (holguras, tiradores, deformaciones, oxidaciones, señalizaciones…). Además de los aspectos generales hay que verificar detalles como que existe una luz suficiente en todos los rellanos o que en la posición cerrada las holguras entre hojas o entre hojas y jambas es inferior a 10 mm para evitar un atrapamiento.	V	I
	Mirillas o señales luminosas de presencia en puertas manuales/batientes. Los ascensores que no tienen puertas exteriores automáticas deben llevar o bien una mirilla o bien un piloto que permita saber que la cabina ha llegado a planta. Con relación a las mirillas hay que comprobar que no hay roturas o grietas en los cristales y que el marco está correctamente encajado. Si el sistema es por piloto hay que comprobar que funciona correctamente y se enciende cuando el ascensor está parado en planta.	V	I
Puertas en general	**Funcionamiento.** Todas las puertas deben abrir y cerrar sin rozamientos ni trabas. Para ello: • En puertas automáticas verificar la limpieza de pisaderas y el buen estado de los patines. • Comprobar el guiado de las puertas y la ausencia de golpes en el límite de apertura. • Verificar el funcionamiento de las llaves de apertura en emergencia. • La tensión de los muelles o fleje y el ajuste del amortiguador en puertas semiautomáticas debe ser tal que sea posible su cierre desde una posición de apertura mínima sin ejercer presión sobre la misma. ⚠️ **Ten cuidado** En el ajuste de flejes y muelles hay que garantizar que se retienen adecuadamente mediante pinzas de presión u otras herramientas cuando se aflojan las tuercas de sujeción para evitar daños por su distensión súbita. Ilustración 52. Fleje de una puerta semiautomática. Fuente: elaboración propia	F	I

Cerraduras (principalmente cierre mecánico, control eléctrico y presencia de hoja).

El sistema de cerraduras tiene un doble objetivo:

- Que, en funcionamiento normal, no sea posible abrir una puerta de piso (o cualquiera de sus hojas si tiene varias) a menos que la cabina esté parada o a punto de detenerse dentro de la zona de desenclavamiento de esa puerta.

- Que sea imposible que el ascensor funcione si una puerta de piso está abierta (con la excepción de renivelación de la cabina en planta).

Estas son dos condiciones fundamentales en la seguridad del ascensor pues son los que impiden un doble riesgo:

- Que una persona caiga al hueco al abrir la puerta de piso sin que esté la cabina en planta.
- Que una persona quede cizallada entre la cabina y el marco de la puerta exterior al ponerse en marcha el ascensor mientras está en el umbral.

Lamentablemente hay ejemplos de ambos tipos de accidentes con gravísimas consecuencias para personas usuarias y, en ocasiones, para el propio conservador de ascensores. Por ello es fundamental prestar la debida atención a este apartado.

Los sistemas de protección para evitar estas situaciones son:

- El sistema de presencia de hoja que es un contacto eléctrico que se cierra cuando la hoja de la puerta está apoyada en el marco en posición de cierre (tanto si está enclavada como si no). Este sistema es propio de puertas semiautomáticas y manuales y permite a la maniobra saber que puede iniciar el cierre de puerta de cabina y/o el enclavamiento de la puerta exterior.

Ilustración 53. Contacto de presencia de hoja en una puerta semiautomática. Fuente: elaboración propia

- En todas las puertas de piso debe existir, además, un dispositivo mecánico que una vez enclavado impide la apertura de la puerta de piso. Este dispositivo de cerrojo mecánico va asociado, a su vez, a un contacto eléctrico que solo permite el movimiento del ascensor cuando el sistema mecánico está enclavado en la posición de cierre.

Ilustración 54. Cerrojo en puerta semiautomática. Fuente: Grupo IMAI04

Puertas en general

F   I

Puertas en general	**Holguras y puesta en funcionamiento con puerta abierta.** Verificado el funcionamiento del sistema de presencia de hoja y enclavamiento electromecánico hay que realizar otra comprobación: tirar o tratar de abrir una puerta desde planta con el ascensor en marcha. El pequeño movimiento que permita la holgura del cerrojo no debe ser suficiente como para interrumpir la serie de seguridad y parar el ascensor. Cuando esta holgura es excesiva o el contacto de presencia de hoja está mal posicionado podemos encontrarnos con averías aleatorias de ascensores que se paran ocasionalmente (por ejemplo, cuando un usuario externo tira de la puerta sin estar el ascensor en planta o, incluso, por el efecto de la presión del aire al pasar la cabina cerca de la puerta mal ajustada).	F	III
Puertas de vidrio	**Medidas para evitar que los niños se pillen las manos en las puertas automáticas de vidrio deslizantes. Verificación de la existencia e integridad de las medidas y sistemas anti-pellizcos.** En puertas de vidrio, con frecuencia, los niños tienden a hacer el gesto espontáneo de pegar las manos y la cara al cristal para mirar. Para evitar que puedan pillarse los dedos al abrirse las puertas estas deben tener una de estas medidas cuya eficacia hay que comprobar en cada revisión: • Hacer el vidrio opaco (esmerilado o similar) en la cara expuesta al usuario hasta una altura mínima de 1,10 m. • Detectar la presencia de dedos hasta al menos 1,6 m por encima de la pisadera deteniendo el movimiento de apertura. • Limitar el espacio entre las hojas y el marco a 4 mm (5 mm como máximo si hay desgaste) hasta una altura de 1,6 m por encima de la pisadera.	V	I
	Estado de las fijaciones de las hojas de vidrio en puertas y hojas de piso. Revisión de la integridad de esas fijaciones y la correcta sujeción de las puertas.	V	III

 Actividad de aprendizaje 7

Señala las consecuencias que puede tener para las personas o el equipo cada una de estas deficiencias:

• En una puerta automática telescópica de dos hojas la separación entre las hojas es de más de 1 cm.
• Cristal de la mirilla de una puerta semiautomática rajado.
• Llave de emergencia de la puerta de rellano no operativa.
• Contacto eléctrico del cerrojo de puertas semiautomáticas puenteado.
• Contacto eléctrico de la presencia de hojas de puertas semiautomáticas puenteado.
• Hoja de puerta exterior automática sin patines.

Comprobaciones mínimas a realizar en espacios de maquinaria

Ubicación	Comprobación	Tipo	Periodicidad
Cuarto de máquinas en general	**Accesibilidad a los espacios de maquinaria (iluminación, obstáculos, suelo).** Los cuartos de máquinas deben ser accesibles, preferiblemente a través de escaleras estructurales o de obra. La puerta debe tener como mínimo 2 m de altura y una anchura de 60 cm. Las puertas deben tener sistemas de cierre que impidan el acceso a personal no autorizado y debe figurar un cartel en la puerta en el que pueda leerse al menos: *"Maquinaria de ascensor – Peligro. Acceso prohibido a toda persona no autorizada"* Debe existir un sistema de alumbrado eléctrico permanentemente instalado que proporcione al menos 50 lux a nivel de suelo en zonas de tránsito o acceso y de 200 lux a nivel de suelo en los lugares donde una persona necesite trabajar. La activación de este alumbrado debe ser distinta de la del ascensor. Tiene que existir y estar operativo un enchufe.	V	I
	Estado adecuado de limpieza de los elementos propios del ascensor. Debe evitarse la acumulación de polvo, restos de lubricantes y cualquier basura en el cuarto de máquinas. **⚠ Ten cuidado:** Para las operaciones de limpieza de los elementos del ascensor debe procederse a la desconexión del interruptor principal tanto para prevenir contactos eléctricos como atrapamientos con partes móviles.	V	II
	Estado general de las paredes y de la ventilación, ausencia de instalaciones o elementos extraños en el cuarto de máquinas. El cuarto de máquinas debe destinarse exclusivamente al servicio del ascensor. No debe contener ni canalizaciones, ni cableados, ni elementos ajenos al servicio del ascensor. En caso de detectar elementos extraños debe notificarse al titular para que proceda a gestionar su retirada. Los cuartos de máquina deben tener una ventilación suficiente de forma que los equipos estén protegidos contra el polvo, humos nocivos y humedad.	V	I

Cuadro eléctrico y maniobra

Interruptor principal y protecciones eléctricas.

En cada revisión debe verificarse el funcionamiento de las protecciones del cuadro de acometida (magnetotérmicos y diferenciales). La prueba de los diferenciales se realiza mediante el botón de test que incorporan y el de los magnetotérmicos simplemente verificando que dejan la maniobra sin corriente al ser bajados.

Además, hay que comprobar la operatividad del interruptor principal ubicado dentro del cuadro de maniobra.

La instalación debe estar diseñada para que al bajar el interruptor principal se mantenga el alumbrado de cabina y hueco. En caso de cuartos de máquinas con varios ascensores hay que señalar de forma clara qué interruptor principal corresponde a cada uno de ellos.

Las pruebas deben realizarse garantizando que no hay usuarios en cabina y que esta se encuentra parada en planta.

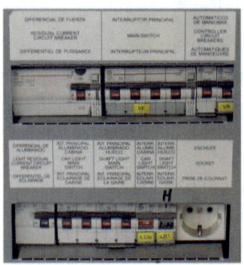

Ilustración 55. Interruptor principal y acometidas eléctricas. Fuente: elaboración propia

| A | I |

Verificar la correcta colocación y el estado de conservación de la tapa protectora en el cuadro de maniobra evitando contactos directos.

En caso de que no esté la tapa, la empresa conservadora deberá gestionar su reposición.

La tapa debe tener por fuera la señalización reglamentaria advirtiendo del riesgo eléctrico y tiene que quedar cerrada cuando no se esté trabajando sobre la maniobra

| V | I |

Comprobar el cuadro de maniobra.

En el cuadro de maniobra hay que prestar especial atención a aquellos elementos susceptibles de desgaste con el uso. En particular, hay que comprobar cuando sean visibles:

- El estado de los contactos de contactores y/o relés verificando que no están fogueados y abren y cierran el circuito sin retrasos ni rateos ni arcos eléctricos significativos.
- La inexistencia de componentes con signos de sobrecalentamiento, deformación o deterioro.

Además del examen visual deberá comprobarse la operatividad de funciones no utilizadas de forma ordinaria (por ejemplo, maniobra de llavín de bomberos si existiera).

| F | III |

Continuidad de la puesta a tierra de la instalación.

Todos los elementos metálicos de la instalación deben estar conectados a tierra por cableado directo o contacto estrecho con otro elemento que lo esté: motores, bancadas, limitador, armario de maniobra, tapas, poleas, guías, cerramientos, etc.

| F | IV |

Cuadro eléctrico y maniobra	En consecuencia, debe poderse verificar la continuidad eléctrica de todos estos elementos entre sí y también con el cable de tierra disponible en la acometida (además de la conexión directa al anillo de tierra del foso). La calidad de esta conexión, junto con la presencia del diferencial elimina el riesgo de electrocución por contacto indirecto y reduce el riesgo de lesiones en caso de contacto directo con un único conductor activo. Ilustración 56. Conexión a la toma de tierra de foso. Fuente: Manuel Romero Velasco	F	IV
Motor -máquina y freno	**Funcionamiento de la máquina, detección de ruidos anormales.** Detección de posibles ronquidos, vibraciones, roces, golpes internos, chasquidos, calentamientos o cualquier otra disfunción en el funcionamiento de la máquina que pueda ser indicativo de deterioro.	F	I
	Comprobar la existencia de holguras en la máquina y, en su caso, valorar. Las holguras en la máquina se manifiestan por golpes o, en ocasiones, contramarchas en el momento del arranque, cambio de velocidad o frenado. En las máquinas las holguras más significativas son: • La que puede darse entre el tornillo sin fin y la corona (generalmente por desgaste de la corona que es de bronce a diferencia del tornillo sin fin que es de acero templado). Existen pruebas específicas para hacer una valoración previa sin necesidad de desmontar la máquina. Dicha operación se analizará con más detalle en el módulo de mantenimiento correctivo mecánico. • En el rodamiento del tornillo sin fin bien porque se suelta la tuerca que lo retiene bien porque el casquillo que empuja la pieza central del rodamiento axial ha tenido desgaste.	F	III
	Comprobar posibles fugas de aceite en la máquina. No es frecuente la pérdida de aceite de la máquina (a menos que se haya repuesto recientemente y se haya sobrepasado el nivel indicado); no obstante, en caso de detectarse manchas de aceite debe realizarse una indagación en profundidad para ver su origen.	V	I
	Valorar el estado del aceite del reductor. Se deben seguir las indicaciones del fabricante para valorar la conveniencia del cambio de aceite de la máquina y el tipo de aceite que debe utilizarse. El uso de un aceite inadecuado o la mezcla de varios puede llevar a fugas de aceite (por no ser suficientemente viscoso a la temperatura de trabajo) o a una mala lubricación de la máquina, lo que conlleva un desgaste prematuro. Normalmente el fabricante da una referencia por horas de funcionamiento, por este motivo debe hacerse una estimación en función del uso de la máquina. Cuando se realiza el llenado de aceite hay que prestar mucha atención a no pasar el nivel marcado para evitar fugas.	V	IV

<table>
<tr>
<td rowspan="1">Motor -máquina y freno</td>
<td>

Actuación del sistema de frenado del elemento tractor en ausencia de alimentación eléctrica en el mismo.

Lo primero es verificar que, en ausencia de corriente, el ascensor debe estar perfectamente retenido por el freno en ascensores eléctricos o por el grupo de válvulas en ascensores hidráulicos. No debe admitirse ningún movimiento de cabina a menos que esos elementos estén activados.

Además hay dos valoraciones que pueden hacerse sobre el estado del dispositivo de freno:

- En ascensores eléctricos realizando un viaje en cabina (preferiblemente en subida a la última planta, de forma que el contrapeso y la caída de cables dificulten el frenado) no debe apreciarse ningún retraso entre la caída del freno y la detención de cabina.
- En ascensores con variación de frecuencia este debe estar adecuadamente programado para generar un fallo por sobreintensidad sin llegar a mover el ascensor en caso de que no se llegue a abrir el freno.

En ascensores hidráulicos, una vez parado en planta y sin que entre o salga gente no debe requerir más que renivelaciones cada cierto número de horas. El hecho de necesitar más de una renivelación a la hora (sin que haya habido movimiento o entrada y salida de carga) puede ser indicativo de algún problema en el sistema hidráulico.

</td>
<td>F</td>
<td>II</td>
</tr>
<tr>
<td rowspan="2">Poleas y cables de suspensión</td>
<td>

Poleas de desvío.

Los canales de la polea de desvío no deben estar marcados con la huella del cable (lo cual sería señal de desgaste o inadecuación entre el diámetro del cable y el tamaño del canal o el diámetro de la polea). Tampoco es admisible que esté marcado más en una cara del canal que en la otra (lo que indiciaría una mala colocación de la polea con relación al centro de la entreguía).

En caso de estar marcada se generan golpes o vibraciones en cabina cuando, por deslizamiento, el cable no entra exactamente en el dibujo de la huella.

Ilustración 57. Marcas del cable en la garganta de la polea de desvío. Fuente no identificada

</td>
<td>V</td>
<td>II</td>
</tr>
<tr>
<td>

Polea de tracción.

Observación de las gargantas de la polea de tracción para descartar deformaciones o marcas de los cables. Cuando la polea tiene una garganta en forma de V el cable no debe llegar a tocar el fondo del canal. Se observará que todos los cables están en la polea al mismo nivel sin que ninguno esté más hundido que el resto.

</td>
<td>V</td>
<td>I</td>
</tr>
</table>

Poleas y cables de suspensión			

Un deterioro significativo del canal genera pérdida de adherencia de los cables de suspensión con el grupo tractor con grave riesgo en el control del movimiento de la cabina. — V | I

Comprobar el estado general del eje de la polea tractora.

El riesgo de rotura del eje ha disminuido notablemente con la supresión de ascensores de una única velocidad; no obstante, no está de más realizar una rápida comprobación del mismo.

Así mismo cada dos o tres meses se debe realizar engrase de la silleta con el lubricante adecuado a través del orificio previsto con este fin.

En algunos aparatos es necesaria una bomba de engrase para realizar esta operación.

Por lo general el lubricante suele ser grasa lítica con aditivos de extrema presión y prevista para temperaturas de trabajo altas. Las ventajas de las grasas líticas son: alto poder anticorrosión, mucha resistencia al desgaste y buena respuesta en condiciones extremas de frío y de calor.

Ilustración 58. Silleta del motor.
Fuente: elaboración propia

V | I

En ascensores con máquina debajo y polea tractora con eje largo revisar la ausencia de fisuras externas en el material.

Este tipo de aparatos con máquina abajo son muy excepcionales por lo que deben venir con indicaciones específicas del fabricante sobre su mantenimiento.

V | III

Medios de suspensión de cabina y contrapeso visibles en cuarto de máquinas.

Verificación del estado de los cables y alambres rotos (pinchos) detectables a simple vista. La rotura de los alambres viene como consecuencia de los esfuerzos mecánicos con las poleas. Como referencia, la detección de 20 pinchos en 1 m de recorrido (o el número de alambres correspondiente a un cordón) debe llevar a plantear la sustitución de los cables.

V | I

Comprobar deslizamiento y adherencia de los elementos de suspensión y tracción.

Para su comprobación se realizará una marca común en los cables y la polea tractora, estando situada la cabina en uno de los extremos del recorrido. A continuación, se efectuará un recorrido completo de la misma y la vuelta al punto de partida. Se verificará el desplazamiento de las marcas. No existe un criterio unificado sobre el valor máximo admisible, algunos de los que aparecen en diversos manuales de inspección y que pueden servir de referencia son:

- Un máximo de 5 cm para suspensiones 1:1 u 8 cm en suspensiones diferenciales o con máquina abajo.
- Un máximo equivalente al diámetro de un cable por el número de cables.

F | III

- Un máximo de 5 mm por metro de recorrido.

Algunos manuales de inspección indican que esta prueba debe a realizarse a plena carga. En caso de que las pruebas con la cabina vacía ya salgan correctas, no es necesario cargar la cabina puesto que, a mayor peso, la adherencia es mayor y el deslizamiento disminuye.

Ilustración 59. Prueba de deslizamiento de cables.
Fuente: elaboración propia

Verificar la correcta colocación y el estado de conservación de las protecciones de poleas de tracción y desvío.

Tanto la polea de tracción como la de desvío deben venir protegidas con chapas que impidan atrapamientos. Estas protecciones deben estar puestas siempre excepto cuando haya que trabajar directamente sobre las poleas.

V | I

Comprobar el limitador de velocidad y su contacto eléctrico.

El contacto eléctrico debe accionarse simultáneamente a la actuación del limitador de velocidad y dicho contacto debe provocar inmediatamente el corte de la maniobra.

A | IV

Valoración de los elementos de suspensión, fijación y actuación del limitador que sean accesibles desde cuarto de máquinas; revisión del precinto y de la placa de características.

Se realizará un examen visual para garantizar que el precinto del limitador está intacto, es visible la placa de características y que el limitador gira de forma solidaria con el movimiento de la cabina. Los elementos de suspensión y fijación serán más fácilmente valorables desde el hueco que desde el cuarto de máquinas.

Ilustración 60. Limitador de velocidad con características y protección.
Fuente: Manuel Romero Velasco

V | I

Comprobación de las válvulas de sobrepresión y de presión mínima de la central hidráulica.

La prueba de la válvula de sobrepresión se realiza mediante el accionamiento del motor del calderín hidráulico estando la llave de paso cerrada. La lectura de la misma se realiza por medio del manómetro que incorpora el grupo de válvulas. El valor de la presión máxima debe ser 1,4 veces la presión que se registra con el ascensor a plena carga.

La comprobación de la presión mínima solo se realiza en ascensores hidráulicos con tiro 2:1. En esos casos esa válvula lo que garantiza es que no se llega a producir un destensamiento de los cables cuando la cabina apoya en el amortiguador.

A | IV

Poleas y cables de suspensión

Específico ascensores hidráulicos

	En el módulo de mantenimiento correctivo de ascensores hidráulicos se aborda con más detenimiento ambos procedimientos.	A	IV
Específico ascensores hidráulicos	**Comprobación de la válvula paracaídas.** La válvula paracaídas es el dispositivo que, en ascensores hidráulicos, detiene la bajada del ascensor cuando la velocidad es excesiva (por fallo del grupo de válvulas, rotura de las conducciones, peso inadecuado en cabina, etc.). En el módulo de mantenimiento correctivo de ascensores hidráulicos se abordará con más detenimiento el procedimiento de prueba de esta válvula.	A	IV
	Comprobación del estado del aceite de la central hidráulica. Los problemas característicos del aceite de la central hidráulica son: • Degradación del aceite por el tiempo de uso, sobrecalentamiento u otros factores. • Deterioro del aceite por acumulación de agua en el depósito (generalmente producido por condensación de aire húmedo dentro del depósito que facilita, con el tiempo, la presencia de agua en el fondo del calderín). Algunas de las características que permiten valorar la situación del aceite son: la existencia de carbonillas o residuos sólidos, la turbidez, el cambio de color cuando lleva un tiempo en reposo y se pone en marcha e, incluso, el olor.	V	IV
Sistemas y elementos de rescate	**Sistema de rescate eléctrico (o automático en su caso).** El sistema de rescate eléctrico es obligatorio en ascensores hidráulicos, frecuente en ascensores eléctricos sin cuarto de máquinas y más bien excepcional en ascensores eléctricos con cuarto de máquinas. En el caso de ascensores hidráulicos es un sistema basado en batería, que, en el caso de un fallo de corriente es capaz de accionar la válvula de bajada en emergencia hasta llegar al nivel más próximo. En el caso de ascensores eléctricos son sistemas más complejos de accionamiento del motor en el sentido más favorable también hasta llegar a planta. En cualquier caso, el sistema solo debe funcionar si el fallo de corriente se produce cuando el ascensor está fuera de planta siempre y cuando estén las puertas y series de seguridad cerradas. La prueba del sistema es sencilla pues simplemente basta con llevar la cabina fuera de planta y bajar el magnetotérmico de la acometida verificando la realización de la maniobra automática de rescate.	F	I
	Sistema de rescate manual (mecánico o hidráulico). El rescate manual en ascensores eléctricos se basa en la apertura del freno del motor y el giro del tambor del motor en el sentido más favorable hasta llegar a planta. En ascensores hidráulicos se basa en el accionamiento de la válvula de bajada en emergencia que permite el descenso de la cabina. Tanto una como otra operativa se verán con más detalle cuando abordemos las operaciones de rescate en los módulos de mantenimiento correctivo.	F	II

		V	I

Sistemas y elementos de rescate

Instrucciones de emergencia y sus elementos necesarios.

Además de los técnicos y las técnicas, la operación de rescate la puede hacer una persona si ha sido convenientemente instruida para esta labor o un servicio de emergencia como los bomberos. En cualquier caso, las instrucciones y los útiles necesarios deben estar en un lugar claramente visible del cuarto de máquinas o del armario de maniobra.

Ilustración 61. Instrucciones de emergencia.
Fuente: Manuel Romero Velasco.

Cajetín donde proceda.

Lo habitual es que el titular tenga una llave de desenclavamiento de emergencia; en ocasiones, y cuando son varias las personas que puedan necesitarla, se opta por dejar un ejemplar en una caja en la misma puerta del cuarto de máquinas de forma que sea fácilmente localizable por quien vaya a realizar el rescate.

En los aparatos en los que se haya optado por esta solución hay que verificar que efectivamente la llave se encuentra a disposición dentro del cajetín.

Actividad de aprendizaje 8

En el mantenimiento preventivo pueden detectarse deficiencias que se pueden solucionar inmediatamente y otras en las que la actuación correctiva se demora por la necesidad de ir a buscar repuestos, herramientas específicas, gestionar la aprobación de un presupuesto o cualquier otra causa.

Se está haciendo la revisión de un cuarto de máquinas eléctrico del único ascensor de un edificio de viviendas de seis plantas. Marca, de la siguiente lista de problemas, aquellos en los que estaría justificado dejar el ascensor fuera de servicio si en ese momento no es posible repararlo.

☐ Hay signos evidentes de sobrecalentamiento en los cables de acometida y cierto olor a quemado.
☐ La máquina ha perdido todo el aceite.
☐ Existen más de veinte alambres sueltos por metro en algunos tramos de los cables.
☐ Es fácil mover manualmente el tambor del motor con una mano sin necesidad de abrir el freno.
☐ El trinquete del limitador de velocidad está roto.
☐ No funciona el sistema de rescate automático en caso de fallo de corriente.
☐ Uno de los cuatro cables de tracción está claramente más hundido que los otros en la polea tractora.

Comprobaciones mínimas a realizar en el interior del hueco

Ubicación	Comprobación	Tipo	Periodicidad
Hueco en general	**Estado general de paredes, ventilación y ausencia de instalaciones extrañas en el hueco.** Al igual que se ha explicado para el cuarto de máquinas, el hueco no debe utilizarse para llevar conducciones, desagües, ventilaciones o destinarse a cualquier otro uso ajeno al ascensor.	V	I
	Iluminación de espacios de trabajo y hueco. El hueco debe estar dotado de una instalación permanente de iluminación eléctrica debidamente protegida contra daños mecánicos que garantice como mínimo 50 lux en los espacios de trabajo (foso y techo de cabina) y 20 lux en el resto. Esta iluminación se debe poder accionar desde el exterior del hueco a una distancia horizontal máxima de 75 cm y a una altura de, por lo menos, 1 m del nivel del piso inferior. Debe verificarse el funcionamiento del alumbrado y sustituirse aquellas luminarias que se hayan podido deteriorar.	V	I
	Mantener en estado adecuado de limpieza los elementos propios del ascensor. Debe procurarse la limpieza general del hueco y en particular evitar la acumulación en el foso de polvo, papeles, fauna diversa, objetos caídos y otros materiales.	V	II
	Cerraduras de trampillas o puertas (distintas de las puertas de piso) de acceso al hueco. Las trampillas de acceso deben estar provistas de un cierre y un dispositivo eléctrico de seguridad para comprobar si están cerradas, deben estar provistas de una señalización permanente que indique *"Peligro de caída – Cerrar la trampilla"*. En caso de que haya puertas de inspección de acceso al hueco deben tener cerraduras que permitan siempre su apertura desde dentro del hueco.	F	II
Polea tensora, acuñamiento y limitación velocidad	**Tensión del cable del limitador y contacto de la polea tensora, así como elementos de suspensión, fijación a cabina y actuación del limitador en el hueco.** La función de la polea tensora es mantener la tensión óptima del cable del limitador. Esto garantiza su eficacia y el agarre suficiente en caso de que se produzca el acuñamiento del ascensor. Hay que verificar que la polea está ejerciendo su función y que cuenta con holgura suficiente antes de bajar lo bastante como para activar el contacto. Esta comprobación es especialmente importante en ascensores con poco tiempo de servicio pues en la fase inicial es más notable el alargamiento del cable. También hay que comprobar la correcta sujeción del cable a la timonería del acuñamiento.	V	I

Polea tensora, acuñamiento y limitación velocidad	**Comprobar el accionamiento del sistema paracaídas mediante cable de limitador y/o aflojamiento de elementos de suspensión/ tracción donde proceda.** Anualmente se debe proceder a comprobar el correcto funcionamiento del sistema de acuñamiento. Para evitar el desgaste innecesario de este sistema no se realiza una prueba en condiciones extremas (a máxima carga y velocidad nominal) sino, simplemente, la activación de las cuñas para comprobar que el ascensor queda correctamente sujeto a las guías. Según el tipo de aparato se fuerza la actuación del limitador de velocidad (actuando sobre el trinquete o piezas similares) o actuando directamente sobre la timonería de acuñamiento del ascensor (por ejemplo, en ascensores hidráulicos). Cuando el acuñamiento es de doble sentido o existe acuñamiento en el contrapeso es necesario realizar ambas pruebas.	A	IV
	Verificar la correcta colocación y el estado de conservación de protecciones de polea tensora. La polea tensora en el foso debe llevar la protección correspondiente que impida atrapamientos y enganches.	V	I
Extremos de recorrido	**Comprobar, en su caso, las medidas compensatorias de las distancias y los volúmenes de seguridad en hueco.** Todos los ascensores deben garantizar unos espacios mínimos de seguridad para evitar el aplastamiento entre el techo de cabina y el techo del hueco o bien entre el suelo de cabina y el foso. Cuando no es posible disponer de estos espacios se prevén medidas alternativas que garanticen un nivel similar de seguridad (puntales, topes mecánicos, etc.). Todos estos dispositivos deben estar asociados a su vez a contactos de seguridad que garanticen que están operativos mientras se realiza una inspección y que están retirados cuando se devuelve el ascensor a su funcionamiento normal.	F	IV
	Finales de carrera. Los finales de carrera deben actuar cuando la cabina sobrepasa el nivel de las plantas extremas. Se instalan lo más próximo posible a ellas sin que haya riesgo de que se accionen accidentalmente, normalmente unos 5-8 cm pasado el nivel de planta. En cualquier caso, la actuación de este contacto debe producirse: • En ascensores eléctricos antes de que la cabina o el contrapeso apoyen en los amortiguadores. • En ascensores hidráulicos antes de que el émbolo haga tope mecánico. La prueba de estos finales debe hacerse en velocidad lenta y, en ningún caso, por accionamiento directo de los contactores. Una forma de realizarlo es mediante la anulación del accionamiento de la señal de nivel de la planta extrema.	F	III

Contrapeso y medios de suspensión

Contrapeso, bastidor y sujeción de las pesas.

Se realizará un examen visual del contrapeso valorando la integridad del bastidor, las posibles holguras de rozaderas por desgaste o por problemas con la distancia de entreguía de contrapeso. También se comprobará que las pesas no están partidas y que existe un sistema que impide su salida del bastidor incluso en caso de choque.

Ilustración 62. Valoración de contrapeso.
Fuente: Manuel Romero Velasco

V | I

Medios de suspensión de cabina y contrapeso en hueco.

En ascensores eléctricos con cuarto de máquinas la integridad de los cables de tracción se verifica en el propio cuarto de máquinas mediante un recorrido de extremo a extremo. En los hidráulicos y ascensores sin cuarto de máquinas esta comprobación se realiza desde el hueco.

También deben verificarse los amarres a cabina y contrapeso así como que existe un reparto equitativo del esfuerzo entre todos los cables. Para tensar o destensar cables se utilizan las roscas previstas a este efecto en los amarracables. En caso de que la longitud de dichas roscas fuera insuficiente hay que soltar el cable y amarrarlo nuevamente con la distancia adecuada.

Otro de los elementos que se debe comprobar, especialmente en ascensores con poco tiempo de uso, es que los cables no han estirado lo bastante como para que se requiera acortarlos (esta operación se desarrollará en el módulo de mantenimiento correctivo mecánico).

V | I

Guías y amarres

Aspecto de las guías y sus fijaciones; en su caso, nivel apropiado de engrase.

Se revisarán las guías en todo su recorrido para valorar que no existen muescas, ranuras, pegotes, holguras, oxidaciones, desplomes, desviaciones, revirados o cualquier otra situación disfuncional o perceptible en cabina. Comprobar que no se aprecian golpes, trabas, saltos, roces, ni posibilidad de desplazamiento lateral en ningún tramo del recorrido.

También se comprobarán las sujeciones de las guías a los amarres garantizando que están debidamente sujetas con sistemas que permitan la dilatación normal de las guías por la temperatura.

Las guías deben estar correctamente engrasadas bien porque se engrasan periódicamente en el mantenimiento, bien porque la cabina y el contrapeso van provistos de autoengrasadores (en cuyo caso se debe comprobar que tienen aceite).

Los aceites adecuados suelen estar específicamente formulados para el uso en guías y deben tener entre otras características:

• Un grado de viscosidad elevado para evitar que resbalen hasta el suelo (el más habitual suele ser el ISO 220).

V | II

Guías y amarres	• Aditivos específicos para la mejora de la untuosidad, adherencia y extrema presión. En algunos aparatos se opta por la aplicación de grasa, vaselina u otros productos en lugar de aceite; no obstante, cuando se utilizan lubricantes distintos de los propuestos por el fabricante del ascensor hay que valorar previamente las posibles interferencias de los mismos con el sistema de acuñamiento, así como con los materiales plásticos de las rozaderas y rodaderas.	V	II
	Comprobaciones de los amarres de las guías al hueco. Se comprobarán los amarres de la guía a la pared. Se realizará de un modo particular cuando se basen en el uso de sujeciones en paredes de ladrillo, con sistemas de fijación poco consistentes o en edificaciones sometidas a vibraciones significativas. Uno de los posibles indicadores de amarres sueltos es la existencia de crujidos o chasquidos al paso de cabina o contrapeso. Si no hay signos que lleven a realizar un análisis exhaustivo basta con probar unos cuantos amarres al azar dándose por bueno el conjunto si no aparece ninguno de ellos defectuoso.	F	IV
Elementos en foso	**Amortiguadores.** Se realizará una revisión visual de los amortiguadores de cabina y contrapeso para detectar cualquier anomalía que pueda darse.	V	I
	Dispositivos de parada de emergencia e interruptores de parada en foso. Se verificará el funcionamiento del stop de foso y cualquier otro dispositivo que deba garantizar la parada del ascensor.	F	I
	Escalera de foso. Se comprobará la disponibilidad y el estado de la escalera en foso. También se revisará, si es el caso, el funcionamiento del contacto de presencia en el soporte donde se recoge la escalera cuando no está en uso.	V	I
	Otros elementos en foso. Se comprobará el funcionamiento de otros dispositivos ubicados en el foso: contactos de seguridad, funcionamiento del enchufe, conmutador de luz de hueco, mando de inspección, intercomunicador si lo hubiera, pulsadores de emergencia, etc. Comprobar que no hay filtraciones de agua u oxidación de elementos. En ascensores según normativa UNE-EN 81-20 debe verificarse la existencia de un cartel indicador de la máxima distancia permitida entre el amortiguador y el bastidor de contrapeso cuando la cabina está en la planta más alta. Esta distancia máxima es la que asegura que, aunque la cabina se pasara de recorrido sigue existiendo un espacio de refugio suficiente para quien pudiera estar en el techo del ascensor. También debe existir una señal legible desde el exterior con información del tipo y capacidad del espacio de refugio.	V	I

Hidráulicos	Comprobar nivel, fugas de aceite conducciones hidráulicas y pistón. Se deberá verificar el nivel de fugas de aceite en el depósito de recolección de aceite procedente del retén. Así mismo se valorará cualquier pérdida de aceite que pueda darse en las juntas, conducciones, tornillo de purga del pistón, etc. En caso necesario, para verificar la estanqueidad del circuito hidráulico se debe llevar el pistón hasta que realice tope mecánico y, mediante la bomba manual aumentar la presión hasta el doble de la presión estática con máxima carga. Se debe mantener el circuito hidráulico durante 5 minutos en esas condiciones verificando que no se dan pérdidas significativas de presión ni se producen fugas.	V	I

 Actividad de aprendizaje 9

Valora las verificaciones que habría que realizar en el hueco y foso de un ascensor eléctrico con cuarto de máquinas y haz una lista de las herramientas y equipamiento necesarios (no incluyas lo que se precise para posibles acciones correctivas sino exclusivamente las que hacen falta para el mantenimiento preventivo).

Comprobaciones mínimas a realizar en el techo o interior de cabina

Ubicación	Comprobación	Tipo	Periodicidad
Techo	**Botonera de revisión, stop.** El acceso al techo de cabina debe realizarse, siempre, tras pulsar el stop de techo desde el exterior. Dicho stop debe estar a menos de 1 m de la puerta. Cuando se accede al techo, el ascensor debe ponerse en modo inspección para poder manejarlo desde los mandos del techo. Ilustración 63. Mando de inspección en techo de cabina. Fuente: Manuel Romero Velasco Es obligatorio que el accionamiento sea por un sistema de pulsador (doble para ascensores conforme a UNE-EN 81-20), en ningún caso el ascensor debe arrancar si está accionado el stop, si las puertas no están cerradas o si está abierta cualquier otra serie.	F	I

Techo	En aparatos donde no existe suficiente huida en la última planta debe existir en el techo un tope mecánico que garantice el espacio mínimo de protección entre el techo de cabina y el techo de hueco. En esos casos, el ascensor no podrá funcionar en inspección hasta que ese tope esté fijado. Una vez terminadas las operaciones de mantenimiento el tope debe retirarse pues el ascensor no funcionará en modo normal mientras esté puesto.	F	I
	Estado general de conservación del chasis y los elementos estructurales. Se realizará una revisión visual para verificar el estado del chasis, la sujeción de cabina con chasis y otros elementos estructurales.	V	IV
	Ruidos anómalos en el funcionamiento. Se indagará cualquier ruido anómalo que se perciba en cabina durante el recorrido. Tal y como hemos visto el origen de estos ruidos puede ser diverso y estar relacionado con la maniobra, el motor, las poleas, elementos de hueco, pero también en ocasiones con elementos de cabina como roces de tornillos de cabina con chasis, tornillos mal apretados, desajuste de rozaderas, desplazamiento del operador, etc.	V	I
	Limpieza del techo de cabina. A todos los efectos el techo de cabina es un espacio de trabajo por lo que debe evitarse cualquier elemento que no sea imprescindible. Es importante verificar que los posibles cableados se encuentren recogidos evitando que tengan que ser pisados o puedan generar tropiezos.		III
	Comprobar posibles holguras de la cabina (rozaderas, rodaderas). Valorar posibles holguras descartando si se trata de un problema de guías (lo cual, por lo general, afecta algunos tramos del recorrido) o un problema de rozaderas o rodaderas (que afecta en principio a todo el recorrido). Los problemas de rozaderas o rodaderas pueden ser de ajuste o desgaste. El desgaste puede venir causado, bien por rozamiento, bien por degradación debida a los aceites o productos de engrase de las guías.	F	III
	Dispositivo de protección contra el movimiento incontrolado de la cabina. Desde 2017 los ascensores deben estar provistos de un medio para impedir o detener el movimiento no intencionado de la cabina más allá de la planta, con la puerta de piso no enclavada y la puerta de cabina abierta motivado por el fallo de cualquier componente de la máquina del ascensor o del sistema de control. Se trata pues de un sistema de redundancia de la seguridad, que hay que comprobar.	F	III
	Correcta fijación de las balaustradas exigibles en el techo de la cabina y estado de la pegatina. Las barandillas en techo de cabina son obligatorias en ascensores cuando la distancia perpendicular a la pared exceda los 30 cm. Debe poder soportar una fuerza perpendicular de hasta 1000 N (aproximadamente la fuerza que realizan 100 kg de peso) sin sufrir deformación permanente. Así pues, lejos de ser un elemento simbólico hay que garantizar que su sujeción y consistencia es suficientemente firme como para cumplir su función.	V	IV

Interior de cabina	**Puertas.** De las puertas de cabina debe comprobarse que: • No están deformadas o dañadas. • No realizan ruidos extraños. • No presentan holguras inadecuadas (ni por exceso con el riesgo de atrapamiento de dedos, ni por defecto con riesgo de roces). • Abren y cierran completamente. • Al cerrar enclavan adecuadamente el contacto eléctrico de la serie de puertas de cabina. • Al abrir desenclavan adecuadamente las puertas exteriores. • Mientras están abiertas no es posible el movimiento de cabina (excepto dispositivos de apertura anticipada de puertas, renivelación con puertas abiertas o similares).	F	I
	Comprobación de la fotocélula o barrera, del sistema de reapertura por contacto y del botón de apertura de puertas. Dentro de las comprobaciones de puertas hay que verificar el funcionamiento de aquellos dispositivos que sirven para mantener o provocar la apertura en caso de que haya algún obstáculo: la fotocélula, la sensibilidad y el pulsador de apertura de puertas.	F	I
	Botonera interior, alarma, iluminación normal, alumbrado de emergencia y comunicación bidireccional. Se comprueban los botones de cabina, el funcionamiento de la alarma (con la activación de la llamada de emergencia), el estado de la iluminación y la activación de la luz de emergencia en caso de que falle el alumbrado de cabina.	F	I
	Comprobar holgura entre la pisadera de cabina y las pisaderas de rellano. Debe valorarse si hay desviaciones significativas entre las pisaderas de cabina y rellano. Estas pueden indicar bien que la puerta exterior se ha desplazado, bien algún tipo de problema estructural en cabina o hueco (rozaderas flojas, desplome de guías, movimiento de la cabina sobre chasis, etc.). Ilustración 64. Verificación de la alineación entre pisaderas. Fuente: Manuel Romero Velasco	F	III
	Precisión de parada y nivelación. Hay que valorar el estado de la nivelación, tanto en subida como en bajada. En caso de que se detecte una pérdida de nivel con algún tipo de patrón determinado (por ejemplo, tiende a pasarse del nivel en todas las plantas) antes de realizar una	F	I

Interior de cabina	corrección de los elementos de posición conviene indagar por la causa del mismo según el tipo de ascensor (por ejemplo, el posible desgaste de los ferodos de freno en ascensores de dos velocidades, o temperaturas inadecuadas del aceite en ascensores hidráulicos…).	F	I
	Existencia y estado de la pegatina de inspección y de la placa identificativa. En cabina debe estar la información sobre el número del RAE, la carga útil y el número máximo admisible de personas. También debe estar la pegatina con los datos de la última inspección realizada por un organismo de control.	V	I
	Anclajes de los falsos techos. En algunos ascensores existe una rejilla o un falso techo que sirve de alojamiento para el alumbrado de cabina. Hay que comprobar que está bien anclado y que no existe posibilidad de que caiga encima de pasaje.	V	I
	Dispositivo de control de la carga. El dispositivo de control de carga debe garantizar: • Que el ascensor no arranca cuando el peso en cabina excede el permitido. • Que se informa en cabina de esta situación mediante una señal acústica y luminosa. • Que una vez aligerada la carga el ascensor vuelve a funcionar adecuadamente. Anualmente hay que comprobar la funcionalidad y la regulación (que evita el arranque de cabina cuando llega realmente a la máxima carga). Es una prueba que, en principio, requiere cargar la cabina con pesos de valor conocido hasta el total de la carga máxima. En la realización de esta prueba hay que tener en cuenta que, en algunos aparatos, especialmente con chasis de mochila, tras sobrepasar la carga máxima, es necesario quitar bastante más peso que el excedente. Esto permite que el ascensor vuelva a correr bien sobre las rozaderas y no quede presionado contra las guías manteniendo la señal de sobrepeso.	F	IV
	Otros elementos de la cabina. Debe verificarse el funcionamiento del display o el sistema que permita a los pasajeros saber en qué planta se encuentra el ascensor.		

 Actividad de aprendizaje 10

Contesta a estas diez preguntas sobre operaciones de mantenimiento preventivo en el techo o interior de cabina.

1. ¿Cómo se evita el riesgo de aplastamiento en el techo de cabina en un ascensor con huida reducida?

2. Si el techo de cabina no tiene barandilla ¿cuál es la distancia de hueco libre hasta la pared a partir de la cual es obligatorio acceder con arnés?

3. En un ascensor hay holgura que permite un movimiento lateral de la cabina de 2 cm exclusivamente en una planta, ¿puede ser un problema de ajuste de rozaderas?

4. ¿En qué casos un ascensor que no está averiado puede moverse estando la puerta de cabina abierta?

5. ¿Cuáles son los tres elementos que pueden provocar la reapertura de la puerta cuando ha comenzado a cerrarse?

6. Un ascensor eléctrico para unos tres centímetros alto cuando sube vacío a cualquier planta, pero para a nivel cuando van personas dentro. ¿Sería admisible?

7. ¿Qué puede estar fallando si cuando subimos o bajamos del ascensor, la distancia horizontal entre la pisadera de cabina y rellano varía en algunos milímetros?

8. ¿Puede usarse un ascensor en el que la pegatina de la última inspección sea desfavorable por defectos graves?

9. ¿Cómo se prueba el funcionamiento del alumbrado de emergencia de cabina?

10. ¿Cada cuánto hay que comprobar el funcionamiento del pesacargas?

Otros aspectos generales

Ubicación	Comprobación	Tipo	Periodicidad
	Registro de mantenimiento (ITC). Las empresas conservadoras tienen la obligación de entregar un boletín con los datos de cada revisión al titular del ascensor, así como llevar un registro donde figuren, además de las revisiones ordinarias, las incidencias y averías, accidentes, reparaciones y cambios de piezas, modificaciones importantes, etc.	C	I
	Estado de conservación de todos los carteles, inscripciones y otros rótulos exigibles en el hueco, techo, cuarto de máquinas, etc. Ya se han ido indicando en los distintos apartados qué carteles e inscripciones deben encontrarse en los diversos lugares del ascensor.	V	I

La revisión como espacio de atención al cliente

Más allá de la atención a las máquinas y las competencias técnicas que ello exige la revisión es un momento de atención al cliente que requiere de habilidades sociales y procedimientos propios.

Desde el punto de vista del proceso lo primero que hay que hacer al llegar a una instalación es presentarnos a quien tenga la titularidad o la representación. Deben saber que vamos a realizar la revisión y, a la vez, dar la posibilidad de que nos comuniquen posibles incidencias o defectos que hayan detectado.

Cuando se están realizando pruebas de mantenimiento del ascensor es conveniente dejar un cartel, por lo menos en la planta baja y, preferiblemente, en todas, informando de que el ascensor está parado por labores de mantenimiento. Aunque es una obviedad no está de más recordar que ese cartel hay que quitarlo tras finalizar la revisión de mantenimiento preventivo.

Ilustración 65. Cartel de fuera de servicio por tareas de mantenimiento. Fuente: FEEDA

Realizado el trabajo, el responsable, el titular o su representante debe firmar el boletín. Es momento también de clarificar las posibles observaciones registradas, entregar cualquier objeto significativo que se haya encontrado en el foso y despedirse.

En esta relación con el cliente hay que tener en cuenta lo importante que es la forma en que nos presentamos, el uso de uniformes y distintivos de la empresa, la manera de comunicar, la información que procede dar y la información que no procede, la puntualidad, el tiempo realmente dedicado a la revisión del aparato y otros elementos, no técnicos pero fundamentales para que la experiencia del cliente sea satisfactoria.

Desde el punto de vista técnico el rigor en la realización de un buen mantenimiento es clave para reducir la tasa de averías y garantizar la seguridad de las instalaciones. Desde el punto de vista empresarial y laboral es, además, la única estrategia viable a medio y largo plazo para garantizar la sostenibilidad de la empresa, la reputación de la marca, la fidelización de la cartera de clientes y el valor social del puesto de trabajo.

 Actividad de aprendizaje 11

En teoría de la comunicación se suele distinguir entre tres estilos: agresivo, sumiso y asertivo. Busca en internet una explicación de los mismos y pon ejemplos de respuestas en cada uno de los tres estilos para estas cuatro situaciones que pueden darse:

• Has llegado tarde a la hora concertada para el mantenimiento y el cliente dice que va a presentar una queja a tu supervisor.
• Has detectado un problema en un cerrojo de puertas y has decidido dejar el ascensor fuera de servicio hasta mañana que puedas venir con la pieza de repuesto. Cuando se lo comunicas al titular de la instalación te suelta que tú no eres quién para hacer eso sin su permiso y te exige que lo vuelvas a poner en marcha.
• El presidente de la comunidad está usando el cuarto de máquinas como un trastero, cuando le indicas que debe retirar todo lo que hay allí te dice de malas maneras que no le da la gana.
• La presidenta realiza varios comentarios racistas, cuestiona tu nivel de competencia y se niega a firmar el parte porque dice que no se fía de lo que has anotado.

 **Cuestonario**

1. Marca en cada frase si es verdadera o falsa:

☐ El titular del ascensor puede decidir dejar fuera de servicio el ascensor.

☐ Quien realiza la conservación del ascensor puede dejar fuera de servicio el ascensor en caso de que haya impagos en el contrato de mantenimiento.

☐ La empresa de conservación es la responsable de seleccionar y contratar al organismo de control autorizado para realizar las inspecciones periódicas prescriptivas.

☐ El departamento de industria de la comunidad autónoma es el responsable de llevar un registro de todos los aparatos elevadores que estén instalados en el territorio.

2. Si en una inspección periódica se detectan varios defectos clasificados como "graves":

☐ a) El ascensor debe quedar inmediatamente parado hasta que se subsanen.

☐ b) Queda a criterio de quien realiza la inspección la decisión de dejar o no parado el ascensor.

☐ c) El ascensor puede quedar en funcionamiento y se abre un plazo para subsanar los problemas detectados de, como máximo seis meses.

☐ d) El titular de la instalación puede pedir una "segunda opinión" a otro organismo de control para que valide o deje sin efecto el acta de la primera inspección.

3. Si, estando el ascensor en planta con puertas de cabina abiertas, abrimos una puerta semiautomática unos 20 cm y la soltamos, la puerta debe:

☐ a) Cerrarse y quedar enclavada.

☐ b) Cerrarse suavemente pero sin quedar enclavada.

☐ c) Terminar de abrirse completamente.

☐ d) Mantenerse abierta hasta que reciba una llamada.

4. En caso de que, sin estar la cabina en planta, sea posible abrir una puerta automática de rellano sin la ayuda de la llave de emergencia y solo empujando las hojas hacia un lado:

☐ a) Se debe solucionar de inmediato, o dejar el ascensor fuera de servicio con el ascensor parado en esa planta hasta que se solucione.

☐ b) Puede dejarse el ascensor funcionando hasta que se solucione pues, si alguien abriera las puertas, el ascensor pararía.

☐ c) Hay que dar más tensión al muelle.

☐ d) Es algo normal, las puertas de rellano se deben poder abrir sin llave si se empujan con fuerza lateralmente.

5. ¿Qué consecuencias tiene y cómo se verifica el grado de desgaste de los canales de la polea tractora?

6. Indica el motivo por el que, en ascensores con limitador de velocidad, debe comprobarse que la pesa de la polea tensora está suficientemente levantada:

☐ a) Para que la polea tensora pueda moverse con libertad hacia arriba o hacia abajo en caso de acuñamiento.

☐ b) Porque la polea tensora tiene un contacto eléctrico que controla su posición y que, en caso de que la polea esté próxima a apoyar en suelo se puede activar dejando el ascensor parado.

☐ c) Para programar el cambio de cable del limitador en caso de que se detecte un estiramiento del cable igual o superior al 5 % de la longitud total del mismo.

☐ d) Para garantizar que el cable del limitador no esté demasiado tenso, dado que podría provocar la actuación del sistema de acuñamiento.

7. Señala qué tipo de cartel, adhesivo o información deben constar en cada uno de estos tres sitios:

En la parte exterior de la puerta del cuarto de máquinas: _____

En la parte exterior del cuadro de maniobra: _____

En algún lugar claramente visible del cuarto de máquinas: _____

8. ¿Cómo se prueba el sistema de rescate automático en ascensores hidráulicos?

9. Indica en cada frase si es verdadera o falsa.

☐ En el hueco del ascensor se permite el paso de conducciones de agua, electricidad o ventilación siempre y cuando estén a suficiente distancia de cabina y contrapeso.

☐ En todos los ascensores es obligatorio la existencia de un puntal de seguridad en foso que debe colocarse cada vez que se accede al mismo para evitar el riesgo de aplastamiento.

☐ El stop de hueco debe estar a un máximo de 50 cm del suelo del foso.

☐ El final de carrera superior del hueco debe accionarse en el momento en el que el contrapeso apoya en el amortiguador de foso.

10. La actuación sobre el botón de apertura de puertas:

☐ a) Debe impedir que la puerta comience a cerrar si está abierta.

☐ b) Debe hacer que la puerta vuelva a abrir si está cerrándose.

☐ c) Debe hacer que la puerta abra si está cerrada.

☐ d) Todas las anteriores son correctas.

Rescate de personas atrapadas en el ascensor

 Esto del rescate suena emocionante.

Tiene su puntito, los rescates es al mundo del ascensor lo que las urgencias al mundo sanitario.

 ¿Podemos usar la sirena para llegar antes?

No te vengas muy arriba, la sirena no la puedes usar, la cabeza sí. Se trata de conocer y aplicar con rigor los protocolos de rescate establecidos. De este modo, cuando ocurra un atrapamiento, podrás poner en juego al gran profesional que llevas dentro y dar una respuesta ágil, eficaz, segura y bien planteada.

 Vale profe… ya lo voy pillando. La seguridad es lo primero ¿no?

Sí, pero, por favor, presta atención también a cómo transmitir confianza… hay gente que lo pasa mal en estas situaciones y la forma en que nos presentamos y comunicamos puede ayudar mucho.

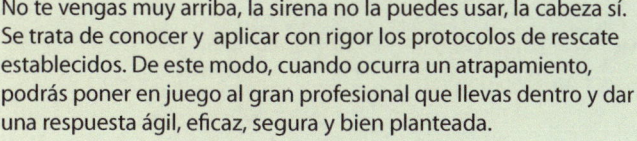

Presentación del módulo

Una de las competencias propias de la conservación de ascensores es el rescate de personas que han quedado atrapadas. Los tiempos son importantes, pero lo es más la seguridad. Por ello, no se trata de improvisar sino ser rigurosos y sistemáticos. La diferencia entre un rescate rápido y un rescate bien hecho son apenas tres minutos, la opción ha se ser siempre hacerlo bien e ir paso a paso, más aún, cuando hay personas con situaciones de especial vulnerabilidad: personas en situación de ansiedad, con movilidad reducida, menores…

Afortunadamente en los últimos años y gracias al esfuerzo conjunto de profesionales de diversas empresas se han consensuado protocolos específicos para garantizar la seguridad en estas operaciones. Este módulo transcribe, con algunas pequeñas aportaciones propias, la instrucción de Rescate en Ascensores publicada por FEEDA. Ese documento explica el procedimiento de actuación teniendo en cuenta tanto las distintas situaciones de partida como los diferentes medios de rescate según el tipo de aparato.

Será importante que este módulo no solo se estudie a nivel teórico, sino que también se practique. Son importantes las destrezas, conocer los diferentes tipos de aparato y verse en situación para revisar qué hacemos, cómo lo hacemos y, un aspecto clave, cómo lo comunicamos a las personas atrapadas.

Estructura de contenidos

- **Consideraciones previas con relación al rescate.** *Objeto y ámbito de aplicación. Riesgos, normas de prevención y equipamiento.*

- **Operativa del rescate.** *Llegada a la instalación. Maniobras básicas de rescate. Maniobras de rescate específicas. Diagrama de flujo.*

Consideraciones previas con relación al rescate

Objeto y ámbito de aplicación

La acción prioritaria ante una situación de avería del ascensor es liberar a las personas atrapadas de la forma más segura.

El rescate del pasaje solo deben llevarlo a cabo personas autorizadas que hayan recibido las instrucciones y la formación necesaria. Debe considerarse que, salvo situaciones muy particulares, la situación de una persona encerrada en un ascensor no es de peligro. La intervención para el rescate no tiene por qué hacerse apresuradamente, máxime cuando el riesgo puede originarse, precisamente, por precipitarse en la intervención. El rescate debe hacerse con tranquilidad a pesar de las presiones que puedan ejercer las personas atrapadas o el entorno.

Todas las operaciones de rescate se deben llevar a cabo de acuerdo con las instrucciones específicas que haya elaborado el diseñador del equipo. Estas instrucciones han de estar en posesión del propietario y disponibles también en el espacio de maquinaria.

Riesgos, normas de prevención y equipamiento

Riesgos más importantes

- Caídas a distinto nivel.
- Atrapamientos.

Normas en las operaciones de rescate

En cualquier rescate han de seguirse las siguientes normas:

- No poner en peligro la seguridad de los pasajeros en ningún caso.
- No poner en peligro la propia seguridad.
- Cuando se inicie el rescate, asegurarse de que las acciones ejecutadas no pongan en peligro a otras personas en el entorno del ascensor.
- La comunicación entre los pasajeros atrapados en la cabina y las personas que están en el exterior se debe establecer lo más rápido posible para tranquilizar al pasaje.
- Comunicar de antemano al pasaje todas las acciones que se vayan a llevar a cabo.
- Se debe cortar la corriente por medio del interruptor principal antes de rescatar a los pasajeros y debe asegurarse que no pueda ser reactivado intempestivamente. Esta regla se aplica incluso si el ascensor se ha parado por un fallo de corriente.
- No permitir salir al pasaje si hay una abertura mayor de 30 cm entre la parte inferior del faldón de cabina y el nivel de piso.
- No abrir las puertas hasta que alguien esté en el piso para ayudar a salir de la cabina al pasaje.

- Antes de proceder a mover el ascensor para el rescate, debemos asegurarnos de que todas las puertas de piso están cerradas mecánicamente.
- Debemos tener especial precaución con el posible desnivel entre la pisadera de cabina y la de planta. Existe riesgo de tropiezo o caída de los pasajeros durante el rescate.
- Está prohibido utilizar puentes temporales para resolver averías teniendo pasajeros atrapados en el interior de la cabina.

Equipamiento necesario durante el rescate

- Calzado de seguridad. (EPI)
- Guantes de seguridad. (EPI)
- Linterna.
- Escalera de pequeñas dimensiones.
- Caja de herramientas.

Operativa del rescate

Llegada a la instalación

Al llegar se han de realizar tres tareas: valoración de hueco, de cabina y cuarto de máquinas (en el orden que sea más lógico en función de la ubicación de la planta de entrada del edificio, ubicación de la cabina y situación del cuarto de máquinas)

Valoración de hueco

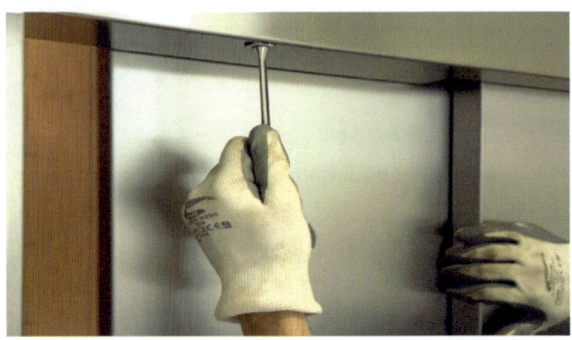

Ilustración 66. Apertura de puerta con llave de triángulo. Fuente: Manuel Romero Velasco

Al llegar a la instalación hay que realizar una primera valoración de la situación en el hueco y la planta en la que está la cabina:

- Nos desplazaremos a la puerta de piso de la planta más baja. Con ayuda de la llave de emergencia del ascensor (normalmente llave de triángulo) procederemos a la apertura de dicha puerta. Una vez accionada la cerradura procederemos manualmente a la apertura de la puerta.

- Activaremos la luz del hueco con el interruptor del interior del hueco del ascensor si no lo hemos hecho antes desde el cuarto de máquinas o desde el armario de maniobra.
- Observaremos el hueco y la posición en la que se encuentra detenida la cabina.
- A continuación, procederemos a cerrar la puerta de piso, asegurándonos del bloqueo de la misma.

 Ten cuidado

Al proceder a la apertura de cualquier puerta de piso nos expondremos al riesgo de caída a distinto nivel al foso del ascensor. Debemos prevenir de este riesgo tanto a nosotros mismos como a cualquier otra persona del entorno asegurándonos de no abandonar la zona sin antes volver a cerrar la puerta de forma correcta.

Comunicación con las personas atrapadas y valoración de la posición de cabina

- Subiremos a la planta más próxima al punto donde están atrapadas las personas para advertir de nuestra llegada y tranquilizar a las personas encerradas comunicándoles que vamos a proceder a su rescate.
- Procederemos a la apertura de la puerta de piso con la llave de emergencia de puertas abriéndola levemente.
- Observaremos la situación del suelo de la cabina respecto al suelo de la planta de piso y comenzaremos a valorar el tipo de rescate a realizar.

 Actividad de aprendizaje 1

En algunos casos el atrapamiento ocurre estando la puerta de cabina enfrentada a la puerta de rellano de forma que la puerta exterior no se puede abrir sin arrastrar también la de cabina. En estos casos ¿sería adecuado empujar para tratar de abrir simultáneamente ambas para dejar salir inmediatamente a las personas atrapadas? Justifica la respuesta.

 Actividad de aprendizaje 2

Piensa qué objetivos tiene esa primera comunicación con las personas atrapadas, qué estrategias comunicativas pueden favorecer la consecución de estos objetivos y qué errores pueden darse.

 Actividad de aprendizaje 3

Si es posible haz un entrenamiento simulado de posibles diálogos con personas atrapadas en diversas situaciones como por ejemplo: una mujer de 60 años y su hija ambas indignadas por la situación y la espera, cinco chicos/as de doce años, un hombre al borde de un ataque de ansiedad que bajaba a pasear con su perro, etc.

Acceso al cuarto de máquinas, valoración y desconexión del interruptor principal

- Deberemos localizar el cuarto de máquinas o, en su defecto, el cuadro de maniobra en caso de ascensores sin cuarto de máquinas y la llave de apertura de puertas del ascensor. Procederemos a abrir el cuadro de maniobra y observaremos la posibilidad de detectar visualmente alguna anomalía (elementos desconectados, rotos, etc.). Puede ser interesante también sacar una fotografía del cuadro de maniobra por si hay alguna información relevante que podamos perder cuando quitemos corriente. En cualquier caso, la estrategia no es reparar el ascensor para sacar a las personas sino, siempre primero, sacar a las personas atrapadas y luego, en todo caso, reparar el aparato.
- Observaremos si en una zona cercana al cuadro de maniobra del ascensor se dispone de instrucciones de rescate definidas por el fabricante del ascensor.
- Localizaremos los interruptores principales de la instalación en el cuadro de fuerza del cuarto de máquinas o directamente en el cuadro de maniobra en caso de ascensores sin cuarto de máquinas observando la identificación de estos. Nos aseguraremos de que esté conectado el interruptor de luz de cabina para **conservar la iluminación de la cabina**. Activaremos la luz de hueco desde el cuadro de maniobra, si no la hemos encendido ya desde el hueco.

 Ten cuidado

La desconexión del interruptor principal de fuerza debe realizarse **SIEMPRE**, incluso cuando exista un corte general del suministro eléctrico.

Es prioritario para la seguridad de las personas a rescatar y el técnico de mantenimiento evitar cualquier movimiento imprevisto de la cabina

Ilustración 67. Interruptor de fuerza dentro del cuadro de maniobra. Fuente: elaboración propia

Maniobras básicas de rescate

Vemos en este apartado cuatro posibilidades que pueden darse y que hacen que el rescate sea muy sencillo. En caso de que ninguna de ellas se pueda aplicar hay que valorar las opciones de maniobras específicas de rescate según el tipo de aparato que se desarrollan en el apartado siguiente.

Posibilidad 1: Cabina a nivel de piso sin necesidad de movimiento de la cabina

La condición para el rescate es que no debe existir ningún hueco libre por debajo del suelo de la cabina y por tanto no hay riesgo de caída al hueco del ascensor.

1 Procederemos a la desconexión del interruptor principal de fuerza para prevenir movimientos inesperados de la cabina. Debemos asegurarnos que el interruptor principal no pueda ser reactivado intempestivamente.

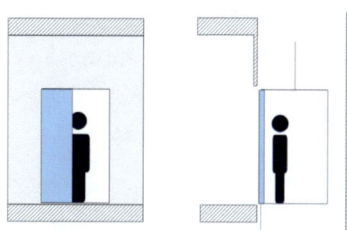

2 Abriremos totalmente la puerta de piso ayudados de la llave de emergencia, abriremos la puerta de la cabina ejerciendo presión en el sentido de apertura y ayudaremos a los pasajeros a salir de la cabina del ascensor.

Ilustración 68. Cabina a nivel de piso.
Fuente: elaboración propia

3 Una vez finalizado el rescate cerraremos la puerta de piso, nos aseguraremos de que todas las puertas de piso del ascensor quedan cerradas, apagaremos la luz del hueco y dejaremos el interruptor principal de fuerza desconectado con el objetivo de que el aparato quede bloqueado hasta que el servicio técnico proceda a su revisión.

 Ten cuidado

Antes de comenzar el rescate debemos asegurarnos de que por debajo del suelo de la cabina no exista riesgo de caída al hueco.

Debemos tener especial precaución con el posible desnivel entre la pisadera de cabina y la de planta. Existe riesgo de tropiezo de los pasajeros durante el rescate

 Actividad de aprendizaje 4

¿Qué riesgos evitamos quitando previamente la corriente antes de abrir la puerta de cabina cuando el ascensor está a nivel de planta?

Posibilidad 2: Cabina pasada de piso con rescate sin necesidad de movimiento de la cabina

En esta condición se considera distancia segura cuando el espacio entre el extremo inferior del faldón y la pisadera de la puerta de piso es inferior a 30 cm.

Por supuesto, el nivel de seguridad aumenta en la medida que la pisadera de cabina se encuentre situada más cerca de la pisadera del piso.

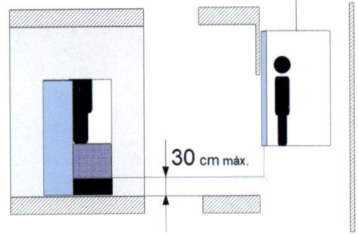

Ilustración 69. Distancia máxima para rescate
con cabina por encima del nivel de piso.
Fuente: elaboración propia

En este supuesto, no es necesario el movimiento de la cabina siempre que no estemos condicionados por las limitaciones físicas de la persona atrapada.

Los tipos de faldones que podemos encontrarnos son:

Faldón convencional	Faldones para foso reducido		
	Faldón autoextensible	Faldón bloqueable extensible	Faldón bloqueable abatible
Es de una pieza fija y cubre 75 cm por debajo de la pisadera reduciendo el riesgo de posible caída al hueco durante la ejecución del procedimiento de rescate	Permanece desplegado durante todo el recorrido y se pliega al llegar a la parada inferior, al entrar en contacto con el fondo del foso. En este caso el rescate se realiza de forma convencional, pues siempre nos encontraremos el faldón desplegado, cubriendo la dimensión normativa.	Permanece siempre plegado y solamente se despliega de forma manual antes de proceder a realizar el rescate. Con este tipo de faldones, es imprescindible, después de rescatar las personas atrapadas en el ascensor, llevar el ascensor a la planta inferior y volver el faldón a su posición de plegado.	

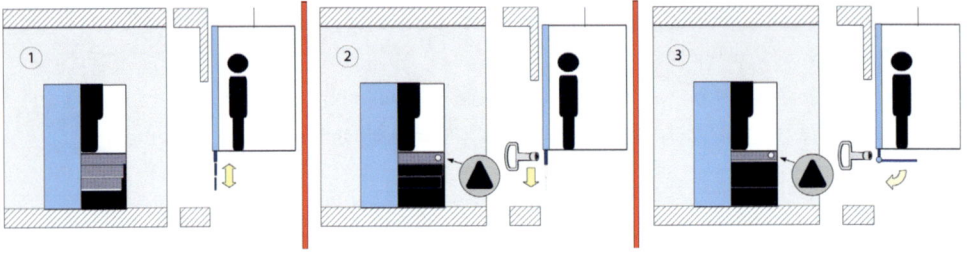

Ilustración 70. Diversos modelos de faldones para foso reducido: 1. Faldón telescópico autoextensible. 2. Faldón bloqueable extensible. 3. Faldón bloqueable abatible. Fuente: elaboración propia

Se procederá al rescate de la siguiente forma:

1 Procederemos a la desconexión del interruptor principal de fuerza para prevenir movimientos inesperados de la cabina. Debemos asegurarnos de que el interruptor principal no pueda ser reactivado intempestivamente.

2 Con la llave de triángulo abriremos levemente la puerta de piso más cercana a la cabina, en caso de ser una instalación con faldón de cabina especial lo activaremos a su posición reglamentaria, para posteriormente abrir la puerta de la cabina, ejerciendo presión en el sentido de apertura, ya que el operador de puertas lo tenemos por encima del dintel de la puerta de piso.

3 Una vez realizada la apertura ayudaremos a los pasajeros a salvar la diferencia de nivel existente entre la cabina y el nivel de piso.

4 Terminado el rescate de los pasajeros cerraremos la puerta de piso, nos aseguraremos de que todas las puertas de piso del ascensor quedan cerradas, apagaremos la luz del hueco y dejaremos el interruptor principal de fuerza desconectado con el objetivo de que el aparato quede bloqueado hasta que el servicio técnico proceda a su revisión.

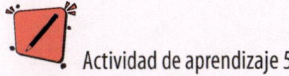

Actividad de aprendizaje 5

¿Sería seguro realizar un rescate con un hueco libre entre el faldón y el nivel de piso de casi 30 cm si quienes están atrapados son un padre con su hijo de cuatro años?

Posibilidad 3: Cabina por debajo del nivel de piso sin necesidad del movimiento de la cabina

Este rescate se considera seguro cuando el espacio entre el dintel de la cabina y la pisadera de la puerta de piso es superior a 80 cm. Además de esta condición, el rescate estará limitado por las capacidades físicas de los pasajeros, las cuales deberán ser evaluadas previamente por el técnico de mantenimiento.

1 Procederemos a la desconexión del interruptor principal de fuerza para prevenir movimientos inesperados de la cabina. Debemos asegurarnos que el interruptor principal no pueda ser reactivado intempestivamente.

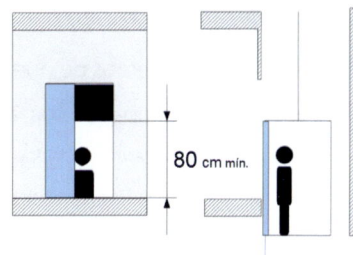

Ilustración 71. Distancia mínima de rescate para cabina por debajo de nivel de piso. Fuente: elaboración propia

2 Abriremos totalmente la puerta de piso ayudados de la llave de triángulo.

3 Una vez abierta la puerta de piso procederemos también a abrir la puerta de cabina ejerciendo presión en el sentido de apertura.

4 Cuando ya hayamos abierto las puertas ayudaremos a los pasajeros a salir de la cabina salvando la diferencia de nivel existente entre la cabina y el nivel de la puerta de piso. Para ello es posible que nos tengamos que ayudar de una pequeña escalera o similar, que hay que tener preparada antes de abrir las puertas.

5 Una vez finalizado el rescate cerraremos la puerta de piso, nos aseguraremos de que todas las puertas quedan cerradas, apagaremos la luz del hueco y dejaremos el interruptor principal de fuerza desconectado con el objetivo de que el aparato quede bloqueado hasta que el servicio técnico proceda a su revisión.

Actividad de aprendizaje 6

¿De qué forma podemos asegurarnos de que el interruptor principal no va a ser reactivado por otra persona cuando nos dirigimos a la planta donde están las personas atrapadas para abrirles las puertas?

Posibilidad 4. Rescate con necesidad de movimiento de la cabina por simple reinicio de la maniobra

Si tras evaluar la situación llegamos a la conclusión de que para realizar el rescate tenemos que mover la cabina la primera opción es volver a dar corriente a la maniobra mediante el interruptor principal. En algunos casos el bloqueo del ascensor ha podido tener su origen en algún aspecto eléctrico como por ejemplo una simple variación de tensión y el reseteo del sistema hace que el ascensor vuelva a su funcionamiento normal. También es posible que el fallo del ascensor pueda estar provocado porque esté desconectada alguna protección eléctrica del cuadro del ascensor, de la acometida eléctrica del cuarto de máquinas, o incluso del cuadro general de la comunidad de propietarios.

1 Nos aseguraremos de que todas las puertas de piso y de cabina están cerradas.

2 Comunicaremos a los pasajeros que vamos a proceder a realizar el reseteo del sistema y que es posible que inicie el movimiento.

3 Conectaremos el circuito de fuerza y procederemos a observar la instalación y sus posibles movimientos.

4 El ascensor es posible que se desplace hasta una planta y realice la apertura de sus puertas, de manera que los pasajeros ya puedan evacuar la cabina. En caso de que no fuera así seguiremos los pasos iniciales de este manual de rescate para observar la situación de la cabina respecto a los niveles de piso y procederemos de nuevo a elegir el tipo de rescate.

Actividad de aprendizaje 7

Quitar y poner corriente al ascensor es aparentemente una opción muy simple y con frecuencia efectiva; sin embargo, ¿por qué crees que solo debe hacerse tras haber descartado la posibilidad de efectuar el rescate sin mover la cabina aunque pueda haber un desnivel significativo?

Maniobras de rescate específicas

En caso de no haber podido rescatar a los pasajeros según los pasos antes descritos, procederemos a mover la cabina como a continuación se indica según se trate de un ascensor hidráulico, un ascensor eléctrico con cuarto de máquinas o un ascensor eléctrico sin cuarto de máquinas.

 Ten cuidado

Estas maniobras al realizarse de forma manual, permiten el desplazamiento de la cabina con la serie de seguridad abierta. Es importante avisar a los pasajeros de que **no abran las puertas de cabina. Si lo han hecho, hay que pedirles que vuelvan a cerrarlas**. Se les informará de la maniobra que se va a realizar y los movimientos que pueden sentir en cabina.

Ascensores hidráulicos

La peculiaridad de este tipo de ascensores es que, al realizarse la bajada por el propio peso del ascensor, en principio se puede mover la cabina en bajada sin esfuerzo abriendo la válvula de emergencia.

- Verificar que está desconectada la corriente.
- La operación consiste en pulsar la válvula de bajada manual de color rojo del bloque de válvulas. En algunos modelos, no en todos, puede haber una grapa, un pasador o algún sistema que evite el accionamiento accidental de la válvula y que requiere ser retirado (o girado) para poder accionar la válvula. También puede darse el caso, especialmente en aparatos más modernos, de que existan dos elementos debidamente señalizados que requieran de accionamiento simultáneo.

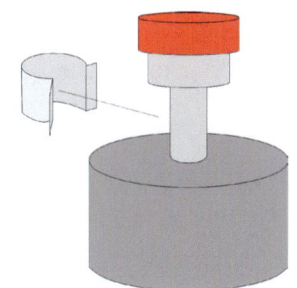

Ilustración 72. Grapa de seguridad en pulsador de bajada en emergencia en ascensores hidráulicos. Fuente: elaboración propia

- Algunos cuadros de maniobra disponen de un indicativo luminoso o acústico que nos indica que la cabina está a nivel, cuando esto suceda, dejaremos de actuar sobre la válvula de rescate. En caso de que esta señalización no exista hay que ir verificando la posición de cabina hasta que quede razonablemente a nivel de alguna planta.
- Una vez que esté a nivel de planta se pueden abrir puertas exteriores y de cabina con la llave de emergencia para que puedan salir las personas atrapadas tal y como se ha explicado anteriormente.

Hay dos situaciones en las que el ascensor no baja al accionar la válvula de emergencia: que esté acuñado (es posible que podamos detectar que los cables no están tensos) o que haya actuado la válvula paracaídas (en cuyo caso no hay ninguna indicación ni signo distinto de que simplemente el ascensor no baja). Tanto en un caso como en otro es necesario realizar un pequeño movimiento ascendente de la cabina para desacuñar o desbloquear la válvula paracaídas. Para ello actuaremos sobre la bomba manual del grupo de válvulas.

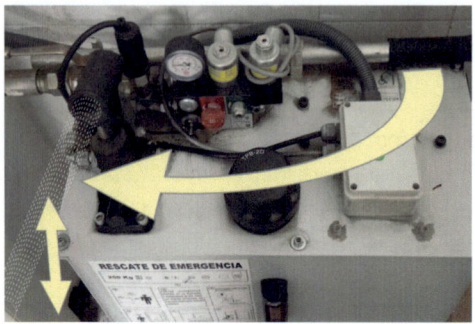

Ilustración 73. Accionamiento de la bomba manual en un ascensor hidráulico. Fuente: elaboración propia

En muchos modelos la bomba manual no funciona si no está previamente purgada (esto se evidencia porque no supone ningún esfuerzo mover la palanca de la bomba en ambos sentidos y no genera ningún movimiento en la cabina). Para purgar debe existir, próxima a la palanca de la bomba, un tornillo o ruedecita de purga. Los pasos son:

- Abrir el purgador (hay veces que puede girarse directamente con la mano y en otras requiere de alguna herramienta).
- Accionar la palanca para expulsar el aire del circuito hidráulico de la bomba manual hasta que comience a salir aceite por el purgador.
- Cerrar el purgador.

Tras subir el ascensor unos pocos centímetros con la bomba manual podemos accionar ya la válvula de emergencia en bajada siguiendo los pasos anteriores.

 Actividad de aprendizaje 8

Una persona en silla de ruedas ha quedado atrapada en un ascensor de dos paradas con un recorrido de 4 m a 25 cm de la planta superior. En ese caso ¿qué sería preferible hacer el rescate llevándolo a la planta superior con la bomba manual o hacer el rescate bajando la cabina a la planta inferior?

Ascensores eléctricos con cuarto de máquinas

En este tipo de ascensores debemos prestar especial atención al grupo tractor y a las instrucciones de rescate del fabricante ya que existen muchos modelos diferentes y no en todos se puede proceder de la misma manera.

- Accederemos al cuarto de máquinas y verificaremos la ubicación del grupo tractor. Prestaremos especial atención a la ubicación del freno y el mecanismo para su apertura manual. Podría darse el caso de que fuese necesario recurrir a herramientas especiales las cuales deben de estar en el propio cuarto de máquinas.

- Procederemos a la desconexión del interruptor principal de fuerza para prevenir movimientos inesperados de la cabina. Debemos asegurarnos de que el interruptor principal no pueda ser reactivado intempestivamente.

- Para proceder al desplazamiento de la cabina abriremos el freno manualmente y con suavidad, a la vez que, con la otra mano, controlamos el volante de la máquina. Si no comienza a moverse por sí mismo, probaremos el movimiento en ambas direcciones para verificar cuál opone menos resistencia.

- Seguiremos moviendo la cabina hasta que la marca de los cables coincida con la señal de nivel.

Ilustración 74. Accionamiento manual del motor en ascensor eléctrico con cuarto de máquinas. Fuente: FEEDA

- Si observáramos que los cables patinan, puede ser que la cabina o el contrapeso estén bloqueados por los elementos de seguridad. Intentaremos mover el volante en la otra dirección para intentar desacuñar el ascensor. Una vez que se desbloquea se podrá volver a accionar el tambor en la posición más favorable al movimiento.

- Una vez que esté a nivel de planta se pueden abrir puertas exteriores y de cabina con la llave de emergencia para que puedan salir las personas atrapadas tal y como se ha explicado anteriormente.

 Ten cuidado

Cuando se trabaja con el freno hay que tener especial cuidado ya que la polea se mueve libremente lo que puede llevar a movimientos no controlados de la cabina.

 Actividad de aprendizaje 9

Si movemos la cabina manualmente con las puertas de cabina abiertas el daño que puede ocasionarse a las personas es muy obvio, pero, aparte de este riesgo personal ¿qué daños pueden ocasionarse al equipo en esas condiciones?

Ascensor electromecánico sin cuarto de máquinas

La dificultad en estos equipos radica en la cantidad de modelos de ascensores sin cuarto de máquinas distintos que existen en el mercado y, aunque las maniobras son parecidas, lo normal es que tengan sus peculiaridades incluso en maniobras de un mismo fabricante.

Lo habitual es que el sistema de rescate esté localizado en el armario de maniobra. Este, normalmente, se encuentra junto a la puerta de piso de la última planta, aunque puede estar en cualquier otra planta e incluso alejado del hueco. Las instrucciones y los útiles necesarios para el rescate deben estar en algún lugar fácilmente visible.

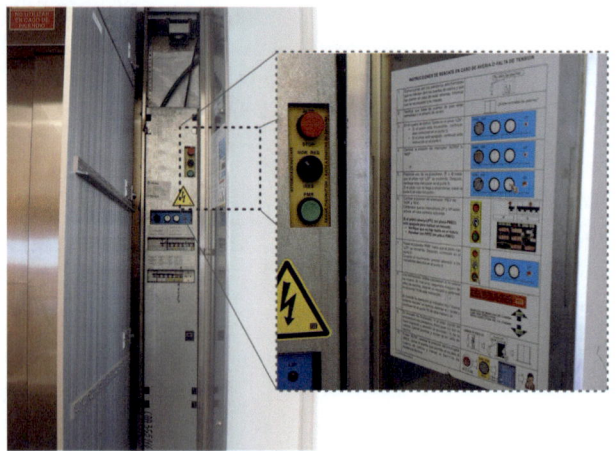

Ilustración 75. Armario de maniobra con instrucciones de rescate en un ascensor sin cuarto de máquinas. Fuente: elaboración propia

En función de las personas atrapadas en cabina y de la altura del recorrido a la que esta se encuentre, el técnico podrá determinar si es más fácil mover la cabina en subida o en bajada.

En algunos modelos la dirección del desplazamiento la decide la maniobra (por compensación de cargas), el rescate consiste en abrir el freno y actuar sobre un volante mecánico que permite el movimiento.

Existe otra variante similar donde solo es necesario abrir el freno y el movimiento del motor se realiza de forma automática mediante baterías instaladas para esta función (en ese caso no hay un volante para girar, pero sí algún sistema de accionamiento manual del freno). Con esta configuración la apertura del freno, debe realizarse a intervalos pequeños, para no provocar la aceleración de la cabina y el posible acuñamiento.

Finalmente hay sistemas semiautomáticos o automáticos donde el rescate se realiza mediante la actuación sobre una botonera o llavines de emergencia, siempre según las instrucciones correspondientes.

Algunos cuadros de maniobra disponen de un indicador luminoso o acústico que indica que la cabina está fuera de nivel. Si es así, cuando este nos indique que la cabina está en planta, dejaremos de actuar sobre la maniobra de rescate para detener el desplazamiento de la cabina. También es posible que el propio dispositivo de rescate detenga la cabina cuando esta se encuentra a nivel de planta.

Una vez que esté en nivel de planta se actúa como se ha explicado anteriormente.

Ilustración 76. Botonera de rescate en un ascensor eléctrico sin cuarto de máquinas. Fuente: elaboración propia

 Ten cuidado

Antes de mover la cabina, se deben anular los dispositivos de apertura de puertas para evitar que estas se puedan abrir al llegar a la zona de planta durante el movimiento de la cabina desde el cuadro.

 Actividad de aprendizaje 10

Busca en internet información y ejemplos de sistemas de rescate en ascensores sin cuarto de máquinas. Haz un resumen del principio de funcionamiento y una valoración crítica de posibles problemas, dificultades o situaciones no contempladas que puedan darse al tratar de usarlos. Plantea posibles alternativas o pautas de actuación en esos casos.

Verificación del funcionamiento de los sistemas de rescate

Tal y como se vio en el módulo anterior la norma 58720 especifica lo siguiente con relación a la revisión de los sistemas de rescate:

- En todas las revisiones debe comprobarse la disponibilidad de las instrucciones de rescate así como los útiles y herramientas necesarias.
- También es obligatorio comprobar en cada revisión el funcionamiento de los sistemas de rescate cuando son eléctricos o automáticos.
- La comprobación de los sistemas de rescate manual es obligatoria cada tres revisiones.

En cualquier caso, es evidente que conviene probar y entrenarse en el uso del sistema de rescate de cada ascensor antes de que ocurra un atrapamiento.

Diagrama de flujo

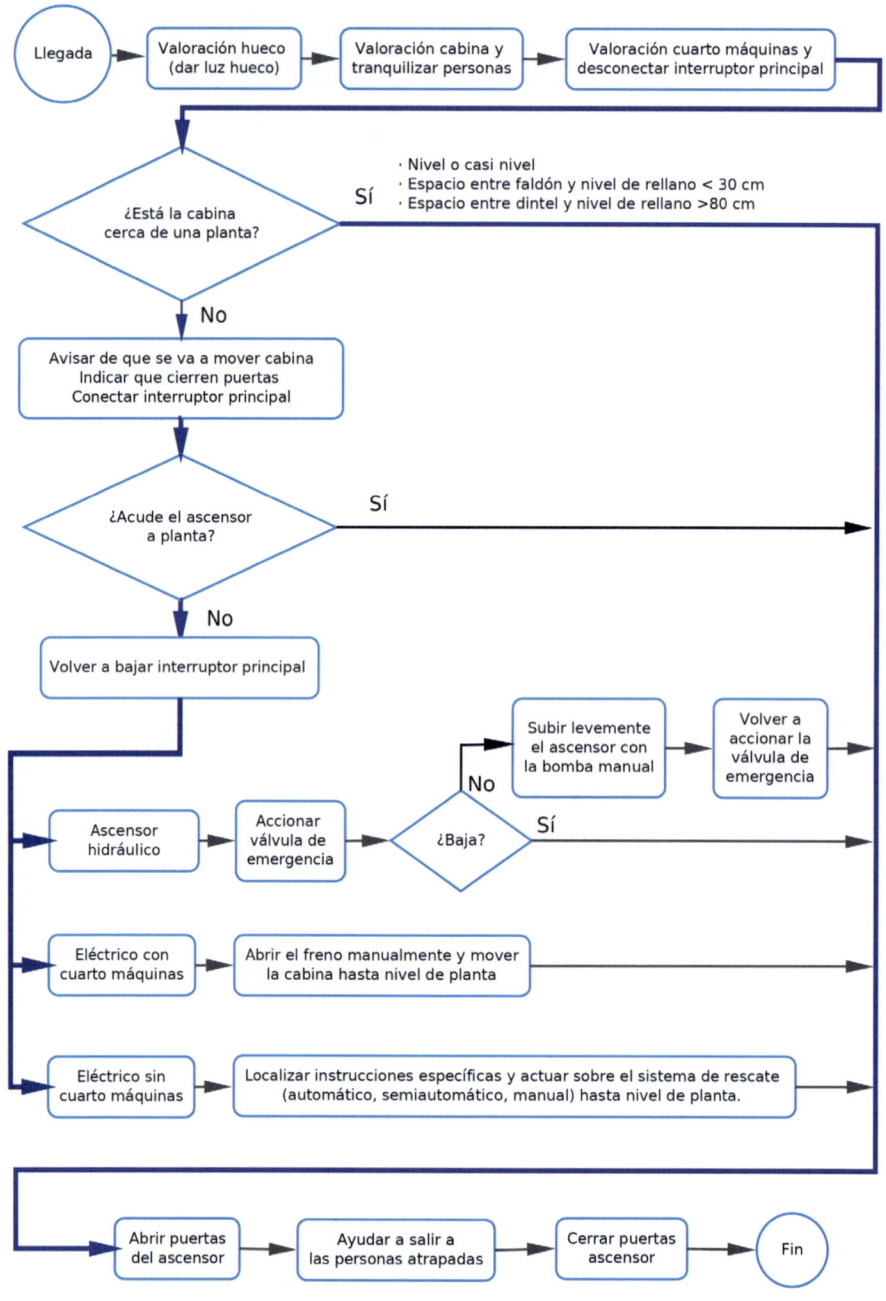

MANTENIMIENTO DE ASCENSORES

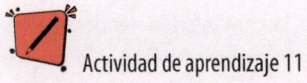

Actividad de aprendizaje 11

En internet es bastante fácil encontrar vídeos tutoriales sobre realización de rescate de personas atrapadas en un ascensor. Lamentablemente no todos tiene el mismo nivel de calidad y acierto. Busca algún ejemplo y realiza un análisis crítico a partir de lo estudiado en este módulo.

Cuestionario

1. Marca las frases verdaderas con relación a la valoración de hueco al llegar a una instalación en la que hay personas atrapadas:

☐ Hay que encender la luz de foso.

☐ Conviene entrar al foso utilizando el procedimiento de acceso seguro para realizar una valoración detallada y, si procede, subsanar cualquier anomalía que pueda localizarse.

☐ Hay que observar en qué planta está parada la cabina.

☐ Debe dejarse pulsado el stop de foso para evitar movimientos incontrolados de cabina durante el rescate.

☐ Al abandonar la planta baja debe quedar la puerta cerrada.

2. ¿Cuál sería la actuación correcta si al llegar a la planta donde se encuentra la cabina observamos que solo está unos 10 cm por debajo de nivel?

☐ a) Procedemos inmediatamente a la apertura de puertas ayudando a las personas a salir para que no tropiecen con el escalón.

☐ b) Subimos a techo de cabina e intentamos ponerlo a nivel mediante el mando de inspección.

☐ c) Les informamos a las personas atrapadas de la situación y de que vamos a subir a quitar la corriente antes de abrirles la puerta.

☐ d) Vamos al cuarto de máquinas a quitar y poner corriente para ver si el ascensor se pone a nivel por sí solo.

3. ¿Cuál sería el siguiente paso si, al valorar la situación de cabina, comprobamos que la cabina está 1 m por debajo del nivel de planta y está ocupada por dos personas ancianas?

☐ a) Abrimos la puerta de cabina y facilitamos la salida de las personas recomendando que apoyen el vientre contra la pisadera mientras les ofrecemos ambas manos para tirar de ellos.

☐ b) Les explicamos que vamos a cerrar ambas puertas y que vamos a subir al cuarto de máquinas en primer lugar a quitar y poner corriente por ver si el ascensor se reinicia.

☐ c) Les dejamos abierta la puerta y les explicamos que vamos a quitar corriente y a buscar la escalera de foso para facilitar su salida.

☐ d) Les explicamos que vamos a cerrar las puertas y subir al cuarto de máquinas a mover manualmente la cabina.

4. Marca en qué casos sería factible realizar un rescate sin mover la cabina suponiendo que las personas atrapadas son adultos sin problemas de movilidad y que el ascensor lleva un faldón fijo de 75 cm.

☐ La cabina está parada 100 cm por debajo del nivel de planta.

☐ La cabina está parada 50 cm por debajo del nivel de planta.

☐ La cabina está parada 50 cm por encima del nivel de planta.

☐ La cabina está parada 100 cm por encima del nivel de planta.

5. Tras valorar que es necesario mover la cabina de un ascensor eléctrico para realizar el rescate, al llegar al cuarto de máquinas observamos en el display de la maniobra que algún elemento de la serie de seguridad de hueco está abierto. ¿Cuál sería el siguiente paso?

☐ a) Puentear ese tramo de la serie y reiniciar el ascensor.

☐ b) Quitar corriente a la maniobra y mover manualmente la cabina hasta llevarla a nivel.

☐ c) Inspeccionar los elementos de foso y hueco para detectar cuál es el que está fallando y restablecer el servicio.

☐ d) Accionar de contactores el ascensor hasta llevarlo a planta.

6. ¿En qué casos está justificado el realizar el movimiento manual de un ascensor hidráulico sin quitar previamente la corriente?

7. Marca posibles causas por las cuales un ascensor hidráulico no baja al presionar el botón de bajada en emergencia:

☐ Que ese ascensor requiera de la activación de otro dispositivo o válvula además del botón para efectuar el movimiento.

☐ Que esté cerrada la llave de paso.

☐ Que esté pulsado el stop de foso.

☐ Que exista alguna grapa o pasador de seguridad que impida el movimiento del botón.

☐ Que esté actuada la válvula paracaídas.

☐ Que la bomba manual no esté correctamente purgada.

8. ¿Cuál es el procedimiento para mover manualmente un ascensor eléctrico que ha quedado acuñado en bajada?

9. ¿Cuál es el procedimiento para mover manualmente un ascensor hidráulico que ha quedado acuñado en bajada?

10. ¿Cada cuánto debe probarse el funcionamiento del sistema de rescate automático en un ascensor eléctrico sin cuarto de máquinas?

Mantenimiento correctivo mecánico de ascensores

Hola, tengo una noticia buena y una mala. La mala noticia es que los ascensores, como cualquier máquina, pueden estropearse

¿Y la buena?

La buena es que repararlos forma parte de nuestro oficio

Ya claro… pero ¿cómo se arreglan?

Paso a paso… En este módulo vamos a comenzar con las averías mecánicas. Vamos a explicar los problemas más frecuentes y cómo realizar las reparaciones y ajustes para que te vayas de la instalación con la tranquilidad de que no se va a repetir ese fallo.

No se trata solo de que uses la cabeza, sino también las manos, las herramientas adecuadas, los equipos de protección y tengas los procedimientos claros…

Más vale maña que fuerza que decía…

…sí, tu abuela . ¡Anda que vaya abuela tienes!

Presentación del módulo

Ya en el módulo sobre mantenimiento preventivo se ha comenzado a dar información sobre detección de problemas mecánicos, en este apartado se profundizará en este tema y se abordarán las operaciones de reparación necesarias.

Una de las dificultades de este módulo es la enorme variedad de modelos, ajustes, configuraciones desarrollos y variantes de cada uno de los elementos del ascensor. Es imposible abarcar todo ello por lo que, en cada caso se deberá ampliar la información aquí contenida con las indicaciones que cada fabricante facilita para cada uno de sus productos.

Por otro lado, en el mantenimiento correctivo mecánico, no basta con una formación teórica sólida, sino que, en muchas ocasiones, se requiere un trabajo de destrezas manuales, oído, visión y tacto técnico que solo puede obtenerse con la práctica y que, en este módulo, es particularmente necesaria.

Aun teniendo en cuenta las dos dificultades mencionadas, el material aquí expuesto permite tener una visión de conjunto ordenada sobre la manera de diagnosticar y solucionar gran parte de las averías mecánicas de los ascensores. Se incorpora además, de forma transversal, la atención a la necesaria prevención de riesgos laborales.

Vamos a ordenar en este apartado las averías mecánicas en cinco bloques funcionales: puertas; motor y máquina; cables y poleas; limitador, acuñamiento y polea tensora; y guías y rozaderas.

Para cada uno de ellos vamos a introducir una descripción del funcionamiento esperado (con un pequeño desarrollo de los principios de funcionamiento cuando así se requiera), los criterios de valoración de desviaciones no admisibles, las acciones correctivas, las herramientas y útiles necesarios y una referencia a los riesgos y medidas de prevención específicos. Sobre la descripción de riesgos hay que añadir en cada caso aquellos propios del especio de trabajo en el que se desarrolla la acción correctiva (cuarto de máquinas, techo de cabina, foso…) y que fueron ya expuestos en el primer módulo.

Cerraremos el módulo con una visión del mantenimiento correctivo mecánico desde el punto de vista del momento en que se producen dentro del ciclo de vida del ascensor.

Estructura de contenidos

- **Averías mecánicas en puertas.** *Puertas automáticas. Puertas exteriores semiautomáticas.*
- **Averías mecánicas en el motor y la máquina.** *Motores y máquinas utilizados en ascensores. Tipos y elementos mecánicos. Mantenimiento correctivo de motores y máquinas.*
- **Averías mecánicas en cables, cintas y poleas.**
- **Averías mecánicas en el limitador, polea tensora y acuñamiento.**
- **Averías mecánicas en guías y rozaderas.**
- **Evolución de las averías mecánicas según su ciclo de vida y modificaciones importantes.**

Averías mecánicas en puertas

Los problemas de puertas son, sin duda, la avería mecánica más frecuente en los ascensores. Vamos a analizar por separado el mantenimiento correctivo de las puertas automáticas y las puertas semiautomáticas.

Puertas automáticas

Funcionamiento esperado

La configuración habitual en puertas automáticas es que el operador de la puerta esté en cabina y que la puerta de cabina sea la que accione el cerrojo de la puerta exterior y la arrastre por medio del espadín. La existencia de motores en las puertas exteriores es muy excepcional y se usa solamente en puertas muy pesadas o diseños especiales.

El funcionamiento esperado es el siguiente:

- El ascensor al llegar a planta debe abrir las puertas sin vibraciones, roces, golpes u otros ruidos.
- Con las puertas abiertas tanto las hojas de las puertas de cabina como las de exterior deben quedar alineadas con las jambas y embocaduras.
- Pasado el tiempo que se determine en la maniobra el ascensor debe volver a cerrar las puertas sin ruidos, golpes, vibraciones o roces.
- En caso de encontrar un obstáculo que impida mecánicamente el cierre la puerta debe reabrir (con posibilidad de que haga un nuevo intento a los pocos segundos).
- Al terminar el proceso de cierre:
  - ✓ El espadín debe quedar en posición de recogido y sin contacto con las poleíllas de la puerta exterior.
  - ✓ La puerta exterior debe quedar mecánicamente enclavada.
  - ✓ Han de quedar bien cerrados los contactos eléctricos de cerrojo de cabina y puerta exterior.

Una vez que las puertas quedan abiertas o cerradas no deben percibirse ruidos o movimientos del operador de puertas. En todo caso, en la mayor parte de las maniobras, el operador tiende a realizar un nuevo cierre en caso de intentar forzar la apertura.

 **Actividad de aprendizaje 1**

Ubica en las fotografías los siguientes elementos de las puertas exteriores automáticas: tope de goma final de cierre   , contacto del cerrojo   , poleílla del cerrojo   , muelle de cierre   ,

jamba   , pisadera   , faldón   , dintel   , hoja rápida   , hoja lenta   , carro   ,

patín o deslizadera   .

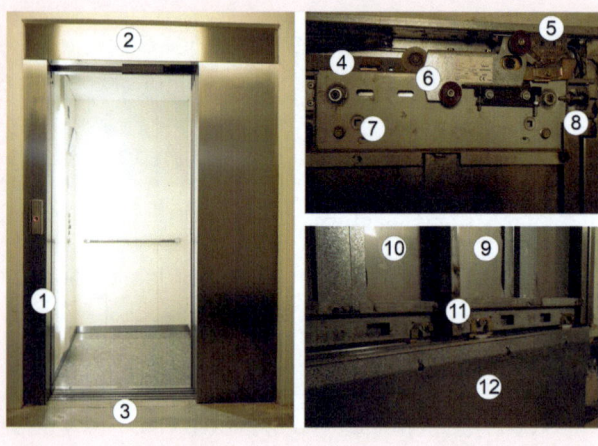

 Actividad de aprendizaje 2

Ubica en la fotografía del operador los siguientes elementos: tope de goma de cierre   , motor   , espadín   , contacto del cerrojo   , enclavamiento mecánico   , carro del operador   .

Desviaciones no admisibles y valoración de la causa

Roces o vibraciones en la apertura o el cierre

Valorar los siguientes puntos:

- Ajuste y alineación de las hojas de cabina y exterior.
- Distancia suficiente entre las hojas de la puerta de cabina y el dintel de cabina.
- Existencia de suciedad u objetos extraños en la pisadera o estrangulamiento de los carriles de la misma.
- Desgaste o rotura de las piezas de plástico o goma de los patines de las puertas.
- Altura de las puertas con relación a la pisadera.
- Posibles salientes o desplomes en la tabiquería que rodea la puerta. Los problemas pueden estar tanto en la parte superior provocando el roce con el espadín, como en el lateral produciendo el roce con la hoja de la puerta.
- Puntualmente el origen de la vibración puede ser eléctrico y no mecánico por un mal funcionamiento del motor o por un problema relacionado con el operador de puertas.

No apertura de las puertas o apertura exclusivamente de la puerta de cabina

En el caso de que el espadín no esté bien alineado con los cerrojos es posible que no logre desenclavarlos impidiendo la apertura de cabina y exterior.

También puede pasar que los cerrojos estén muy retirados con relación al espadín y, en consecuencia, la puerta de cabina abra sin arrastrar la puerta exterior.

Hay una situación particular que se da cuando el operador y la puerta exterior no están paralelos. En ese caso puede ocurrir que se llegue a arrastrar la puerta exterior en el inicio pero que, a mitad de trayecto de apertura, las poleíllas del cerrojo estén alejadas del espadín quedando la puerta exterior libre y cerrando por efecto de su muelle. Esta situación conlleva, además, el problema añadido de que con la puerta exterior cerrada la puerta de cabina no puede cerrar pues el espadín tropieza con la poleílla.

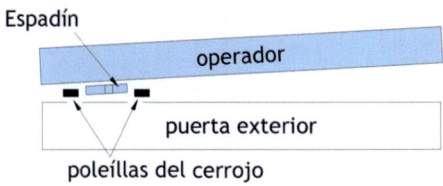

Ilustración 77. Falta de paralelismo entre el operador y la puerta de rellano. Fuente: elaboración propia

Golpes en la apertura o el cierre

Los golpes al final de la apertura o el cierre se deben, normalmente a que algún elemento mecánico de la puerta choca con un límite antes de que el elemento de final de carrera que controla el operador desactive el motor. Así pues, lo primero es verificar que ese elemento que controla el cese del giro del motor está bien posicionado. En ocasiones el giro del motor no viene controlado por un elemento externo electromecánico sino, en operadores basados en variador de frecuencia con encóder, un circuito electrónico interno de conteo de pulsos. En estos casos puede ser necesario realizar una operación de "reaprendizaje" de apertura y cierre siguiendo las instrucciones del fabricante. Esta operación permite al operador actualizar y memorizar los límites del movimiento de la hoja.

Si se ha descartado que el problema está en el elemento que detiene el motor hay que valorar qué choca y con qué para regularlo adecuadamente: la hoja de la puerta contra la jamba en el cierre o contra la pared del hueco en la apertura, el carro del operador con el tope mecánico, el puente de cerrojo que tropieza con la caja que protege el contacto…

Desalineación de las hojas con puertas abiertas o cerradas

Visto frontalmente no es admisible ningún espacio por el que pueda atravesar un objeto, por fino que sea, perpendicular a las hojas o entre la hoja y la jamba. Así mismo, debe comprobarse que las hojas están bien aplomadas.

Visto desde el lateral debe comprobarse que las distancias entre hojas son iguales de arriba abajo. Esta distancia horizontal, por lo general debe estar próxima a los 6 mm de forma que no quepa un dedo.

Cuando se detecta un fallo de este tipo en un ascensor que previamente no lo tenía la causa más probable es un acto vandálico o una acción exterior contra las hojas que las ha desplazado. Solo en ocasiones puntuales hay que descartar que se haya producido algún desplome de cabina o un desplazamiento del operador.

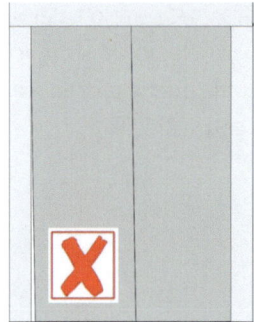
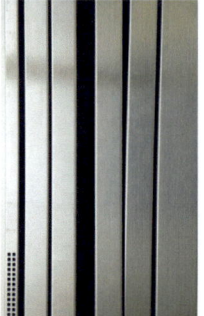
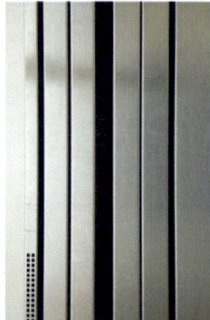

Ilustración 78. Desalineación frontal de la hoja con relación a la jamba. Fuente: elaboración propia

Ilustración 79. Dos situaciones distintas de desajuste en la distancia entre las hojas vistas lateralmente. Fuente: elaboración propia

No detención o reapertura de la puerta tras detectar un objeto

Sobre los sistemas de detección de obstáculos hay distintos dispositivos algunos de ellos son electrónicos pero otros son mecánicos (bien por un sensor conectado en el borde de la hoja rápida, bien por un sistema del operador que suelta la hoja del mecanismo de arrastre). Cuando el sistema es mecánico suelen tener algún ajuste de la sensibilidad generalmente mediante el tensado de algún muelle.

Problemas derivados del posicionamiento incorrecto del espadín, el contacto de cerrojo o las poleíllas con las puertas cerradas

El indicio característico de un fallo de este tipo es que el ascensor no arranca tras tener las puertas de cabina y exteriores aparentemente cerradas. También puede ocurrir que el ascensor realice reintentos de apertura y cierre de puertas antes de arrancar.

Otra señal característica (y bastante más grave) es que una vez que el ascensor está fuera de planta se pueda abrir la puerta automática exterior simplemente empujándola al no haber quedado bien enclavado el cerrojo.

También puede darse el caso de que, al pasar por alguna puerta, el espadín roce con la poleílla provocando una breve apertura de la serie de puertas (el ascensor para y arranca inmediatamente).

Ruidos procedentes del operador una vez que las puertas están totalmente abiertas o cerradas

En algunos modelos de operador el motor de puertas puede quedar girando tras el cierre o la apertura por no haberse accionado el final de recorrido de la puerta y/o estar patinando la correa de transmisión del motor de puertas.

Así mismo hay que prestar atención a posibles ruidos de roce del espadín con la pared del hueco.

Acciones correctivas

Cada modelo de operador tiene sus criterios de ajuste que vienen recogidos en los correspondientes manuales del fabricante. Facilitamos, no obstante, los siguientes planteamientos generales comunes a todos ellos.

- Valorar la correcta alineación y posicionamiento del operador de puertas en los tres ejes:
  - ✓ Derecha – izquierda: se determina con relación a las puertas exteriores (la mayor parte de operadores traen por lo menos un punto de referencia que debe estar bien alineado con otro punto análogo en la puerta exterior) o bien con relación a las jambas de cabina.
  - ✓ Delante – detrás: debe garantizarse que las hojas de cabina no rozan con el dintel y el espadín pasa a la distancia prevista por el fabricante con relación a las puertas exteriores.
  - ✓ Arriba – Abajo: garantizando que las hojas de cabina no rozan la pisadera pero que los patines están bien encajados en la misma. Es importante también garantizar

que está bien nivelado de forma que la distancia de las hojas con la pisadera es idéntica en todo el recorrido de apertura y cierre.

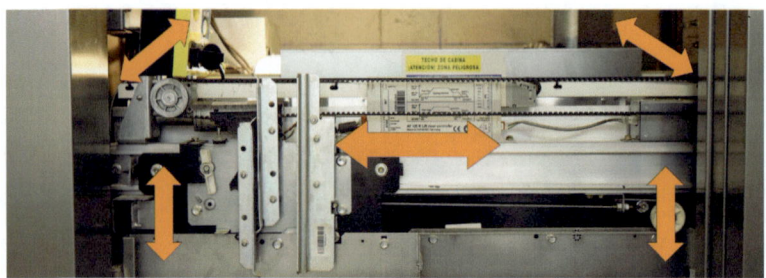

Ilustración 80. Posibles movimientos de ajuste de la posición del operador. Fuente: elaboración propia a partir de la fotografía de Manuel Romero Velasco

- Cuando el montaje no está bien hecho, o el edificio ha tenido movimientos de asentamiento significativos es muy probable que el problema esté en que las puertas de cada rellano no estén bien alineadas. Cuando estas desviaciones son notables e impiden encontrar una posición válida del operador para el conjunto de todas ellas hay que valorar seriamente la reinstalación de aquellas puertas exteriores que están más desviadas.
- Ajuste de las hojas de cabina y conexión de las mismas: ello implica su colocación preservando su aplomado, las distancias correctas a pisadera, jambas y dintel. La alineación de ambas con la jamba en posición de abiertas y garantizando un margen suficiente en la posición de cierre (vista desde dentro de cabina el cierre tiene que ser total pero vista desde fuera no debe chocar con la jamba, ni la puerta lenta con el escalón del dintel).
- Ajuste de la altura de los patines (tienen que quedar dentro de la pisadera pero en ningún momento llegar a tocar con el fondo de la misma).
- Ajuste de la posición del contacto de puertas: el puente del contacto de puertas debe entrar con holguras en el contacto y, una vez cerrado el contacto, tener todavía unos milímetros de recorrido de forma que un mínimo desplazamiento de la puerta no abra el circuito.

También las puertas exteriores tienen su propio ajuste, si bien este suele ser más sencillo e intuitivo que el del operador. Dado que el marco de la puerta está sujeto al suelo y la tabiquería del hueco los únicos elementos de regulación son:

- El ajuste de las hojas y los patines con criterios similares a los explicados para hojas de cabina.
- El ajuste de las poleíllas de desenclave del cerrojo de forma que estén perfectamente alineadas con el espadín según las especificaciones del fabricante. Hay que observar

que, con el espadín abierto, quedan sujetas ambas y que, tras el proceso de cierre, el cerrojo queda correctamente enclavado y el contacto de cierre de puertas en su sitio.

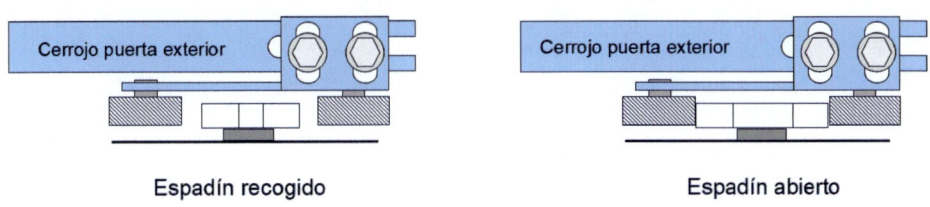

Espadín recogido   **Espadín abierto**

Ilustración 81. Posibles movimientos de ajuste de la posición del operador. Fuente: elaboración propia

Por último hay que realizar la regulación, si la tiene, del dispositivo de sensibilidad según las instrucciones del fabricante para cada modelo.

Herramientas y útiles

El ajuste de puertas suele requerir exclusivamente herramienta común de mano: llaves planas, carracas, llaves allen, destornilladores, nivel o plomada, etc.

Valoración de los riesgos más significativos y medidas preventivas

Riesgos	Medidas preventivas
Golpes, pellizcos, cortes y otros riesgos asociados al manejo de herramientas de mano. Cortes con filos de las hojas, de las jambas o de los dinteles.	Uso de guantes.
Atrapamientos en los mecanismos móviles del operador.	Evitar el uso de ropa excesivamente holgada. No utilizar fulares, bufandas, corbatas, collares o colgantes.
Electrocución (además del contacto directo con conductores hay que tener en cuenta que los operadores basados en variación de frecuencia pueden almacenar carga en sus condensadores aún estando desconectados).	Desconexión del operador cuando se trabaja sobre el mismo evitando cualquier movimiento no controlado.
Caídas a distinto nivel	Realizar la regulación de cualquier puerta desde el techo de cabina (o el interior de cabina en la planta más baja). Realizar la regulación de una puerta exterior ubicando siempre la cabina protegiendo la caída dentro del hueco.

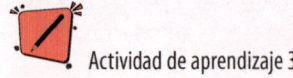

Actividad de aprendizaje 3

Relaciona los siguientes desajustes con la incidencia que pueden ocasionar:

Desajustes

1. El espadín pasa rozando el cerrojo o las poleíllas de la puerta exterior.
2. Las hojas de la puerta de cabina están excesivamente juntas entre ellas
3. El espadín queda separado de las poleíllas de la puerta exterior.
4. El operador y el dintel de la puerta exterior no están paralelos.
5. Hay un obstáculo en el carril de la pisadera.

Incidencias	Posible causa
a) Cuando llega a planta se abren las puertas de cabina pero no las exteriores.	
b) Cuendo llega a planta se comienza a abrir la puerta de cabina y exterior, a mitad de recorrido la cabina sigue abriendo pero la puerta exterior se cierra de golpe.	
c) Al intentar cerrar puertas vuelven a abrir a mitad de recorrido.	
d) Al pasar por una planta el ascensor para de golpe y vuelve a arrancar.	
e) Se oye ruido de roce al abrir.	

Puertas exteriores semiautomáticas

Funcionamiento esperado

En el caso de puertas exteriores semiautomáticas el funcionamiento esperado es que, al llegar el ascensor a planta algún elemento desenclave el cerrojo de la puerta. Este elemento puede ser, bien la puerta de cabina, bien una leva electromecánica, bien una electrocerradura. Una vez desenclavada la puerta puede ser abierta empujando desde dentro o tirando desde fuera sin chirridos ni roces.

La puerta debe volver, por efecto de un muelle o sistema similar, a su posición de cierre cuando no es sujetada. El tramo final del cierre se realiza mediante la acción de un amortiguador.

Con la puerta exterior cerrada se cierra el contacto de la serie de "presencia de hoja" pero habitualmente, no se enclava la cerradura de forma que puede ser nuevamente abierta tirando o empujando de ella.

Mientras el ascensor está en planta la puerta de cabina permanece abierta hasta atender a una llamada. Una vez que se cierra la puerta de cabina o se repliega la leva el cerrojo de la puerta exterior se enclava de modo que no puede abrirse y se cierra el contacto de la serie de cerrojos pudiéndose iniciar el movimiento del ascensor.

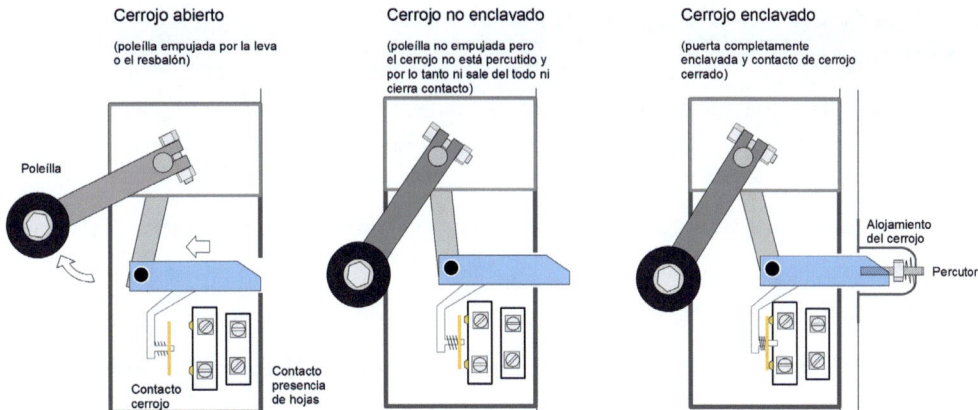

Ilustración 82. Funcionamiento de un cerrojo corriente de puertas semiautomáticas. Fuente: elaboración propia

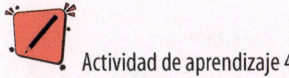 **Actividad de aprendizaje 4**

Indica la función de los siguientes elementos de una puerta semiautomática:

- Contacto de cerrojo.
- Contacto de presencia de hojas.
- Amortiguador de puerta.
- Fleje.
- Cazoleta (alojamiento del cerrojo).
- Percutor.

Desviaciones no admisibles y valoración de la causa

No apertura de la puerta exterior estando la cabina en planta con puertas abiertas

- Verificar posibles fallos en el elemento activador del cerrojo (puede ser la puerta de cabina, una leva u otro sistema).
- Verificar el ajuste de la poleílla que mueve el cerrojo.

Ruidos, chirridos o roces en la apertura o cierre

- Verificar el origen del ruido, valorar en particular el estado de las bisagras.

La puerta soltada no realiza el movimiento de cierre desde cualquier posición

- Comprobar tensión del muelle, fleje o sistema de cierre.
- En caso de que cierre hasta chocar con el amortiguador verificar el ajuste del mismo. Hay que tener en cuenta que los amortiguadores de puertas se basan en un sistema hidráulico y, en consecuencia, son sensibles a la temperatura (los movimientos son más bruscos con el calor y más suaves con el frío). Por este motivo puede ser necesario regularlos en función de la época del año.

Con la puerta exterior apoyada contra el marco no se cierra la serie de "presencia de hoja" y no se inicia el cierre de puertas de cabina

- Comprobar que no existen elementos extraños o suciedad en los contactos de presencia de hoja y que el puente del contacto de presencia ubicado en la hoja está íntegro.

Al cerrarse la puerta de cabina o replegarse la leva el cerrojo de la puerta exterior no enclava y no se inicia el movimiento de cabina

- Comprobar el ajuste de la cazoleta, de su percutor y de la posición del cerrojo.

Con la cabina fuera de planta se puede abrir la puerta lo suficiente como para interrumpir la serie de puertas

Esta es la clásica avería que se provoca al tirar impacientemente de la puerta cuando el ascensor todavía no ha llegado a planta o no se han abierto las puertas de cabina. Las verificaciones que hay que realizar son:

- Comprobar el ajuste de cerrojos y cazoleta eliminando posibles holguras.
- Comprobar contactos de presencia de hojas.

Al pasar la cabina por planta el ascensor se detiene bruscamente

- Verificar posición de la leva o resbalones y poleíllas de cerrojos.
- Verificar el ajuste de los cerrojos y la cazoleta.
- Verificar los contactos de presencia de hojas.

Acciones correctivas

Los principios generales de corrección de problemas mecánicos en puertas semiautomáticas son los siguientes:

Poleíllas de los cerrojos

Fijación de los elementos de accionamiento (resbalones, levas, etc.) de las puertas exteriores y ajuste de las poleíllas de los cerrojos. Habitualmente puede variarse la posición de la poleílla del cerrojo mediante un tornillo que la fija o la suelta del eje de giro.

El ajuste de las poleíllas de la cerradura debe hacerse de forma que se cumplan simultáneamente estas dos condiciones:

- Al pasar la cabina por la puerta con el elemento accionador recogido o cerrado no debe tocar la poleílla.
- Al extenderse o abrirse el elemento accionador el movimiento debe producir un giro suficiente para que el cerrojo quede enteramente recogido.

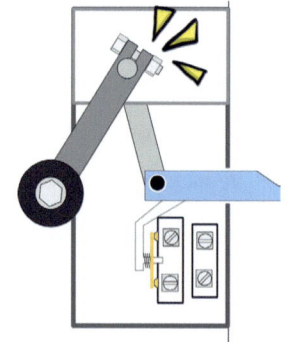

Ilustración 83. Tornillo para el posicionamiento de la poleílla.
Fuente: elaboración propia

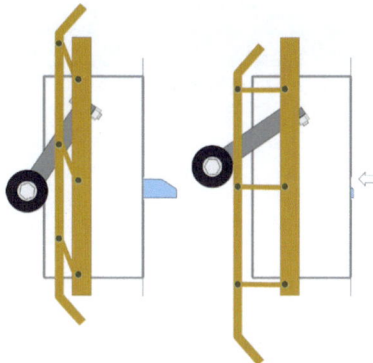

Ilustración 84. Ajuste de la distancia entre la poleílla y el patín retráctil que lo acciona en posición recogido y extendido. Fuente: elaboración propia

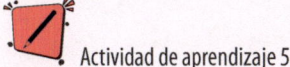
Actividad de aprendizaje 5

Indica qué problema aparece en cada caso cuando la cabina llega a planta:

- Caso 1. La poleílla está tocando el elemento accionador en posición de recogido.
- Caso 2. La poleílla está muy alejada del elemento accionador

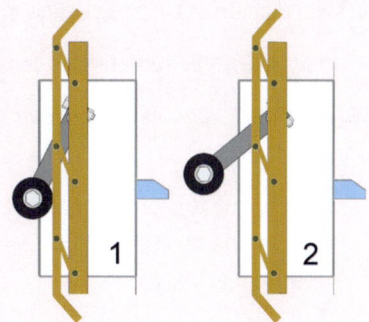

Ajuste de cazoleta

Otro elemento que requiere un ajuste adecuado es la cazoleta donde se aloja el pestillo del cerrojo. El primer ajuste es su posición. Debe realizarse de modo que el pestillo entre sin rozar con su paredes y que, una vez dentro, la hoja quede totalmente cerrada sin prácticamente holgura al intentar abrirla. Para ello se aflojan los tornillos que permiten su movimento en los dos ejes.

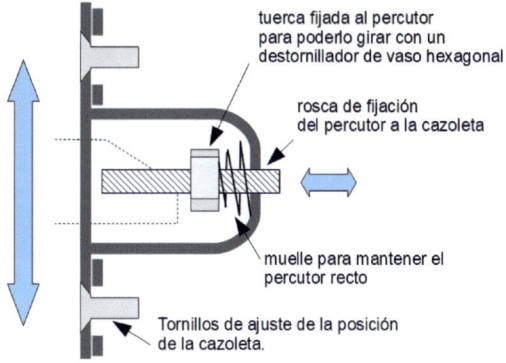

Ilustración 85. Elementos y ajuste del alojamiento del cerrojo. Fuente: elaboración propia

El segundo ajuste es la distancia del percutor. El percutor está roscado sobre la propia chapa de la cazoleta y cuenta con una tuerca intermedia en posición fija que permite girar el percutor con un destornillador de vaso hexagonal. La función del muelle es facilitar que el percutor no se tuerza.

La distancia del percutor:

- Debe ser suficiente para que, cuando salga el cerrojo, percuta en su interior y provoque la introducción total del pestillo en la cazoleta.
- Hay que evitar que sea lo bastante largo como para que sea el propio percutor quien impida que el cerrojo entre totalmente.

Tanto si la distancia del percutor es excesivamente larga como si es excesivamente corta al intentar cerrar la puerta no se produce un enclavamiento total de la cerradura, no se cierra la serie de cerrojos y la cabina no inicia movimiento.

Ajuste de muelles, flejes u otros sistemas de cierre

Hay diversos sistemas para el cerrado de la puertas semiautomáticas. Los más comunes son:

- Muelles de torsión incorporados en las bisagras.
- Muelles de torsión alojados en el marco.
- Flejes en el marco.
- Sistemas de muelles de funcionamiento longitudinal incorporados en la propia puerta y unidos al marco mediante cadena.
- Sistema de pesa en el marco de la puerta unido al carro mediante cable y polea.

Con frecuencia se puede fijar mecánicamente la posición de partida del muelle o fleje para regular la fuerza de cierre. Cada modelo tiene su propio sistema de regulación.

 Ten cuidado

Los muelles y flejes tienden a recuperar su posición de reposo de forma brusca al aflojar los sistemas de bloqueo que los retienen. Así pues, es una operación que debe realizarse con el debido cuidado y las herramientas adecuadas para cada caso.

Ajuste del amortiguador

El amortiguador de puertas (también llamado retenedor o freno retenedor) es un sistema combinado de muelle y dispositivo hidráulico que tiene una doble función:

- Evitar golpes en el cierre de la puerta.
- Garantizar que esta cierra enteramente en los últimos centímetros.

Podemos encontrar diversos modelos y calidades en el mercado. Todos ellos suelen llevar un tornillo de regulación con el que se ajusta la velocidad con la que recupera su posición de cierre y la fuerza necesaria para iniciar el cambio de posición.

Herramientas y útiles

El ajuste de puertas suele requerir exclusivamente herramienta de mano: llaves planas, carracas, llaves allen, destornilladores, llaves de tubo, alicates de apriete, alicates universales, etc.

Ilustración 86. Amortiguador de puertas con signos de deterioro por oxidación. Fuente: elaboración propia

Valoración de los riesgos más significativos y medidas preventivas

Riesgos	Medidas preventivas
Golpes, pellizcos, cortes y otros riesgos asociados al manejo de herramientas de mano.	Uso de guantes.
Atrapamientos y golpes en la puerta. Golpes causados por el movimiento súbito de muelles o flejes al aflojar sus mecanismos de retención.	Utilización de las herramientas adecuadas y seguimiento de las indicaciones del fabricante para la regulación de los distintos dispositivos.
Electrocución.	Desconexión de la maniobra cuando se acceda a los contactos de cerrojos o presencia de hojas.
Caídas a distinto nivel.	Realizar la regulación de una puerta exterior ubicando siempre la cabina de forma que prevenga caídas dentro del hueco.

 Actividad de aprendizaje 6

Relaciona los siguientes desajustes con la incidencia que pueden ocasionar:

Desajustes

1. El amortiguador de puertas tiene una regulación excesivamente suave.

2. El amortiguador de puertas tiene una regulación excesivamente dura.

3. El fleje está destensado.

4. El tornillo de fijación de la poleílla al cerrojo está suelto.

5. El alojamiento del cerrojo está mal posicionado.

Incidencias	Posible causa
a) Al soltar la puerta desde mitad de recorrido no cierra por sí sola.	
b) Con la cabina en planta no se puede abrir la puerta exterior.	
c) La puerta necesita mucho tiempo para llegar a cerrar los tres últimos centímetros.	
d) Los contactos de presencia de hoja cierran correctamente pero la serie de cerrojos se queda permanentemente abierta.	
e) La puerta cierra de portazo.	

Averías mecánicas en el motor y la máquina

Motores y máquinas utilizados en ascensores. Tipos y elementos mecánicos

Visto el sistema de puertas vamos a estudiar las averías características del sistema tractor. Dado que los ascensores hidráulicos son objeto de un módulo independiente nos centraremos en los ascensores eléctricos.

Antes de entrar en las posibles averías mecánicas es preciso que tengamos una visión de conjunto sobre los motores y máquinas usadas en ascensores. No vamos a entrar todavía en su funcionamiento eléctrico sino en los aspectos mecánicos así como en la diversidad de configuraciones empleadas.

En lenguaje común se utiliza indistintamente la expresión "motor" o "máquina" para referirse al conjunto de motor y máquina (en particular cuando ambos están integrados en una misma carcasa); sin embargo, desde el punto de vista técnico debemos diferenciar uno y otro elemento.

Ilustración 87. Conjunto motor máquina. Fuente: elaboración propia

Estructura mecánica del motor

La función del motor es convertir la energía eléctrica en energía mecánica, es decir, conseguir el giro de un eje al ser conectado a una toma de corriente adecuada.

Desde un punto de vista mecánico, un motor es un **rotor** (parte móvil) que gira dentro de un **estátor** (parte fija) integrado dentro de una **carcasa**. El rotor está acoplado a un eje que puede girar libremente apoyado en un **cojinete** o en un **rodamiento**. El estátor está formado por uno o más **bobinados eléctricos** que se conectan en una **caja de bornas**. La pequeña distancia entre rotor y estátor se llama **entrehierro**. Es frecuente que el motor lleve algún tipo de ventilador acoplado al eje para facilitar la disipación de calor.

Además de los elementos característicos de cualquier motor eléctrico, en los motores usados en ascensores se incorpora **sistema de freno**. El freno suele estar basado en la presión de zapatas recubiertas de un material antideslizante sobre un tambor o sobre un disco. El freno en posición de reposo bloquea el giro del motor y activado permite su libre movimiento.

 Actividad de aprendizaje 7

Busca en internet imágenes con el despiece de un motor eléctrico normal e identifica cada uno de sus componentes. Compara los despieces de motores corrientes de uso industrial con los elementos visibles del motor de ascensor que aparece en la ilustración anterior.

Estructura mecánica de la máquina

Tradicionalmente el motor más empleado en ascensores ha sido el motor asíncrono con rotor de jaula de ardilla. Es un motor robusto y fácil de fabricar; no obstante, tiene el inconveniente de que las versiones más eficientes requieren velocidades de giro demasiado elevadas para accionar directamente la polea tractora.

Esta situación hace preciso el uso de máquinas reductoras. La función de la máquina es aprovechar el giro de un motor que puede mover una carga ligera a velocidad rápida para mover una carga más pesada a una velocidad más lenta.

La estructura de la máquina reductora es la de un tornillo sin fin acoplado al eje del motor que hace girar una rueda dentada, llamada corona, que comparte eje con la polea tractora.

El tornillo sin fin es de acero y la corona de bronce para limitar el desgaste. Es importante, además, que exista una buena lubricación entre ambos elementos. Todo este conjunto puede estar acoplado al motor o directamente estar integrado compartiendo una misma carcasa. La posición de la máquina y motor puede tener configuraciones muy diversas.

Ilustración 88. Foto de un tornillo sin fin y una corona. Fuente: elaboración propia

Cuando existe máquina lo más normal es que el motor tenga además un volante de inercia acoplado al eje del motor. La función principal de dicho volante es suavizar las transiciones de velocidad y se utiliza también, accionado de forma manual, en operaciones de rescate (precisamente es la máquina la que transforma ese giro manual con una fuerza relativamente pequeña en un movimiento mucho más lento pero con fuerza suficiente como para movilizar el ascensor).

Motores sin máquina - gearless

La alternativa al uso de la máquina es conseguir que un motor pueda girar a una velocidad lo bastante lenta y con fuerza suficiente para accionar directamente la polea tractora.

Esto no ha sido posible hasta que, en el entorno del cambio de siglo, se pudieron combinar dos tecnologías distintas: la fabricación de imanes permanente pequeños y potentes y la generalización de los variadores de frecuencia en el control de motor. Esto abrió la posibilidad de sustituir, en algunas aplicaciones, el uso de un motor asíncrono con rotor de jaula de ardilla por otro tipo de motor, el motor síncrono de imanes permanentes, que no requiere de máquina.

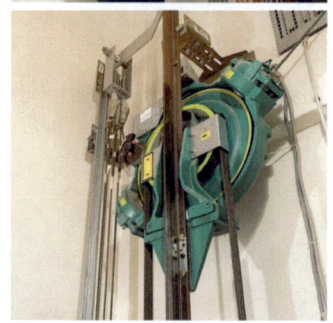

En los ascensores sin máquina (en inglés "gearless", literalmente, sin-engranajes) la polea tractora va asociada directamente al eje de giro del motor y no hay volante de inercia. En motores de este tipo hay dos configuraciones básicas los de tipo axial (el rotor es alargado y de poco diámetro) o los de tipo radial (el rotor es muy corto pero de gran diámetro).

Ilustración 89. Comparación de un motor síncrono tipo axial y radial en instalaciones de ascensores. Fuente: elaboración propia a partir de fotos cedidas por compañeros

Mantenimiento correctivo de motores y máquinas

Funcionamiento esperado

El motor y, cuando existe, la máquina deben facilitar el giro controlado de la polea tractora sin generar ruidos anómalos (roces, zumbidos, bramidos, golpeteos…), sin transmisión de vibraciones a la estructura o la cabina y sin contramarchas en el momento del arranque o de parada.

Así mismo el freno debe garantizar:

- Que el proceso final de parada sea preciso y sin deslizamientos significativos.
- Que con el motor parado el ascensor quede retenido.
- Que en caso de fallo el ascensor no arranque mientras el freno esté en posición de reposo.

Desviaciones no admisibles y valoración de la causa

Detección de ruidos y/o vibraciones anómalas

El origen de los ruidos y vibraciones puede ser muy diverso. En primer lugar hay que descartar causas no mecánicas como son las siguientes:

- En ascensores sin variación de frecuencia: descompensación de las fases u otros fallos en el suministro eléctrico.
- En ascensores con variación de frecuencia: mala configuración del variador, fallos en el encóder, insuficiencia en el suministro, distorsiones provocadas por el ruido electromagnético, etc.

Desde el punto de vista mecánico, que es el que abordamos en este módulo, los elementos a valorar, en este orden, son:

- Falta de engrase de cojinetes o zonas de fricción que requieran lubricación.
- Deterioro de los silent-blocks, la bancada o contacto directo de la bancada con elementos estructurales.
- Roces por mala colocación de protecciones de la polea o contacto de otros elementos fijos con elementos móviles.
- Roces del tambor con las zapatas de freno por apertura insuficiente.
- Desalineación de la bancada con la entreguía y entrecaída u otros problemas con el estado y/o colocación de las poleas que se analizarán más adelante.
- Desgaste de los cojinetes y casquillos del rotor o de la máquina.
- Desgastes en el conjunto corona-tornillo sin fin: aflojamiento del casquillo que mantiene el eje del rotor en su sitio e impide el movimiento longitudinal del tornillo sin fin, deformación del dentado de la corona, o, en el peor de los casos, rotura de uno o más dientes de la corona.

- Deformaciones de ejes u otros elementos mecánicos (particularmente tras averías que hayan generado un calentamiento importante del conjunto máquina-motor).

Golpes o contramarchas en el momento del arranque o de parada.

Cuando las holguras de tornillo sin fin, corona o chaveta son ya importantes, se detecta la posibilidad de que la polea tractora efectúe un pequeño arco de giro estando el volante de inercia totalmente parado. También puede hacerse la prueba inversa: estando la carga equilibrada y, en consecuencia sin nada que fuerce a moverse a la polea tractora al abrir el freno es posible girar el volante de inercia unos centímetros hasta que choca una cara y otra del tornillo sin fin con los dientes de la corona. Otro de los signos, en esas mismas circunstancias, es que es posible mover longitudinalmente el eje del rotor.

Existe otra causa posible de contramarchas en ascensores con variación de frecuencia que es un mal ajuste de los tiempos de apertura y cierre de freno o el par de arranque del motor. Suele resultar fácil diferenciar una de otra: los problemas de máquina generan un evidente golpe mecánico y se dan tras años de desgastes, en los problemas de variador se aprecia el retraso en la actuación del freno y se detecta en las pruebas de puesta en marcha del ascensor.

Giro descontrolado de la polea tractora debido a la rotura del eje que la une con la corona

La rotura del eje indica una situación de desgaste excepcional del mismo por mala alineación de los puntos de apoyo o por defectos de fabricación importantes. Si se parte el eje, la polea tractora puede girar libremente. Según el peso en cabina esta cae o se eleva por efecto del contrapeso hasta que actúa el limitador de velocidad. Cuando esta situación ocurre con puertas abiertas o en ascensores sin limitador de velocidad en subida las consecuencias pueden ser muy graves, incluso mortales.

 Toma nota

La rotura del eje no es una avería que necesariamente dé signos previos de deterioro. Esta situación, aunque poco frecuente, es más probable en ascensores de una sola velocidad por los esfuerzos mecánicos a los que está sometido en el arranque y la frenada. Este fue uno de los motivos por los que, en la década de los 90, se prohibió en toda Europa la fabricación e instalación de nuevos ascensores de una velocidad cuando esta superaba los 0,15 m/s.

Desviaciones no admisibles con relación al freno

- Excesiva brusquedad en la parada final.
- Deslizamiento o variación significativa de la precisión en el nivel de parada en función de la carga del ascensor.

- Insuficiente apertura de las zapatas de freno durante la marcha del ascensor por excesiva tensión de los muelles que lo mantienen cerrado en reposo o mala regulación del recorrido de apertura.
- Insuficiente capacidad de retención del ascensor cuando está parado en planta, bien por desgaste o cristalización del ferodo, bien por falta de tensión en los muelles.

Acciones correctivas

Con relación a ruidos y vibraciones de origen mecánico la primera opción, por supuesto, es el engrase de cojinetes y la lubricación de la máquina que debe realizarse de forma ordinaria durante las revisiones de mantenimiento preventivo. A partir de allí hay que tratar de precisar el origen y la corrección de aquellos elementos que puedan estar mal ajustados o deteriorados. El orden en el que se han expuesto las posibles causas es un orden lógico desde la simple inspección visual-auditiva externa a la necesidad de pruebas más complicadas o incluso el desmontaje del conjunto.

Cuando se requiere **cambio de cojinetes u operar sobre holguras en chavetas, tornillo sin fin o la corona** se hace necesario un desmontaje completo de la máquina. Esta es una operación compleja que suele implicar la suspensión del conjunto "cabina – contrapeso" y la extracción de la polea tractora.

La suspensión supone dejar la cabina y el contrapeso bloqueados en un determinado punto del recorrido. Para ello se suele apoyar el contrapeso en un puntal o tablón que lo deje lo bastante alto como para que se pueda acceder al techo de cabina en la última planta. Apoyado el contrapeso se eleva la cabina mediante quinal, polipasto u otro sistema de elevación de cargas de forma que los cables queden destensados. Desde esta posición se acuña manualmente el ascensor y como medida complementaria se sujeta con eslingas o cables de acero a dos puntos de sujeción fiables. Tras esta operación pueden retirarse los cables de la polea y trabajar sobre la máquina.

Existe también la posibilidad de realizar la supensión a mitad de recorrido para acceder más fácilmente al contrapeso si se cuenta con los útiles adecuados para ello.

Con relación a la **regulación del freno** hay que ajustarse a las especificaciones del fabricante para cada modelo. En términos generales los elementos de regulación y control son:

- **Tensión de los muelles** que garantizan que, en posición de reposo el ascensor se encuentra retenido. Suelen ajustarse mediante roscado y deben garantizar que:
  - ✓ En ningún caso la cabina puede moverse con el motor parado.
  - ✓ En caso de arrancar el motor, la fuerza del freno será capaz de impedir el giro o, cuanto menos, provocar la parada de la maniobra por sobreconsumo o calentamiento (el hecho de que el motor gire con el freno cerrado provocará un

desgaste notable de los ferodos por lo que la maiobra debe quedar totalmente bloqueada hasta que sea revisada por un técnico).

✓ La tensión de los muelles no debe impedir a los electroimanes del freno garantizar su apertura.

- **El recorrido de apertura:** este debe ser el mínimo posible que garantice la plena separación del ferodo del tambor. Las zapatas deben abrir de forma simétrica y simultánea.

- El **ferodo** es el material que recubre las zapatas y que por fricción con el tambor o con el disco impide su movimiento. El desgaste del ferodo en ascensores con variación de frecuencia es mínimo, puesto que el freno actúa cuando el variador ya ha frenado el movimiento; sin embargo, es más significativo en motores sin variador y su estado es el que determina la precisión de la parada en función de la carga. El cambio de ferodo implica:

✓ Suspensión del ascensor.

✓ Desmontado de las zapatas.

✓ Eliminación del ferodo antiguo (suele requerir el uso de limas y otras herramientas para arrancarlo).

✓ Encolado del nuevo ferodo.

✓ Montaje de las zapatas y puesta en movimiento del ascensor.

✓ Nueva regulación del freno.

Ilustración 90. Imagen de un freno convencional en un motor asíncrono. Fuente: elaboración propia

Actividad de aprendizaje 8

Analiza el tipo de freno representado en la ilustración anterior y explica qué tipo de ajustes o valoraciones realizarías en cada uno de los siguientes casos

1. Durante la marcha una de las zapatas roza con el tambor

2. Se oye un golpe muy fuerte de las zapatas contra el tambor en el momento de frenar.

3. Estando el ascensor en reposo y con el freno caído se hace fácil mover manualmente el tambor.

4. El ascensor tiende a pasarse sistemáticamente en todas las plantas.

5. La frenada en cabina es muy brusca.

6. La bobina de freno, aunque recibe tensión, no tiene fuerza para abrir las zapatas de freno.

7. La bobina de freno, cuando recibe tensión, hace que el núcleo salga casi medio centímetro por cada lado pero aun así se queda lejos de comenzar a abrir las zapatas.

MANTENIMIENTO DE ASCENSORES

Herramientas y útiles

- Herramienta de mano: llaves planas, inglesas, allen, carracas, destornilladores, limas, etc.
- Engrasador y/o bomba de engrase.
- Quinales, polipastos u otros elementos de elevación de cargas.
- Eslingas o cables y perrillos
- Extractor de poleas y cojinetes. Se trata de un útil que permite sacar la polea o un cojinete del eje empujando en dos o más puntos de apoyo por medio de una rosca. Existen diversos modelos y tamaños.

Valoración de los riesgos más significativos y medidas preventivas

Riesgos	Medidas preventivas
Golpes, pellizcos, cortes y otros riesgos asociados al manejo de herramientas de mano.	Uso de guantes. Utilización de las herramientas adecuadas para cada tarea.
Lesiones musculares por manejo inadecuado de cargas.	Utilización de elementos de elevación de cargas (es prescriptivo que exista un gancho que garantice un punto de anclaje seguro en la vertical del motor máquina. Trabajo coordinado de dos o más personas con reparto equilibrado de esfuerzos.
Atrapamiento en partes móviles del conjunto motor-máquina.	No utilización de ropa holgada (corbatas, bufandas, pañuelos) y recogida del cabello largo. Mantenimiento de distancias de seguridad. No retirada de los elementos de protección de las partes móviles del motor. En caso de que sea imprescindible retirarlos, desconectar el interruptor principal y garantizar que no va a ser accionado hasta la reposición de las mismas.
Daños provocados por movimientos incontrolados de cabina al manipular frenos u otros elementos del motor y/o la máquina.	Realización de cualquier trabajos bien sin corriente, bien, tras garantizar que la cabina está vacía, se ha bloqueado el acceso a la misma y se eliminan las llamadas exteriores. Ejecución correcta de la maniobra de suspensión cuando se requiera verificando la seguridad de los puntos de apoyo, los elementos de anclaje y las eslingas empleadas.

 Actividad de aprendizaje 9

En 2014, un hombre llamado José Vergara Acevedo sufrió un grave accidente en un ascensor de 31 plantas en Chile. El accidente quedó grabado en la cámara de seguridad del ascensor y el vídeo es fácilmente localizable en internet.

Busca el vídeo y, una vez analizado, plantea causas plausibles que pudieran haber provocado esa situación.

Averías mecánicas en cables, cintas y poleas

El sistema tradicional de sujeción han sido los cables de acero; no obstante, en las dos últimas décadas se han ido introduciendo en el mercado alternativas como son cables de acero con un recubrimiento termoplástico o bien cintas planas con diversas almas de acero y recubrimientos especiales. Algunos de estos sistemas están patentados y tienen diseños no estandarizados. En cualquier caso hay que ir a las indicaciones del fabricante en lo referente al mantenimiento correctivo mecánico de cada uno de los sistemas.

Sí que trataremos aquí los aspectos generales sobre cables y poleas que es en la actualidad el sistema más utilizado.

Funcionamiento esperado

Los **cables** se fabrican con alambre de acero agrupados en cordones (también llamados torones).

En un funcionamiento normal los cables deben:

- Permanecer correctamente amarrados a la cabina.
- Mantener su integridad y características mecánicas.
- Repartirse de forma equilibrada los esfuerzos mecánicos
- Mantener una longitud adecuada de modo que permitan realizar los recorridos completos previstos para cabina.

La **polea tractora** debe garantizar la capacidad de agarre del cable en las gargantas para transmitir el movimiento sin deslizamiento en los mismos. Para ello los canales de las poleas tractoras suelen tener un perfil en forma de "V" (aunque pueden ser de cualquier otro tipo siempre y cuando garanticen la suficiente adherencia).

Cable
Cordón
Alambre

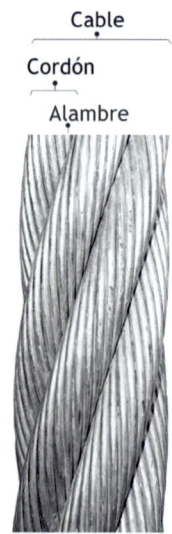

Ilustración 91. Estructura de un cable de acero. Fuente: elaboración propia

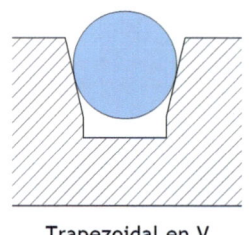
Trapezoidal en V

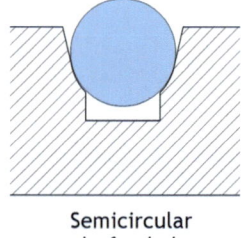
Semicircular desfondada

Ilustración 92. Ejemplos de sección de la garganta de la polea tractora. Fuente: elaboración propia

Las **poleas de desvío** tienen canales en forma de "U" ya que no procede que haya adherencia del cable sino, simplemente, guiar su recorrido sin introducir ruidos o vibraciones. De una forma simplificada la diferencia entre una y otra es la que se muestra en el dibujo:

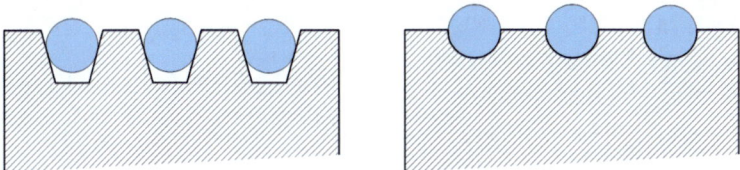

Ilustración 93. Diferencia entre la sección de una polea tractora (izquierda) y una polea de desvío (derecha).
Fuente: elaboración propia

Desviaciones no admisibles y valoración de la causa

Problemas asociados a los cables

Las desviaciones no admisibles con relación a los elementos de suspensión son:

- Cualquier defecto en el amarre al chasis de cabina y contrapeso (o a la peana en ascensores hidráulicos).
- La existencia de diferencias apreciables en la tensión de los distintos cables.
- Es normal que, durante los primeros meses de funcionamiento de un ascensor los cables estiren por efecto del peso hasta una distancia que será más o menos definitiva durante su ciclo de vida. No resulta admisible, en cambio, que, como consecuencia de este estiramiento, el ascensor no pueda llegar a la última planta o al final de su recorrido porque el contrapeso apoye en su amortiguador o el pistón alcance su máxima extensión.
- La rotura de un número de alambres equivalente a un cordón en 1 m de distancia. Para su valoración suele tomarse como referencia unos 20 alambres rotos ("pinchos") en 1 m.
- Deformaciones significativas, codos, aplastamientos, deformación en cesta o tirabuzón…

Problemas asociados a las poleas

Algunos de los problemas característicos de las poleas son:

- La falta de una correcta lubricación de los cojinetes o casquillos.
- La desalineación de los cables con la engreguía y la entrecaída del ascensor.
- El deterioro de cojinetes o casquillos.
- La holgura de los chaveteros y chavetas que los mantienen unidos a los ejes.
- El desgaste de sus canales por el uso. Este desgaste puede ser de dos tipos (que pueden darse de forma independiente o simultánea):

✓ Por redondeo de la base en la polea tractora de forma que se disminuye la capacidad de adherencia entre el cable y la polea y, por lo tanto, se puede dar un deslizamiento. Ya en el módulo de mantenimiento preventivo se ha abordado la prueba que permite verificar esta situación.

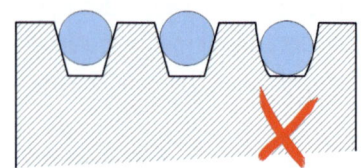

Ilustración 94. Evidencia de un cable hundido a causa del desgaste de la polea tractora. Fuente: elaboración propia

Este desgaste puede ser generalizado en todos los canales o ocurrir en alguno, en particular, como consecuencia de un mal reparto de la fuerza en el conjunto de cables. Cuando el problema ocurre solo en alguno de ellos se evidencia por el hundimiento del cable en el canal con relación a los otros.

El problema de desgaste de los canales puede deberse a un tiempo prolongado de uso. También puede ser consecuencia secundaria de otra avería en la que el ascensor quede físicamente bloqueado, pero la polea tractora siga girando sobre los cables. Esta situación puede ocurrir, por ejemplo, si se llega a una posición extrema o se acuña el ascensor, pero no actúa el elemento de corte de la serie de seguridad.

✓ Por marcado de las paredes o la base con el dibujo del cable. Este problema puede ocurrir también en las poleas de desvío. Esto implica que, al girar la polea, el cable tiende a buscar acomodo en el dibujo marcado produciendo un chasquido característico cada vez que lo hace.

Acciones correctivas

En el amarre de cables debe usarse los tensores con cuña de autoapriete adecuados al diámetro del cable.

 Toma nota

Con la normativa actual, al usar estos tensores se requiere, el uso de un único perrillo sujetacables; no obstante, tradicionalmente se han venido poniendo dos. Se dio además la circunstancia a mediados de los años noventa en la que, por un error en la redacción de la norma, se interpretó que era obligatorio incluso poner tres perrillos, algo totalmente innecesario cuando se usa tensores de autoapriete. Este error fue subsanado a los pocos meses aunque persistió por más tiempo en algunos protocolos de inspección.

El cable debe rodear el alma sin torsiones y los perrillos deben estar atornillados en el lado correcto; esto es, con el lado estrecho en el tramo sobrante y entrando de forma tal que el cable quede alineado con el eje del tensor.

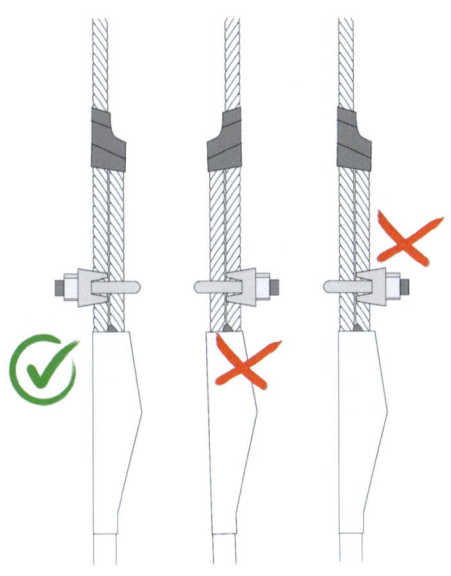

La rosca de los tensores permite equilibrar la tensión entre los distintos cables y compensar pequeños estiramientos. Cuando el margen que da la rosca es insuficiente se hace necesario suspender cabina (o simplemente apoyarla en el amortiguador en ascensores hidráulicos), desentochar y volver a amarrar disminuyendo la longitud del cable.

Para el cambio de uno o más cables es necesario suspender el ascensor.

Los cables jamás deben ser engrasados (con la excepción de los aparatos hidráulicos en tiro diferencial donde no es un problema hacerlo para evitar la oxidación)

Ilustración 95. Ejemplos de entochado correcto e incorrectos. Fuente: elaboración propia

Los problemas derivados de la deformación de las gargantas de las poleas deben subsanarse mediante sustitución o retorneado de las mismas.

Para el desmontado de la polea es necesario suspender el ascensor y desplazar los cables. Una vez que está accesible, se precisa de un extractor de poleas del tamaño adecuado para sacarla.

Herramientas y útiles

- Herramienta de mano: llaves planas, inglesas, allen, carracas, destornilladores, alicates…
- Engrasador y/o bomba de engrase.
- Quinales, polipastos u otros elementos de elevación de cargas.
- Eslingas o cables y perrillos.
- Radial o, preferiblemente, cizalla para el corte de cables. Antes de realizar el corte es necesario encintar la zona del cable con cinta aislante para evitar que se deshilache.
- Extractor de poleas y cojinetes.

Valoración de los riesgos más significativos y medidas preventivas

Riesgos	Medidas preventivas
Golpes, pellizcos, cortes y otros riesgos asociados al manejo de herramientas de mano.	Uso de guantes. Utilización de las herramientas adecuadas para cada tarea.
Daños por la proyección de partículas en cortes con radial.	Uso de gafas de seguridad y previsión de la trayectoria de las partículas en el corte con radial.
Pinchazos con alambres sueltos de los cables	Uso de guantes.
Lesiones musculares por manejo inadecuado de cargas.	Utilización de elementos de elevación de cargas (es prescriptivo que exista un gancho que garantice un punto de anclaje seguro en la vertical del motor máquina). Trabajo coordinado de dos o más personas con reparto equilibrado de esfuerzos.
Atrapamiento entre los cables y las poleas.	No utilización de ropa holgada (corbatas, bufandas, pañuelos) y recogida del cabello largo. Mantenimiento de distancias de seguridad. No retirada de los elementos de protección de las partes móviles del motor. En caso de que sea imprescindible desconectar el interruptor principal y garantizar que no va a ser accionado hasta la reposición de las mismas.
Desplazamiento incontrolado de la cabina o el contrapeso.	Realización de cualquier trabajo bien sin corriente, bien tras garantizar que la cabina está vacía se bloquea el acceso a la misma y se eliminan las llamadas exteriores. Ejecución correcta de la maniobra de suspensión cuando se requiera verificando la seguridad de los puntos de apoyo, los elementos de anclaje y las eslingas empleadas.

 Actividad de aprendizaje 10

Explica las posibles consecuencias de cada una de las siguientes incidencias:

1. Reparto desigual de la tensión de los cables.

2. Polea de desvío marcada con el dibujo de los cables.

3. Gargantas de la polea tractora deformadas.

4. Ausencia de sujetacables en el tensor.

5. Estiramiento excesivo de los cables.

6. Falta de lubricación de la silleta.

Averías mecánicas en el limitador, polea tensora y acuñamiento

Funcionamiento esperado

El conjunto del limitador, polea tensora y acuñamiento debe garantizar la parada del ascensor dentro de los siguientes rangos según el tipo de acuñamiento y la velocidad del ascensor (Norma UNE EN 81-20 apartado 5.6.2.2).

	Velocidad de actuación mínima admisible	Velocidad de actuación máxima admisible
Instantáneo sin rodillo cautivo	115 % de v. nominal	0,8 m/s
Instantáneo con rodillo cautivo		1 m/s
Progresivos con velocidad nominal menor o igual a 1 m/s		1,5 m/s
Progresivos con velocidades nominales mayores de 1 m/s		$1,25 \times Vn + 0,25/Vn$

Toma nota

Como se ve, el rango de velocidades en los que puede actuar el limitador de velocidad es complejo y sujeto a muchos matices. Dado que es un elemento clave de seguridad este dispositivo tiene que venir ajustado y probado de fábrica, por lo que quien conserva el aparato no debería realizar ninguna regulación ni modificación al respecto.

La parada del sistema del limitador es tanto mecánica, por agarre de las cuñas a las guías, como eléctrica, por apertura de la serie de seguridad.

En ascensores hidráulicos la función de parada por sobrevelocidad la realiza la válvula paracaídas por lo que el acuñamiento solo se suele precisar en caso de rotura o aflojamiento de uno o más cables de suspensión.

En ascensores eléctricos hay tres configuraciones posibles:

- Acuñamiento en bajada en cabina.
- Acuñamiento en bajada en cabina y en contrapeso.
- Acuñamiento en subida y bajada en cabina.

Existen diversos modelos de **limitadores de velocidad**. Muchos de ellos se basan en una polea con canal en forma de V que gira con el cable unido a cabina. En caso de una velocidad excesiva la inercia provoca que un sistema de mazos, poleíllas u otro elemento bloquee el giro de la polea. La adherencia entre la polea del limitador y el cable debe ser suficiente para que en ese caso se tire de la timonería que acciona la caja de cuñas en cabina. La regulación de la velocidad de giro que provoca la parada de la polea se realiza mediante muelles debidamente tarados. El mismo elemento que provoca la parada de la polea hace que también se abra el contacto asociado a la serie de seguridad.

En el extremo inferior del hueco se coloca otra polea asociada a un peso que mantiene el cable con la tensión adecuada. Esta polea tensora puede ir amarrada a la guía o anclada al suelo. En todos los modelos lleva un conctacto asociado a la serie de seguridad que actúa en caso de que la pesa llegue a apoyar en algún sitio debido al estiramiento del cable. Las poleas tensoras deben llevar un sistema de protección para evitar atrapamientos accidentales o caída de objetos que puedan sacar el cable de la garganta.

Existe además otro tipo de limitador de velocidad, pensado para ser ubicado en la cabina. En este caso en lugar de cable se utiliza una correa dentada sujeta en la parte superior e inferior del hueco. Esta correa se engrana con una polea dentada del limitador que es la que provoca la actuación de la barra de cuñas en caso de detectar sobrevelocidad.

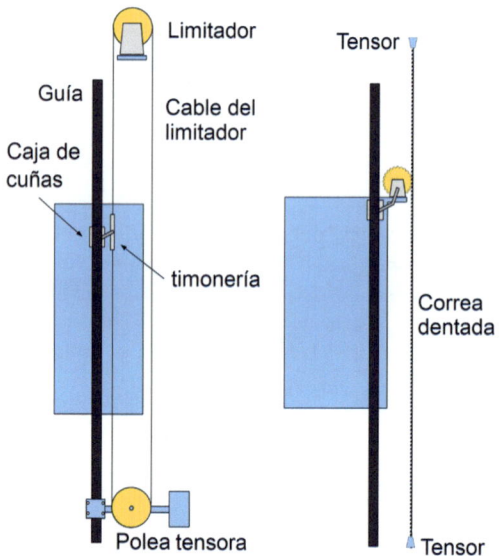

Ilustración 96. Estructuras simplificadas del sistema de limitación de velocidad. Fuente: elaboración propia

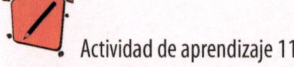 **Actividad de aprendizaje 11**

Realiza una búsqueda en internet de diversos modelos de limitador de velocidad, elige alguno de ellos y, tras examinarlo, trata de responder a las siguientes preguntas: ¿Qué elemento mecánico detecta y actúa ante un exceso de velocidad? ¿Qué mecanismo corta eléctricamente la serie de seguridad del ascensor? ¿Tiene previsto algún sistema para probarlo de forma remota o actuando directamente sobre el limitador?

Existe también una gran diversidad de cajas de cuñas preparadas para distintos tamaños de guía y distintas velocidades. Los dos tipos básicos son: acuñamiento instantáneo y acuñamiento progresivo. En el primero un rodillo o una cuña atrapa la guía contra una superficie fija. En los progresivos el atrapamiento de la guía se realiza con una superficie que tiene un pequeño recorrido al estar apoyada sobre arandelas cónicas que absorben parte de la energía de la frenada. El acuñamiento progresivo evita una parada excesivamente brusca y es obligatorio para velocidades superiores a 0,63 m/s

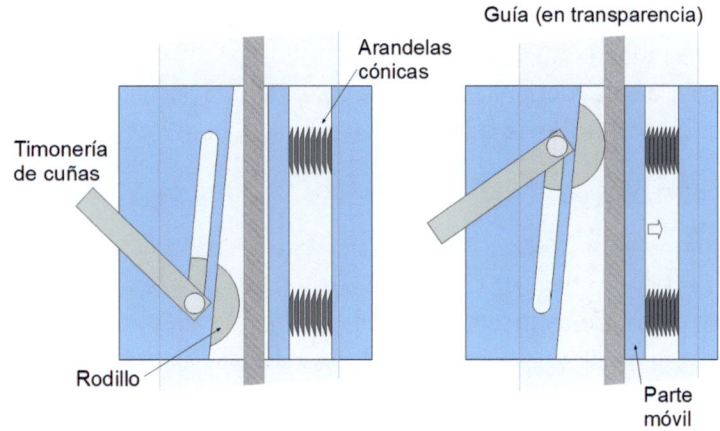

Ilustración 97. Funcionamiento básico de un sistema de acuñamiento progresivo en bajada. Fuente: elaboración propia

El conjunto de acuñamiento, limitador y polea tensora son elementos de seguridad claves en el ascensor y, en consecuencia, pasan exámenes rigurosos que demuestran su eficacia incluso en condiciones extremas.

Desviaciones no admisibles y valoración de la causa

Las averías mecánicas más comunes en este sistema son:

- **Ruidos y rozamientos de las cuñas** con las guías o, en situaciones más graves, acuñamiento espontáneo del ascensor (por roce del rodillo o la cuña con la guía y sin que haya actuado el limitador de velocidad). El problema en estos casos puede ser:
    - ✓ Mala ubicación de las guías, en particular por un revirado excesivo, una entreguía inadecuada, existencia de rebabas en los empalmes, etc.
    - ✓ Desgaste, deterioro o aflojamiento de las rozaderas con el consiguiente desplome del chasis.
    - ✓ Mal ajuste de la caja de cuñas.
- **Estiramiento del cable del limitador de velocidad.** Algo característico durante los primeros meses de funcionamiento del ascensor, especialmente en instalaciones largas. Si bien el estiramiento es normal, ello puede suponer que la polea tensora baje lo bastante para accionar su contacto de seguridad.

- **Deterioro del cable del limitador de velocidad** por rotura de los alambres, en particular cuando se da una acumulación de actuaciones del mismo, lo que somete el cable a esfuerzos considerables.
- **Agarrotamiento de la timonería que acciona la caja de cuñas** (por oxidación, deterioro o deformación de la tornillería).
- **Pérdida de adherencia del cable con el limitador** por deformación de la garganta de la polea.
- **Desajuste de la velocidad de disparo** por manipulación indebida de los muelles o sistemas de regulación del limitador de velocidad (que actualmente deben venir tarados y sellados de fábrica).
- **Chirrido en la polea del limitador o en la polea tensora** por deterioro, desalineación o falta de lubricación de sus cojinetes.

Acciones correctivas

- El reajuste de la posición de las cuñas no debe realizarse hasta que no se hayan descartado posibles problema en las rozaderas (a diferencia de las cuñas las rozaderas están sometidas a desgaste continuado durante el funcionamiento ordinario) o posibles problemas en las guías (en cuyo caso los roces se darían siempre en algún punto pero no necesariamente en todo el recorrido). En el posicionamiento de las cuñas deben seguirse las instrucciones del fabricante para cada modelo. Normalmente las holguras son muy reducidas y es necesario el uso de galgas adecuadas. En ningún caso hay que rectificar, limar, pulir, engrasar o realizar operaciones mecánicas sobre la caja de cuñas.
- Los problemas de estiramiento de cables, en ocasiones, pueden solucionarse simplemente bajando el amarre de la polea tensora (en los modelos en los que va sujeto a la guía) y, más ocasionalmente, es preciso recoger el cable y realizar un nuevo amarre a la timonería.
- Las pruebas funcionales sobre la correcta movilidad de la timonería se pueden realizar con el ascensor parado debiéndose verificar que las cuñas pueden subir y bajar sin problemas.
- Con relación al deterioro del canal de la polea del limitador es necesario la sustitución del mismo.
- En ningún caso deben manipularse las medidas o tensiones de los muelles del limitador de velocidad que vengan regulados y sellados de fábrica.
- El cable del limitador no debe engrasarse nunca. En caso de deterioro hay que proceder a su sustitución.

Herramientas y útiles

- Herramienta de mano: llaves planas, carracas, destornilladores, maceta, etc.
- Eslingas o cables y perrillos.
- Radial o cizalla (solo si fuera necesario recortar cable).

Valoración de los riesgos más significativos y medidas preventivas

Riesgos	Medidas preventivas
Golpes, pellizcos, cortes y otros riesgos asociados al manejo de herramientas de mano.	Uso de guantes. Utilización de las herramientas adecuadas para cada tarea.
Daños por la proyección de partículas en cortes con radial.	Uso de gafas de seguridad y previsión de la trayectoria de las partículas en el corte con radial.
Pinchazos con alambres sueltos de los cables	Uso de guantes.
Lesiones musculares por manejo inadecuado de cargas.	Utilización de elementos de elevación de cargas (es prescriptivo que exista un gancho que garantice un punto de anclaje seguro en la vertical del motor máquina). Trabajo coordinado de dos o más personas con reparto equilibrado de esfuerzos.
Atrapamiento entre los cables y las poleas.	No utilización de ropa holgada (corbatas, bufandas, pañuelos) y recogida del cabello largo. Mantenimiento de distancias de seguridad. No retirada de los elementos de protección de las partes móviles del motor. En caso de que sea imprescindible desconectar el interruptor principal y garantizar que no va a ser accionado hasta la reposición de las mismas.

Averías mecánicas en guías y rozaderas

Funcionamiento esperado

En una instalación bien hecha las guías deben estar:

- completamente rectas,
- verticales,
- paralelas entre ellas,
- perfectamente alineadas las testas,
- a la distancia de entreguía precisa,
- con las superficies lisas sin muescas en el recorrido ni ranuras en los empalmes,
- lubricadas.

Las sujeciones de las guías deben estar bien amarradas a las paredes del hueco y con las ménsulas cogiendo las guías de forma que no permitan su movimiento (pero no tan apretadas que lleguen a deformar las garras o impedir la dilatación de los materiales).

Las rozaderas deben estar bien apretadas a la distancia de entreguías y mantener íntegros sus plásticos. Su posición debe ser tal que no permite desplazamientos laterales de cabina ni que la guía llegue a tocar con el fondo de la caja de cuñas.

Desviaciones no admisibles y valoración de la causa

Los problemas de guías pueden venir por un mal montaje de las mismas, por una mala sujeción a la estructura o por los movimientos normales de asentamiento del edificio en el suelo (al margen de situaciones excepcionales como seísmos, estructuras sometidas a vibraciones, etc.).

Las consecuencias de estos problemas que requieren una actuación correctiva son:

- **Ruidos y roces en determinados tramos**. Puede deberse, simplemente a la falta de lubricación, pero también es una señal característica cuando el revirado o la falta de paralelismo de las guías fuerzan la estructura del chasis, las rozaderas o incluso tocan en la caja de cuñas.
- **Chasquidos puntuales en puntos concretos del recorrido** por la existencia de muescas (debidas, por ejemplo a un acuñamiento particularmente intenso) o ranuras y rebabas en los empalmes de guías.
- Un **estrechamiento** tal de la entreguía que dificulta el paso de la cabina (particularmente se puede notar en bajada en vacío tanto si es hidráulico como si es eléctrico).
- Una **holgura** de la entreguía que permite el movimiento horizontal de cabina o del contrapeso. En un caso extremo esta situación puede provocar la salida de la cabina o el contrapeso de sus guías y la colisión entre ambos al cruzarse a mitad de recorrido. Esta holgura puede deberse a un problema de distancia entre guías o a un desgaste de rozaderas.

Las verificaciones en estos casos se realizan mediante el examen visual de las guías, el uso de niveles o plomadas, la medición de la distancia de entreguías y la verificación del revirado. Una forma sencilla de verificar el revirado es mediante un simple cordel tensado valorando que asienta de forma paralela en las caras de ambas guias tal y como se aprecia en el dibujo.

Los problemas en amarres de sujeciones pueden deberse al uso de un sistema inadecuado para el tipo de material de la pared (por ejemplo, tacos de expansión en pared de ladrillo), por un deterioro de los mismos (por ejemplo, la degradación de la resina de tacos químicos) o por cuestiones mecánicas (paredes sometidas a vibraciones o puntos de sujeción con excesivo nivel de carga).

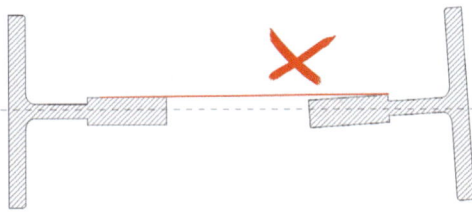

Ilustración 98. Verificación del revirado de las guías mediante un cordel. Fuente: elaboración propia

En una situación de desgaste de rozaderas hay que observar si es simétrico en ambas o desigual pues, al margen del cambio de la pieza plástica, hay que valorar si la causa subyacente es un problema de revirado o falta de paralelismo en las guías o desalineación del tiro del ascensor (de forma que se fuerza el peso contra una de las guías).

Acciones correctivas

Es imprescindible para el buen funcionamiento del ascensor el correcto engrasado del mismo.

En caso de desviación de las guías deben reajustarse a su posición correcta. En algunas ocasiones basta con destensar la tornillería de las garras para llevarlas mediante maceta al sitio. En otros, cuando las piezas vienen soldadas puede ser preciso calzar las sujeción para eliminar desviaciones o revirados. Debe verificarse el resultado mediante nivel (es particularmente práctico el uso de un nivel láser) o plomada.

Los problemas de rebabas o muescas en las guías deben solucionarse mediante alisado del tramo afectado con una lima, lima de carrocero o radial.

Los sistemas de sujeción de las garras a la pared que puedan estar sueltos deben apretarse o sustituirse cuando no ofrezcan las debidas garantías. Cuando ello no es posible hay que valorar la posibilidad de poner otro agarre de refuerzo.

En cualquier cambio o reajuste de la posición de las rozaderas hay que hacer una verificación del buen funcionamiento en todo el recorrido.

Herramientas y útiles

- Herramienta de mano: llaves planas, carracas, maceta, cordel, cinta métrica…
- Radial o lima de carrocero (solo si fuera necesario repasar la superficie de la guía).
- Nivel o plomada.
- Escantillón (si se dispone de él).

Valoración de los riesgos más significativos y medidas preventivas

Riesgos	Medidas preventivas
Golpes, pellizcos, cortes y otros riesgos asociados al manejo de herramientas de mano.	Uso de guantes. Utilización de las herramientas adecuadas para cada tarea.
Daños por la proyección de partículas en cortes con radial.	Uso de gafas de seguridad y previsión de la trayectoria de las partículas en el corte con radial.

Actividad de aprendizaje 12

Valora el estado de las rozaderas de las fotografías e indica que verificaciones complementarias y medidas correctivas realizarías en cada caso.

Evolución de las averías mecánicas del ascensor según su ciclo de vida y modificaciones importantes

Con relación a la valoración de las averías del ascensor, uno de los criterios diagnóstico es el propio historial del ascensor y las distintas fases de su ciclo de vida.

Si anotamos el momento en que se producen incidencias desde la puesta en marcha inicial probablemente nos saldrían curvas similares a la que se observa en la ilustración.

En la fase inicial podemos tener un número de incidencias relativamente alto correspondiente a ajustes que no quedaron bien terminados en montaje o averías características de esa fase (por ejemplo, estiramiento de los cables, detección de vicios ocultos en los materiales o problemas de diseño).

Subsanados esos problemas, entramos en una fase operativa donde las incidencias, si se dan, pueden venir, en buena medida por un mal uso del ascensor (por ejemplo, vandalismo, desajuste de las puertas por tirones, etc.), problemas derivados de temperaturas extremas, fallos en la acometida… La duración de esta fase depende, en gran parte, de la calidad del mantenimiento preventivo que se realiza sobre el ascensor.

Con el paso de los años se evidencia el desgaste de determinados elementos: desviaciones de guías por asentamiento de la estructura del edificio, holguras en la máquina, desgaste de la polea, etc.

Hay que tener en cuenta que el ascensor es un elemento integrado donde las diversas partes están interrelacionadas y que las averías tienden a generar un efecto acumulativo. Por ejemplo:

- Un problema de desalineación del tiro de la máquina provoca un desgaste de cables y de la polea, la fuerza lateral sobre una de las guías, el desgaste desigual de las rozaderas, la posibilidad de un acuñamiento que, a su vez, generará un momento de abrasión sobre el cable y la polea del limitador y un golpe y una posible marca en las guías.

- Un problema de puertas puede provocar paradas imprevistas del ascensor a velocidad rápida lo que redunda en un deterioro de la máquina y un desgaste del freno.

En esta fase de envejecimiento es cuando conviene valorar la sustitución de determinados elementos claves (puertas, máquina y motor, cables, etc.) que permitan revertir el progresivo deterioro del aparato y prolongar su vida útil en condiciones de seguridad, eficacia y eficiencia. Se trata de modificaciones significativas que, con frecuencia, se encomienda en las empresas a equipos de trabajo especializados y distintos de los equipos responsables de mantenimiento preventivo y averías.

La Instrucción Técnica Complementaria especifica la gestión documental y otros elementos a tener en cuenta en este tipo de modificaciones. Volveremos sobre este tema en el módulo séptimo, cuando se aborden todo lo relacionado con la puesta en servicio de los ascensores.

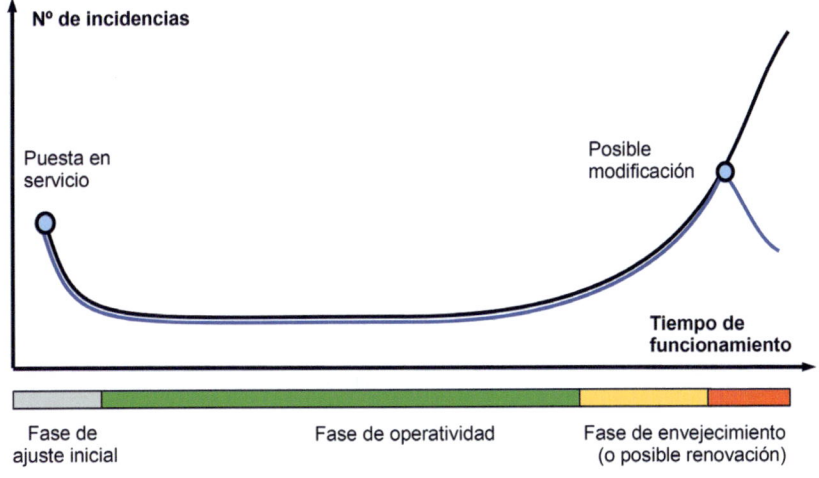

Ilustración 99. Evolución del número de incidencias en el tiempo. Fuente: elaboración propia

 Cuestonario

1. Marca las posibles causas por las cuales en una puerta automática pueda actuar la sensibilidad durante el intento de cierre sin que, aparentemente, exista ningún obstáculo.

☐ Excesiva tensión del muelle de la puerta exterior.

☐ Existencia de suciedad en la pisadera.

☐ Excesiva distancia entre poleíllas.

☐ Hojas rozando la pisadera en algún punto.

☐ Desajuste del contacto de cerrojo.

2. Marca posibles causas por la cual un ascensor de puertas semiautomáticas activadas por una leva electromecánica no cierre la serie de cerrojos a pesar de estar la leva replegada.

☐ Leva excesivamente alejada de la poleílla del cerrojo.

☐ Percutor excesivamente metido dentro de la cazoleta.

☐ Percutor excesivamente sacado.

☐ Tornillo de fijación del brazo de la poleílla al eje del cerrojo poco apretado.

3. Tenemos un ascensor con puertas semiautomáticas de rellano y puertas tipo bus en cabina gestionado por un operador. Al abrir la puerta exterior unos 20 cm la puerta no inicia por sí sola el movimiento de cierre. ¿Qué elemento habría que regular para subsanar el problema?

☐ a) Tensión inadecuada del fleje de la puerta.

☐ b) Ajuste del contacto de presencia de hojas.

☐ c) Regulación del amortiguador de puertas.

☐ d) Reaprendizaje del proceso de apertura y cierre del operador de puertas.

4. ¿Qué es un motor gearless?

5. En un ascensor eléctrico con motor asíncrono de dos velocidades se carga la cabina con media carga y se lleva a mitad de recorrido. De este modo el contrapeso y cabina están equilibrados y, al abrir freno manualmente, el ascensor no tiende a moverse hacia ninguno de los dos lados. Estando así se abre el freno y se observa que es posible girar unos centímetros el tambor hacia uno u otro lado hasta escuchar un pequeño ruido de choque dentro de la máquina. En ese pequeño movimiento de giro del tambor no se aprecia ningún movimiento en la polea tractora. ¿De qué es indicio el resultado de esta prueba?

☐ a) Existen holguras por desgaste entre la corona y el tornillo sin fin.

☐ b) Está mal apretado el casquillo que evita el movimiento longitudinal del tornillo sin fin.

☐ c) La chaveta de la polea tractora tiene holgura.

☐ d) Cualquiera de las tres anteriores es correcta.

6. Marca las posibles causas relacionadas con el freno por las cuales un ascensor eléctrico con cuarto de máquinas tiende a pasarse de recorrido unos centímetros al llegar a planta.

☐ Apertura de las zapatas insuficiente.

☐ Desgaste del ferodo.

☐ Excesiva tensión en los muelles de las zapatas.

☐ Insuficiente tensión en los muelles de las zapatas.

☐ Insuficiente voltaje en la bobina de freno.

7. Marca aquellas operaciones en la que es necesario suspender cabina y contrapeso.

☐ Sustitución de cables de suspensión.

☐ Retorneado de la polea tractora.

☐ Ajuste del reparto de tensión entre los cables de suspensión.

☐ Desacuñamiento del ascensor.

☐ Cambio de rozaderas.

8. Marca aquellos problemas que pueden estar causados por el revirado de las guías en una instalación.

☐ Al llegar a planta el ascensor no abre puerta.

☐ Existencia de ruidos durante el viaje.

☐ Desgaste prematuro de rozaderas.

☐ Acuñamientos espontáneos.

☐ El ascensor se tiende a pasar de recorrido.

☐ Desgaste de la garganta de la polea tractora.

9. ¿Qué ocurriría en un ascensor hidráulico en el que se soltara uno de los cables de tracción?

☐ a) La cabina caería hasta ser parada por la válvula paracaídas.

☐ b) Actuaría el sistema de aflojamiento de cables y el ascensor quedaría acuñado y con la serie de seguridad cortada.

☐ c) Nada, el ascensor podría continuar funcionando hasta que la incidencia sea detectada por el técnico en la siguiente revisión.

☐ d) El exceso de tensión en el resto de cables podría provocar una rotura en cadena de todos ellos.

10. En un ascensor eléctrico con cuarto de máquinas se observa que el desgaste de las rozaderas de uno de los lados es significativamente mayor que en el lado contrario. ¿Cuál puede ser la causa de esta incidencia?

☐ a) Desajuste en la alineación de la bancada del motor.

☐ b) Existencia de rebabas en algún empalme de guías.

☐ c) Óxido en la guía.

☐ d) Cualquiera de las tres anteriores es correcta.

Mantenimiento correctivo hidráulico de ascensores

¿Ascensores hidráulicos? ¿Van con agua "profe"?

Ya hace más de un siglo que no se usa agua, lo normal es usar un pistón y aceite como fluido hidráulico. Estos ascensores tuvieron una época dorada en los años noventa y principios de los dos mil. Por aquel entonces resolvían algunos problemas mejor que los ascensores eléctricos. Aún se siguen montando, aunque menos. De un modo u otro te encontrarás unos cuantos en mantenimiento.

Ajá… y también habrá que ir desatascando las cañerías, los filiburcios y calibrar la junta de la trócola.

Bueno, si te parece comenzaremos conociendo las partes y nombrándolas bien, que veo que vas un tanto despistado.

Vale, vale… pero eso de la hidráulica asusta un poco, que si Arquímedes, que si los vasos comunicantes, que si el cálculo de la presión…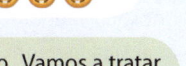

Tampoco va a hacer falta que te conviertas en físico. Vamos a tratar de entender el funcionamiento del ascensor de una forma más intuitiva. Con ello va a ser fácil comprender resolver las averías que son específicas de estos sistemas.

¿Y ya está? ...

Échate por si acaso a la herramienta algunos trapos y sepiolita que a veces hace falta.

¿Sepi... qué?

Vale… ya veo que necesitas primero estudiar esto un poco 😂 😂

Presentación del módulo

Este módulo se centra en los elementos específicos de los ascensores hidráulicos. El interés último es poder realizar el mantenimiento correctivo adecuado de estos equipos. Para ello es necesario, previamente, conocer los elementos que lo forman y comprender su funcionamiento.

Si bien el conocimiento sobre mecánica de fluidos y circuitos hidráulicos puede ser interesante, realmente no es imprescindible para el trabajo de conservación de ascensores. Por este motivo el módulo plantea un enfoque práctico facilitando la información suficiente para comprender el funcionamiento interno de los ascensores hidráulicos y su regulación sin divagar en materias que no sea imprescindible conocer.

Aunque el mantenimiento correctivo eléctrico y electrónico se aborda en el módulo siguiente en este tema vamos a introducir ya lo relacionado con el conexionado entre la maniobra y el grupo hidráulico pues es importante para poder valorar las posibles averías y darles solución.

La última parte del módulo está planteada como un manual de solución de posibles problemas. En él se parte de las distintas disfunciones observables durante el viaje y plantea para cada una de ellas un análisis completo y ordenado de causas probables junto con las medidas correctivas necesarias.

Estructura de contenidos

- **Funcionamiento de los ascensores hidráulicos.** *Definición de ascensores hidráulicos y principales aplicaciones. Componentes de un ascensor hidráulico. Funcionamiento del equipo impulsor. Regulación del grupo de válvulas. La válvula paracaídas: funcionamiento y regulación. Elementos específicos de los ascensores en tiro diferencial. La renivelación de los ascensores hidráulicos.*

- **Conexionado de los ascensores hidráulicos.** *Conexionado de la toma de tierra. Conexión del motor. Conexión de las electroválvulas. Conexión del resto de elementos del grupo.*

- **Diagnóstico y reparación de averías en sistemas hidráulicos.** *Descripción de riesgos específicos. Equipamiento necesario. Análisis de posibles averías en ascensores hidráulicos.*

Funcionamiento de los ascensores hidráulicos

Definición de ascensores hidráulicos y principales aplicaciones

Los ascensores hidráulicos generan el movimiento de la cabina mediante el llenado o vaciado de un pistón hidráulico. Se comenzaron a normalizar en la década de 1980.

Saber más

La expresión hidráulico, etimológicamente hace referencia al agua, pero su significado actual se extiende también a dispositivos accionados por cualquier otro líquido. Dado que, habitualmente el fluido empleado en ascensores es aceite en alguna bibliografía se emplea el término "oleodinámico" en lugar de hidráulico siendo ambos términos igualmente correctos.

Sus principales ventajas con relación a los ascensores eléctricos tradicionales son:

- La posibilidad de minimizar y separar el cuarto de máquinas de la instalación de hueco.
- Una mayor precisión y confort en las paradas (si bien la estabilidad de la nivelación una vez que el ascensor está parado es mala).
- Posibilidad de maniobrabilidad descendente en ausencia de corriente por medio de una válvula de bajada que puede accionarse manualmente o por medio de una batería auxiliar.
- Traslado de las cargas de la instalación al foso, a diferencia de los ascensores eléctricos con cuarto de máquinas en los que el peso actúa sobre la losa superior.

Las principales limitaciones de los ascensores hidráulicos son:

- Limitación de la velocidad máxima a 1 m/s aproximadamente.
- Limitación del trayecto máximo a una diez paradas.
- Necesidad de efectuar renivelaciones por la pérdida de presión del aceite tras un tiempo parado en planta.
- Mayor consumo que un ascensor eléctrico (el consumo en descenso es muy bajo pero el costo del trayecto de subida es considerable al no existir contrapeso).
- Excepto en recorridos muy cortos el coste de fabricación es algo más caro que el de un ascensor eléctrico de iguales prestaciones.

Las características de los ascensores hidráulicos hicieron de ellos un sistema muy adecuado para rehabilitación de edificios donde no existía previamente ascensor; no obstante, el desarrollo tecnológico de los ascensores eléctricos con la supresión del cuarto de máquinas y el uso de variadores de frecuencia que permiten una mayor precisión y confort están desplazando a los ascensores hidráulicos de este campo de aplicación. Así pues, probablemente en el futuro estos sistemas se emplearán, sobre todo, en otro tipo de instalación donde están fuertemente implantados: el manejo de grandes cargas en instalaciones lentas y de recorrido corto como son los montacoches o grandes montacargas y también como solución más económica en ascensores domésticos de pocas paradas.

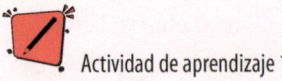

Actividad de aprendizaje 1

¿Recomendarías la instalación de un ascensor hidráulico para el uso al público en unos grandes almacenes de siete plantas? Justifica la respuesta.

Componentes de un ascensor hidráulico

Elementos generales

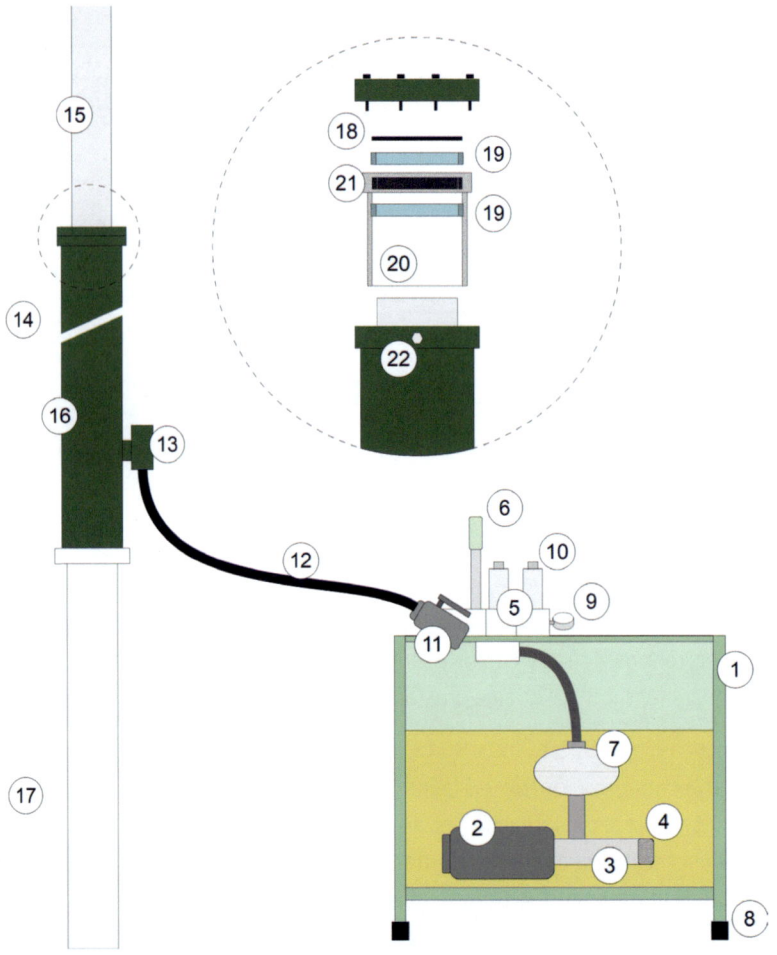

Ilustración 100. Elementos del sistema hidráulico. Fuente: elaboración propia

	Descripción / función
1. Depósito	Contener el aceite que se requiere para la extensión total del pistón.
2. Motor	Accionar la bomba de husillos para permitir el movimiento en subida.
3. Bomba de husillos	Impulsar el aceite hacia el grupo de válvulas.
4. Rejilla de aspiración	Evitar la entrada de elementos extraños en la bomba.
5. Grupo de válvulas (distribuidor)	Regular el flujo de aceite tanto en subida como en bajada y, en consecuencia, la extensión o vaciado del pistón y el movimiento de cabina.
6. Bomba manual	Permitir la subida manual del ascensor en operaciones de rescate o regulación del grupo.
7. Silenciador / amortiguador	Disminuir la turbulencia del aceite procedente de la bomba, reduciendo, con ello, ruidos y vibraciones.
8. Silent-blocks	Evitar la transmisión de vibraciones al suelo.
9. Manómetro	Realizar la medida de presión del sistema para operaciones de calibración de válvulas o diagnóstico de averías.
10. Electroválvula	Válvulas de control del movimiento de aceite activadas por la maniobra.
11. Llave de paso	Grifo para impedir el paso del aceite cuando se requiera trabajar sobre la instalación o el grupo.
12. Latiguillo	Manguera de presión para el transporte del aceite.
13. Válvula paracaídas	Sistema de bloqueo del ascensor en caso de sobrevelocidad en bajada.
14. Pistón o cilindro	Su función es convertir el flujo de aceite procedente de la central en un movimiento lineal de la cabina.
15. Vástago o émbolo	Parte móvil del pistón.
16. Camisa	Envolvente fija del pistón.
17. Peana	Soporte del pistón.
18. Guardapolvos	Es la goma más externa del pistón (visible desde el exterior), evita que pueda entrar materiales extraños que dañen el retén.
19. Anillos de guiado	Son plásticos rígidos que facilitan que la salida del pistón sea recta, y no roce metal con metal.
20. Casquillo de guiado	Pieza metálica donde van alojados el retén y el resto de guarniciones y que a su vez facilita el tope mecánico (con efecto de frenado hidráulico) cuando el pistón se extiende totalmente.
21. Retén	Pieza de goma (frecuentemente con núcleo de acero) que evita las fugas del aceite por la apertura del vástago.
22. Tornillo de purga	Tornillo que permite, al aflojarse, la salida del aire cuando se llena el pistón.

Características de los principales elementos del ascensor hidráulico

Cilindros. Los cilindros se dividen en simples y telescópicos (que pueden ser de sincronismo mecánico o hidráulico). En el caso de cilindros simples el valor clave es el diámetro del émbolo. Algunos de los diámetros más habituales son 60, 70, 80, 90, 100, 110, 120, 130, 150, 180, 200, 238 mm. Este diámetro es el dato de referencia para la sustitución de sus guarniciones (retén, guardapolvos, anillos de guiado y la junta tórica del casquillo de guiado).

La ubicación y configuración de los pistones puede ser muy diversa:

- Habitualmente llevan un único pistón pero, en montacoches suele optarse por utilizar dos pistones con el fin de mejorar el reparto de cargas.
- El chasis puede estar directamente unido al pistón (tiro directo); aunque, lo más frecuente es que sea tiro diferencial utilizando una polea en la cabeza del pistón y cables.
- La colocación del pistón con relación a la cabina normalmente es lateral y el pistón va apoyado en el hueco (normalmente elevado por medio de una peana). También pueden darse otras configuraciones como que el pistón esté total o parcialmente enterrado y levante la cabina en tiro directo desde el centro.

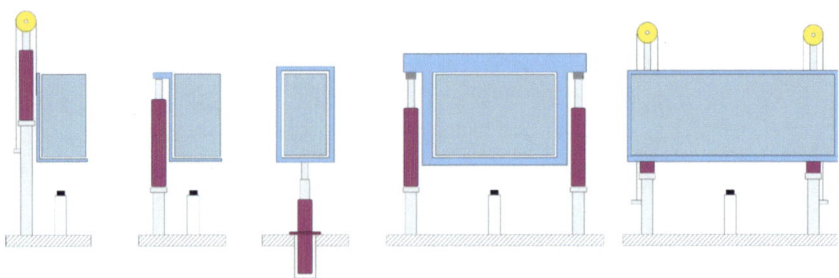

Ilustración 101. Algunas de las variadas configuraciones de los cilindros en ascensores y montacoches hidráulicos: pistón lateral tiro diferencial, pistón lateral tiro directo, pistón telescópico central, doble pistón laterales tiro directo y doble pistón en el mismo lado y tiro diferencial. Fuente: elaboración propia

Motor. El motor usado habitualmente es asíncrono de 2 polos (lo que permite velocidades de giro de aproximadamente 2750 rpm) suele llevar un volante de inercia. Las potencias, en función del tipo de instalación pueden ir desde 2,2 Kw (3 CV) hasta más allá de los 60 kW (80 CV).

Lo habitual es que el motor trabaje sumergido en el aceite, excepto en elevadores pequeños en los que el motor se atornilla sobre la tapa del calderín.

En aparatos de gran potencia es posible instalar un segundo motor auxiliar, más pequeño, que se usa exclusivamente para las maniobras de renivelación o aproximación y arranque a velocidad lenta.

Bomba. El sistema empleado es una bomba de husillos consistente en tres roscas engranadas que facilitan un caudal continuado con el giro del motor. Algunos de los caudales normalizados son: 25, 35, 55, 75, 100, 125, 150, 180, 210, 250, 300, 360, 430, 500 y 600 litros por minuto. Se acopla al motor mediante un eje con chaveta.

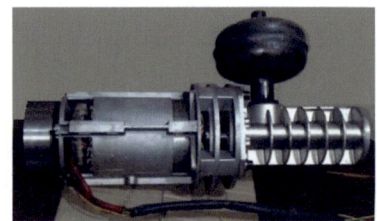

Ilustración 102. Conjunto motor, bomba y silenciador de un ascensor hidráulico. Fuente: elaboración propia

Conducciones. El caudal de la bomba determina el tamaño de las conducciones (el valor de referencia es el diámetro interior medido en pulgadas para mangueras flexibles y en milímetros si se trata de tubo rígido). Los criterios que suelen utilizarse son:

- ¾" (22 mm): de 25 a 55 l/min .
- 1 ¼" (35 mm): de 15 a 150 l/min.
- 1 ½" (42 mm): de 180 a 430 l/min.
- 2": de 440 a 600 l/min.

El tamaño del grupo de válvulas y de la válvula paracaídas ha de ser coherente con el tamaño de la conducción que se precisa roscar (el uso de adaptadores de tamaño solo es admisible en pequeños elevadores).

Elementos complementarios

Presostato. Microrruptor accionado por presión del aceite, viene roscado en el grupo de válvulas. La presión de activación se regula mediante tornillo. Se suele utilizar como sensor de sobrecarga en cabina.

Existe también la posibilidad de un presostato de "mínima" cuya función sería informar a la maniobra de que no existe presión en el grupo (por ejemplo, por activación de la válvula paracaídas o cierre de la llave de paso), pero no es habitual.

Resistencia de calentamiento de válvulas. Resistencia eléctrica que se aloja dentro del grupo de válvulas y facilita que exista una temperatura adecuada de funcionamiento en cuartos de máquina con temperaturas bajas. Su potencia es limitada, del orden de unos 50-100 W, suficiente para facilitar el primer viaje cuando el ascensor está todavía frío.

Resistencia de calentamiento del aceite. En zonas particularmente frías no es suficiente con calentar las válvulas, sino que se precisa una resistencia de mayor potencia (normalmente entorno a los 500 W). Esta resistencia va asociada a un termostato, está preparada para sumergirse directamente en el aceite y sirve para evitar que se enfríe en exceso.

Refrigeración de aceite. Dispositivo que enfría el aceite a través del paso por un radiador con ventilación forzada. Se instala exclusivamente en ascensores hidráulicos de mucho uso ubicado en zonas cálidas y en los que el aceite puede alcanzar temperaturas excesivas.

Actividad de aprendizaje 2

Realiza una búsqueda en internet de imágenes de diversos modelos de cilindros (simples, telescópicos de sincronismo hidráulico y mecánico), bombas de husillos, presostatos, resistencia de calentamiento de válvulas, resistencia de calentamiento de aceite y sistemas de refrigeración de aceite utilizados en ascensores hidráulicos.

El aceite y otros fluidos hidráulicos

Tradicionalmente los ascensores han utilizado aceite mineral como fluido hidráulico. Esta sigue siendo la opción más frecuente; no obstante, existen otros productos en el mercado que pueden reducir el impacto medioambiental al ser biodegradables u ofrecer prestaciones específicas (por ejemplo, ser ignífugas) o tener mejor respuesta en rangos más amplios de temperatura.

Características técnicas del aceite o el fluido hidráulico

Concepto	Significado	Unidad
Viscosidad	Propiedad del aceite de oponer resistencia al deslizamiento. Depende de la temperatura.	mm^2 /s cSt
Índice de viscosidad	Coeficiente que indica la estabilidad de la viscosidad en función de la temperatura. En ascensores es particularmente importante que las variaciones de la temperatura tengan efectos moderados sobre la viscosidad de forma que el ascensor pueda funcionar correctamente en un rango amplio, por ello solo son válidos aceites con índices de viscosidad altos.	
Densidad	Cantidad de masa por unidad de volumen (peso en kilos por cada litro de fluido). Depende de la temperatura.	kg/dm^3
Punto de congelación	Temperatura en la que se pasa de estado líquido a sólido.	º C
Punto de ignición	Temperatura en la que el aceite arde espontáneamente.	º C
Antiespumante. Evita la formación de espuma (facilita la separación del aire).		
Antioxidante. Previene la formación de óxidos.		
Anticorrosión. No corroe metales, cobre, juntas…		
Antiemulsionante. Facilita la separación entre el agua y el aceite.		
Protección contra la formación de depósitos.		

Valores normales de aceites utilizados en ascensores

En ascensores hidráulicos la viscosidad del aceite es un elemento clave. Se suele utilizar aceite de grado ISO 46. En ascensores con temperaturas elevadas de trabajo hay que usar aceite de grado ISO 68 para compensar la pérdida de viscosidad con la temperatura.

Grado ISO (Viscosidad a 40º)	46 cSt	68 cSt
Índice de viscosidad	≥ 150	≥150
Densidad a 15º C	≈0,875	≈0,875
Punto de congelación	< (-35º C)	< (-35º C)
Punto de inflamación	> 210 ºC	> 210 º C
Viscosidad a 100º C	7,9 — 8,5 cSt	9,3 — 11,3 cSt
Temperaturas de trabajo adecuadas	10º C — 55 º C	30º — 70º C

Elementos a tener en cuenta con relación al aceite

Hay todo un grupo de averías específicas de los ascensores hidráulicos que están directamente relacionadas con las condiciones del aceite. Los problemas característicos son:

- **Existencia de aire en las conducciones y el cilindro**. El aceite no puede comprimirse; sin embargo, las bolsas de aire o microburbujas que albergue en su interior sí. Esto genera un "efecto muelle" en la cabina (se hunde al introducir carga y recupera su posición al vaciarla, bambolea en los cambios de velocidad y hace efecto "disparo" en el arranque).

 Toma nota

La existencia de aire en el pistón obliga al ascensor a hacer renivelaciones con la entrada y salida de carga esto significa mayor consumo y desgaste de motor y contactores. También puede ocasionar que, al subir o bajar en función del peso en cabina, llegue a accionarse un final de carrera. Además de aumentar las probabilidades de avería el aire en el circuito hidráulico disminuye el confort en el viaje. Por lo tanto es algo que hay que evitar. Las estrategias son:

- Al verter aceite en el calderín (en el montaje o en una reparación) evitar la formación de burbujas, dejarlo resbalar por una de las paredes del depósito y permitir que repose antes de poner en marcha el motor.
- En la colocación de la manguera deben evitarse las curvas en forma de "n" dado que el aire podría quedar acumulado arriba. En su lugar deben hacerse recorridos ascendentes o en forma de "u".
- Cuando se llena el pistón por primera vez debe hacerse en velocidad lenta con pausas frecuentes.
- Hay que cuidar que, aun estando el ascensor en la planta más alta, la rejilla de aspiración esté sobradamente cubierta de aceite. Hay que tener en cuenta el posible vórtice de aspiración que puede generarse cuando el ascensor está en marcha.

Para eliminar el aire que pueda acumularse en la parte alta del pistón suele existir un tornillo de purga en la cabeza del mismo. Cuando el ascensor ya está montado la manipulación del mismo debe hacerse con cuidado y muy lentamente pues la presión en el interior del pistón puede provocar salpicaduras de aceite o derrames de aceite.

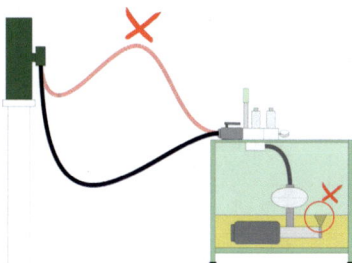

Ilustración 103. Valoración de la posición correcta del latiguillo y del riesgo de aspiración de aire por parte de la bomba para reducir la posibilidad de problemas por presencia de aire en el aceite. Fuente: elaboración propia

- **Existencia de agua mezclada con el aceite.** En zonas húmedas el enfriamiento del aceite puede provocar la condensación de gotas de agua en las paredes del calderín y que estas resbalen y se hundan en el aceite (el agua es más densa por lo que tiende a ir hacia el fondo). Con el tiempo la cantidad de agua que se acumula y mezcla con el aceite en cada viaje puede ser notable. Se aprecia de una forma muy clara en un primer viaje tras un tiempo de reposo pues el movimiento de la bomba hace que aceite y agua se vuelvan a mezclar adquiriendo un tono turbio. La presencia de agua acelera la degradación del aceite, puede dañar el motor y distorsiona el ajuste del grupo de válvulas.
- **Cambio de las propiedades por darse temperaturas excesivamente altas o bajas.** Con temperaturas altas el aceite es más fluido y, en consecuencia, los cambios del grupo de válvulas son más rápidos y bruscos. Con el frío ocurre lo contrario. Esto puede ocasionar que existan grandes diferencias entre un viaje realizado a primera hora tras haberse enfriado el aceite por la noche y un viaje cuando ya lleva un rato funcionando y el propio motor ha calentado el conjunto de aceite.

  Por normativa y seguridad la temperatura máxima de trabajo del aceite es de 70°. A partir de ese valor, hay un termostato que detiene la maniobra hasta que el aceite baje de temperatura. En ascensores con tráfico muy intenso es posible que el motor, que se refrigera a través del aceite, lo caliente por encima de ese valor, por ello, existen sistemas de refrigeración del aceite por ventilación forzada.

  Para temperaturas bajas existe la posibilidad de calentar, por lo menos el grupo de válvulas con una pequeña resistencia prevista para ello y, en situaciones más extremas, calentar el conjunto del calderín con una resistencia sumergida en el aceite.

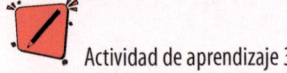

Actividad de aprendizaje 3

Un aceite comercial para uso en sistemas hidráulicos tiene las siguientes variantes y características:

Característica	Unidades	Método	Grado ISO		
			32	46	68
Densidad 15°c	kg/l	ASTM D-4052	0,872	0,879	0,884
Punto de inflamación	v/a °C	ASTM D-92	>200	>200	>200
Punto de congelación	°C	ASTM D-5950	-48	-39	-36
Viscosidad a 40°c	cSt	ASTM D-445	31,3	47,5	68,1
Viscosidad a 100°c	cSt	ASTM D-445	6,3	8,4	10,9
Índice de viscosidad	-	ASTM D-2270	157	154	151

A partir de esta información contesta a las siguientes preguntas:

- ¿Sería adecuado para su utilización en ascensores?
- ¿Qué grado ISO elegirías para un uso con tráfico moderado en una comunidad de vecinos?
- ¿Qué grado ISO elegirías para un ascensor de tráfico muy intenso de acceso a un párquing público?
- ¿Cuánto pesa un litro de este aceite? ¿Cuánto pesa un litro de agua? ¿Qué pasa si los juntamos en un depósito?

Funcionamiento del equipo impulsor

Llamamos equipo impulsor al conjunto de motor-bomba-grupo de válvulas que permite el movimiento del ascensor. Existen diversas configuraciones del conjunto de equipo impulsor. Recogemos en una tabla las principales:

Velocidades	Tipo arranque	Observaciones
Una velocidad	Directo (potencias < 10 kW)	Aplicado en pequeños elevadores domésticos.
	Estrella-triángulo (potencias ≥ 10 kW)	Usado solo en montacargas lentos para cargas altas y con poca precisión de parada.
Dos velocidades	Directo (potencias < 10 kW)	Configuración más frecuente en ascensores de hasta seis personas.
	Estrella-triángulo (potencias ≥ 10 kW)	Configuración para ascensores grandes y montacoches.

La mayor parte de los ascensores hidráulicos suelen usar un motor trifásico asíncrono de una velocidad. En ascensores pequeños de baja velocidad el motor puede ser monofásico. Lo más habitual es que el motor accione una bomba con una velocidad de giro prácticamente constante proporcionando un caudal de aceite continuo durante todo el viaje de subida. En este caso el cambio de velocidad se obtiene por regulación del grupo de válvulas y no por variación de la velocidad del motor. Durante el viaje de lenta el caudal de la bomba no varía sino que parte del mismo se retorna al calderín.

Los principios básicos de todos los equipos impulsores son similares aunque la forma en la que cada fabricante los implementa varía. Por tener una visión global vamos a ver la estructura de un equipo impulsor básico para ascensores de dos velocidades (tanto en arranque directo como en estrella triángulo). A partir de allí es relativamente fácil entender los de una velocidad y otras variantes.

Estructura básica del sistema impulsor

A grandes rasgos la estructura interna del sistema impulsor en un ascensor de dos velocidades queda recogida en este dibujo:

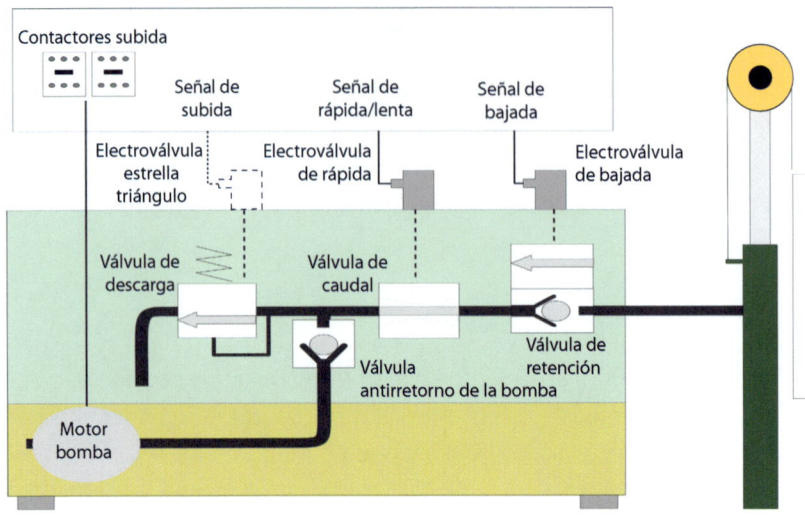

Ilustración 104. Dibujo esquemático de la estructura interna del grupo de válvulas de un ascensor hidráulico.
Fuente: elaboración propia

Se ha dibujado, además de la válvula antirretorno de la bomba las tres válvulas principales. Los nombres de las mismas las decide cada fabricante, pero por etiquetarlas de algún modo general en este módulo les hemos asignado nombres descriptivos:

- **Válvula antirretorno de la bomba:** permite que el aceite pase de la bomba hacia el pistón. No deja, en ningún caso que el aceite retorne al calderín a través de la bomba.
- **Válvula de caudal:** es una válvula reguladora de flujo, que controla la cantidad de aceite que va o vuelve del pistón. Se controla a través de una electroválvula que aquí hemos llamado de rápida/lenta. Aun en la posición de cierre permite un cierto caudal correspondiente al necesario para mover el ascensor en velocidad lenta. En los ascensores de una velocidad esta válvula y su electroválvula no existen.
- **Válvula de retención u obturador:** es una válvula antirretorno pilotada. Permite el paso del aceite del calderín hacia el pistón sin ninguna dificultad, pero queda automáticamente bloqueada cuando el motor se detiene y el aceite trata de volver al calderín. Se puede desbloquear para que entre el aceite a través de una electroválvula que aquí hemos llamado electroválvula de bajada.
- **Válvula de descarga:** cuando un ascensor sube a velocidad nominal todo el caudal de la bomba se dirige al pistón, pero en determinados momentos (arranque, deceleración, velocidad lenta o con llave de paso está cerrada) es necesario que todo o parte del aceite bombeado retorne otra vez al calderín. Esto se hace a través de la válvula de descarga. En ascensores de arranque directo esta válvula funciona de forma automática abriéndose o cerrándose en función de las presiones del aceite. En ascensores de arranque estrella triángulo esta válvula viene pilotada exteriormente

por una electroválvula que hemos llamado aquí de estrella / triángulo vinculada a la señal de "subida" que debe proporcionar la maniobra. Cuando el ascensor baja todo el aceite que retorna al calderín lo hace automáticamente través de esta válvula sin necesidad de accionarla.

Funcionamiento básico del equipo impulsor en ascensores de arranque directo

A partir del esquema básico vamos a ver la activación y funcionamiento en diversos momentos del trayecto de un ascensor.

Viaje en subida y velocidad rápida

El motor debe recibir alimentación a través de los contactores y la válvula de caudal debe activarse para pasar a la posición de apertura (en la ilustración siguiente se ha supuesto que la válvula de caudal está totalmente abierta cuando la electroválvula de rápida está activada; no obstante, en algunos modelos podría ser a la inversa).

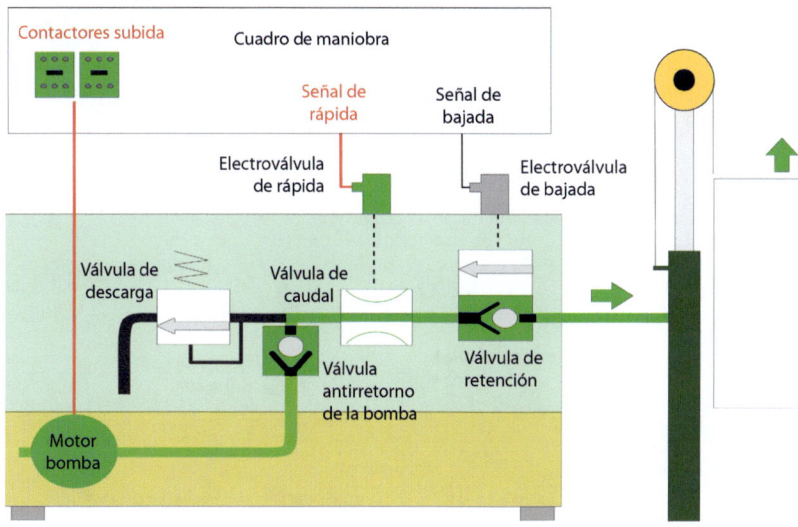

Ilustración 105. Activación de elementos y movimiento del aceite en un viaje en subida a velocidad rápida.
Fuente: elaboración propia

En estas condiciones la válvula de descarga se cierra totalmente por lo que todo el aceite bombeado fluye hacia el pistón llenándolo y empujando la cabina hacia arriba.

Viaje en subida y velocidad lenta

El motor mantiene la alimentación a través de los contactores, pero la válvula de caudal queda estrangulada. Solo una parte del aceite fluye hacia el pistón y el resto, regresa al depósito a través de la válvula de descarga que se abre debido a la presión.

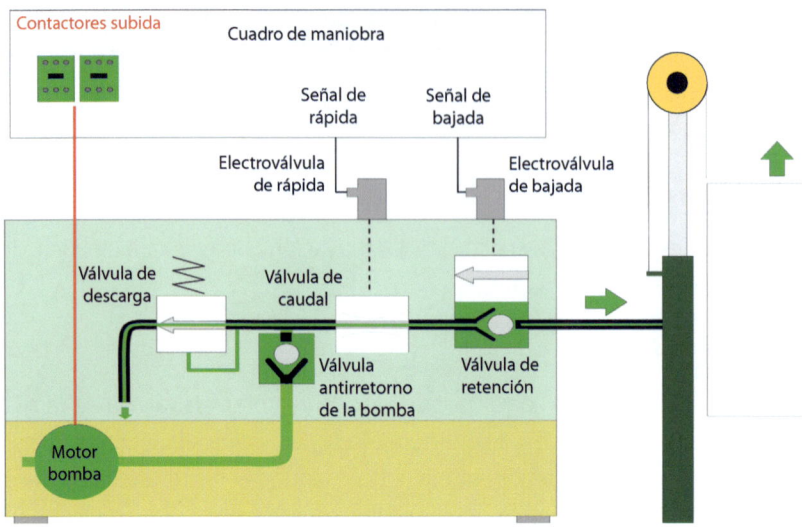

Ilustración 106. Activación de elementos y movimiento del aceite en un viaje en subida a velocidad lenta.
Fuente: elaboración propia

Parada del ascensor

Al apagar el motor el aceite tendería a regresar al calderín, pero la válvula de retención se lo impide por lo que el ascensor queda totalmente parado.

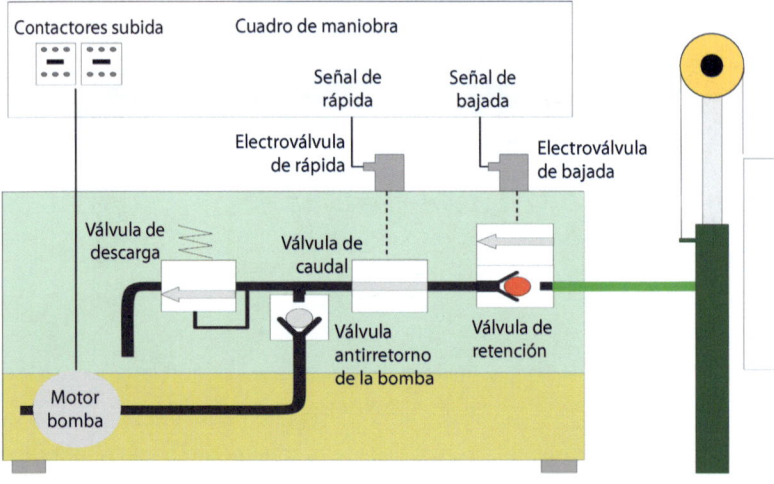

Ilustración 107. Estado del grupo de válvulas con el ascensor parado. Fuente: elaboración propia

Viaje en bajada y velocidad rápida

La bajada se consigue mediante la activación de la electroválvula de bajada que desbloquea a la válvula de retención. El propio peso de la cabina impulsa el aceite hacia el calderín.

La válvula antirretorno de la bomba se cierra por lo que el aceite fluye hacia el depósito a través de la válvula de descarga que se abre automáticamente.

Existe un sistema de válvulas (válvula reguladora de flujo en paralelo) que no está dibujado y que realiza cierta compensación para que la velocidad de bajada no varíe de forma significativa con el peso de la carga.

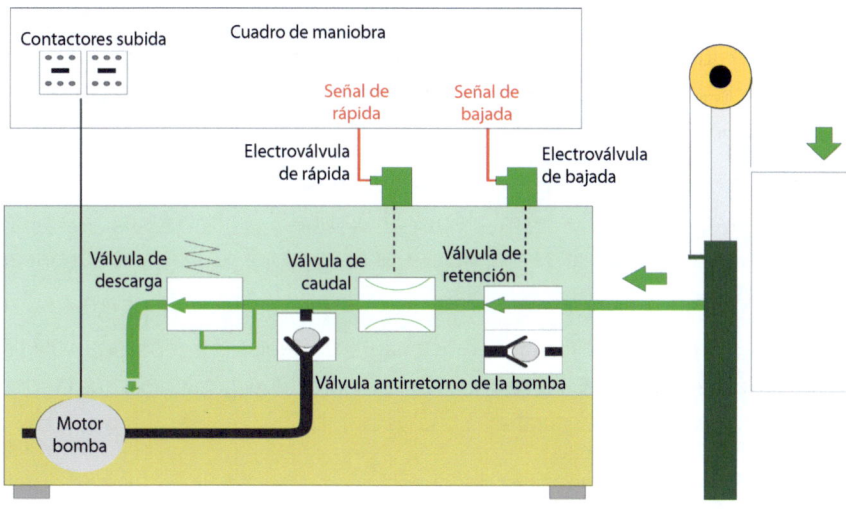

Ilustración 108. Estado del grupo de válvulas durante un viaje en bajada a velocidad rápida. Fuente: elaboración propia

Viaje en bajada y velocidad lenta

Al estrangular la válvula de caudal se limita la cantidad de aceite que puede retornar al calderín consiguiéndose de este modo la velocidad lenta.

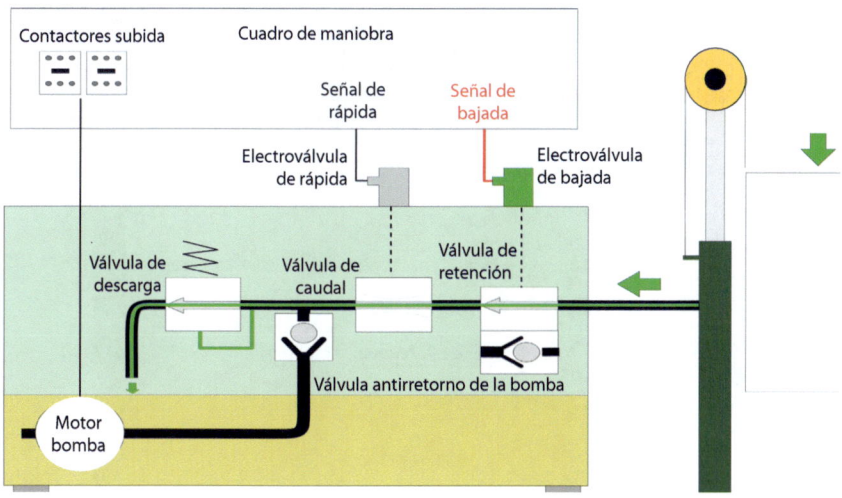

Ilustración 109. Estado del grupo de válvulas durante un viaje en bajada a velocidad lenta. Fuente: elaboración propia

Funcionamiento básico en arranque estrella triángulo

El arranque estrella triángulo se utiliza, en ascensores de cierta potencia para evitar la sobreintensidad propia del momento de arranque del ascensor. En este caso, la estrategia es poner en marcha el motor alimentando sus bobinas con una tensión más baja (conexión de estrella) y sin que tenga que hacer el trabajo de mover todavía la cabina.

Pasado un breve tiempo (entre uno y dos segundos) entra el contactor de triángulo, los devanados reciben la totalidad de tensión y el aceite se envía ya hacia el pistón. Para que esto ocurra es preciso controlar la válvula de descarga mediante una electroválvula.

En algunos grupos de válvulas la posición en reposo de la válvula de descarga es abierta y para cerrarla hay que dar corriente a la electroválvula que la controla (es decir, la señal de subida se activa durante la fase de triángulo). Los dibujos que se facilitan a continuación están dibujados según esta configuración.

Otros grupos de válvulas, en cambio, funcionan a la inversa, en reposo la válvula de descarga está cerrada y para abrirla hay que dar corriente a la electroválvula que la controla (es decir, la señal se activa solo durante la fase de estrella).

Arranque en estrella

La válvula de descarga queda en posición abierta de forma que el aceite que bombea el motor mientras comienza a revolucionarse regresa al calderín.

Desde fuera se oye el ruido de la puesta en marcha del motor pero la cabina no se mueve.

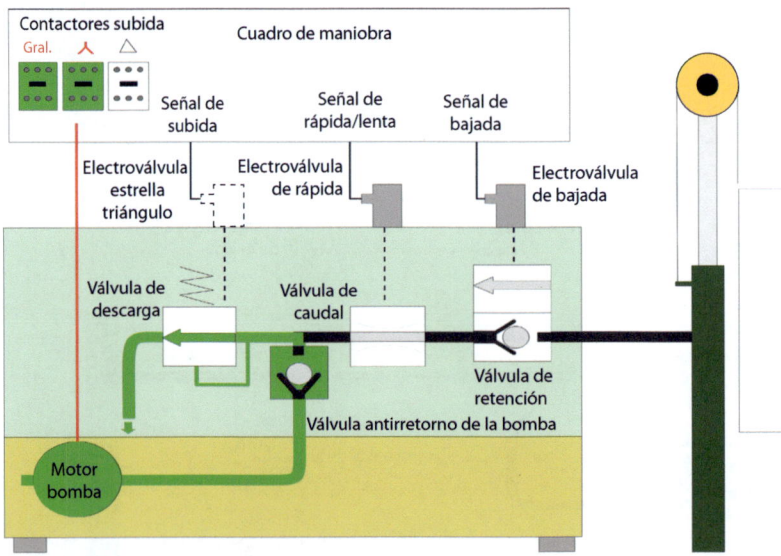

Ilustración 110. Estado del grupo de válvulas durante la fase de estrella en el arranque. Fuente: elaboración propia

Arranque en triángulo

La válvula de descarga queda en posición cerrada de forma que el aceite que bombea el motor va directamente hacia el pistón iniciando el movimiento de cabina.

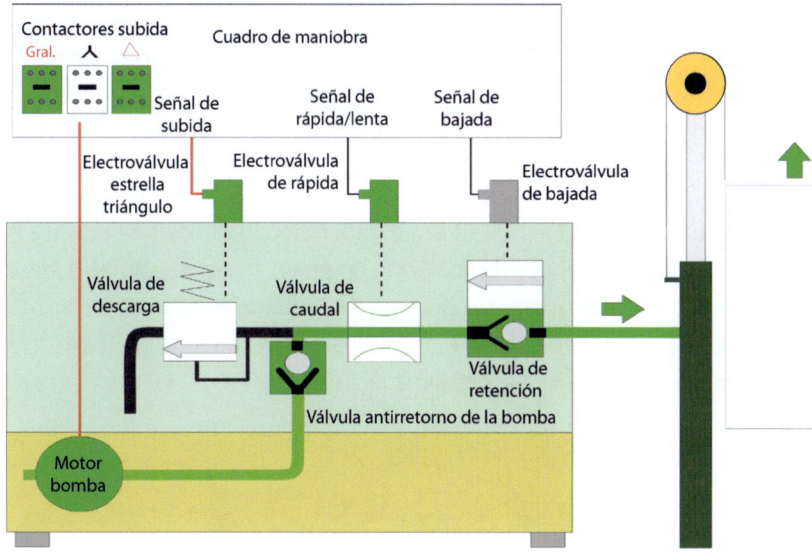

Ilustración 111. Estado del grupo de válvulas durante la fase de triángulo en el arranque. Fuente: elaboración propia

El funcionamiento de la parada y la bajada es idéntico al de los equipos en arranque directo.

Otras configuraciones en ascensores hidráulicos según norma EN 81:20

La norma EN 81:20, aplicable a aparatos de nueva fabricación, en el apartado 5.6.7 indica que "*Los ascensores deben estar provistos de un medio para impedir o detener el movimiento incontrolado de la cabina más allá de la planta, con la puerta de piso no enclavada y la puerta de cabina no cerrada, como resultado del fallo de cualquier componente de la máquina del ascensor o del sistema de control del accionamiento del que depende el movimiento seguro de la cabina*".

La configuración básica que hemos estudiado no cumple este criterio pues, si la electroválvula de bajada queda atascada en la posición de abierta, se produciría el movimiento descontrolado en bajada. Hay diversas soluciones técnicas:

- El sistema más simple es la incorporación de una segunda válvula de retención controlada por su electroválvula en serie con la ya existente.
- Otra alternativa es mediante el control eléctrico de la válvula de descarga de forma que para su apertura se requiera de una acción explícita por parte de la maniobra. En el caso de que la válvula de descarga venga controlada por un motor paso a paso se puede prescindir de la válvula de caudal.

La norma EN 81:20 especifica que: "en el caso de utilizar dos válvulas hidráulicas comandadas eléctricamente que operan en serie para frenar y parar en funcionamiento normal, el autocontrol implica la comprobación independiente de la apertura o el cierre correctos de cada válvula a presión estática de la cabina vacía. Si se detecta un fallo, la puerta de cabina o puertas de piso deben cerrarse y debe impedirse el inicio normal del ascensor". Una forma de gestionar esta verificación es que la maniobra, una vez que el ascensor a terminado el viaje, abra una de las válvulas, compruebe que la cabina no pierde nivel, la cierre y repita la misma operación con la otra.

Curvas de velocidad y gráfico de activación desactivación de válvulas y motor

En el anterior apartado ya se ha indicado que dependiendo de los modelos de grupos de válvula las posiciones en reposo de las válvulas pueden variar. Por ello, es habitual que los fabricantes aporten en sus manuales unas curvas de velocidad en las que indican qué electroválvulas deben entrar en cada uno de los momentos del trayecto del ascensor. La forma de estos gráficos es similar a la de la imagen.

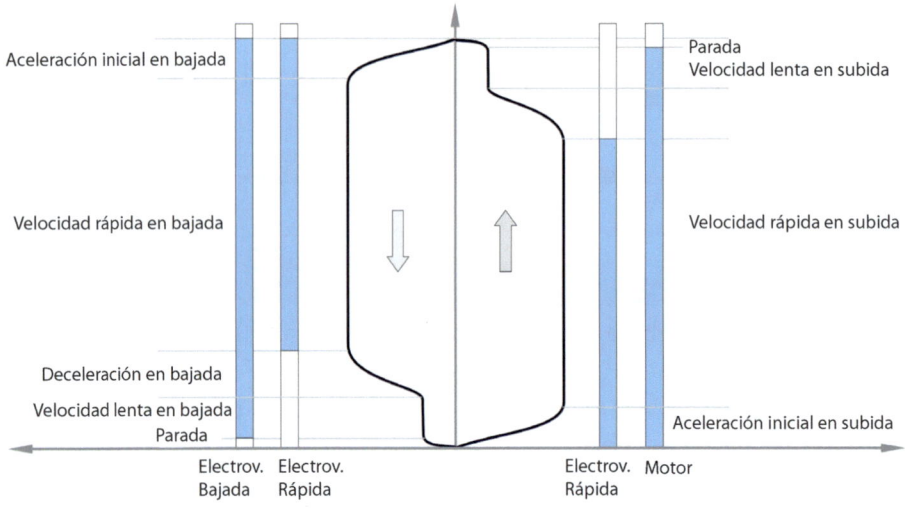

Ilustración 112. Gráfico de activación de válvulas y motor de un ascensor con arranque directo. Fuente: elaboración propia

La información que proporciona es la siguiente:

En el lado izquierdo del dibujo anterior se representa un viaje en bajada. El ascensor parte de una determinada altura (pongamos en la planta superior). Para que baje en rápida es necesario que se mande señal a la electroválvula de bajada y a la electroválvula de rápida (las franjas azules marcan cuando el elemento está activado). Ello provoca que el ascensor se vaya acelerando en bajada hasta alcanzar la velocidad nominal. A partir de allí se mantiene a velocidad nominal y se va acercando a la planta baja). Cuando falte una pequeña distancia, la maniobra deberá desactivar la electroválvula de rápida.

Con la electroválvula apagada la válvula de caudal se estrangula, deja pasar menos aceite y desacelera el ascensor hasta llegar a su velocidad lenta. La velocidad lenta se mantendrá hasta que la maniobra detecte nivel. En ese momento la maniobra desactiva la electroválvula de bajada. Al cerrar la electroválvula de bajada el ascensor desacelera hasta pararse del todo.

El lado de la derecha del gráfico representa un viaje en subida del ascensor. En un ascensor con arranque directo el arranque se produce en el mismo momento en el que el motor comienza a girar. Una vez que ha alcanzado la velocidad nominal la mantendrá hasta que se desactive la electroválvula de rápida. El ascensor pasa entonces a velocidad lenta y se mantiene así hasta que se detenga el motor.

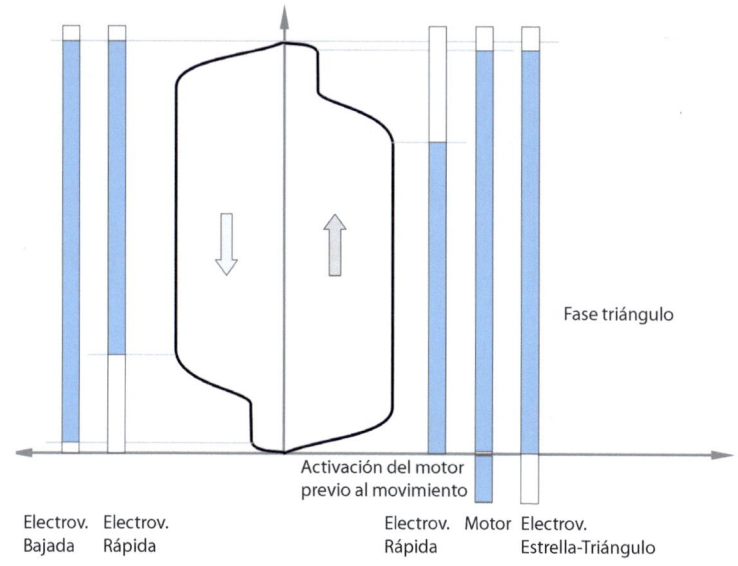

Ilustración 113. Gráfico de activación de válvulas y motor de un ascensor con arranque estrella triángulo.
Fuente: elaboración propia

En la imagen superior está representado un gráfico de activación de válvulas similar para un ascensor de arranque estrella-triángulo. La dinámica del viaje de bajada es idéntica pero hay algunos cambios en el viaje en subida. Para subir, lo primero que se hace es poner en marcha el motor con el contactor de estrella. Durante un par de segundos el motor girará, pero el ascensor todavía no se mueve al estar la válvula de descarga abierta. Cuando el motor ya está revolucionado se hacen tres cosas: pasar la conexión a triángulo, activar la electroválvula de subida (lo que cierra, en este ejemplo, la válvula de descarga enviando el aceite hacia el pistón) y activar la válvula de rápida. Con ello conseguimos que el ascensor acelere hasta coger la velocidad nominal y vaya realizando el recorrido. Cuando está suficientemente cerca del destino la maniobra desactiva la señal de rápida para que el ascensor pase a velocidad lenta. Desacelera hasta coger lenta y se mantiene hasta que el motor se apaga lo que provoca que, casi inmediatamente, el ascensor se detenga. Una vez que el ascensor está completamente parado se deja de dar señal a la electroválvula de estrella/triángulo.

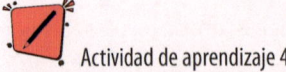

Actividad de aprendizaje 4

En el ejemplo anterior hemos visto un grupo en el que la posición natural de la válvula de descarga es abierta y se necesita activar la electroválvula asociada para cerrarla. No todos los grupos funcionan así. En algunos aparatos el funcionamiento es a la inversa, sin ninguna acción externa la válvula está cerrada y en los viajes en subida se abre solo si la electroválvula se activa (en los viajes en bajada la apertura suele ser siempre automática). Dibuja cómo sería en este caso el gráfico de válvulas

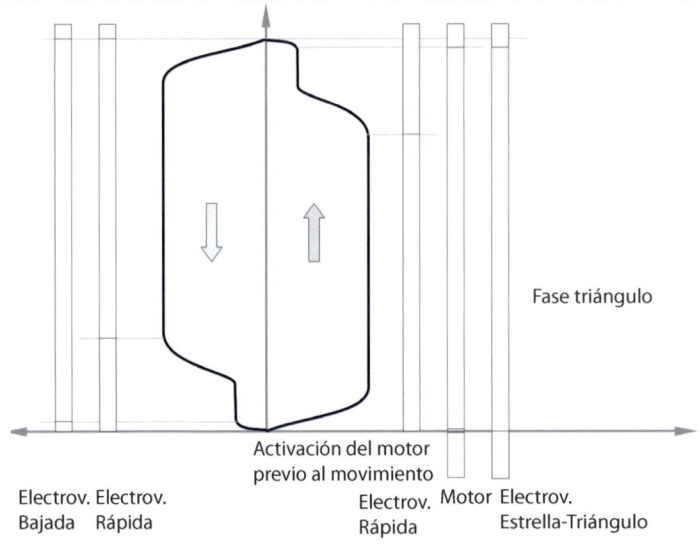

Fase triángulo

Activación del motor previo al movimiento

Electrov. Bajada | Electrov. Rápida | Electrov. Rápida | Motor | Electrov. Estrella-Triángulo

Regulación del grupo de válvulas

Antes de entrar en las averías propias de los sistemas hidráulicos vamos a abordar lo relacionado con la regulación del grupo. En los grupos de válvulas podemos regular: la posición de partida de la válvula de descarga, la curva de velocidades, los elementos de seguridad y otros elementos auxiliares.

Con relación a la curva de velocidades el fabricante debe indicarnos el procedimiento a seguir o, cuanto menos, los tornillos de regulación que van asociados a cada uno de los tramos. Puede hacerlo a través de un esquema gráfico, incorporando el número del tornillo en la curva de velocidades o mediante un manual explicativo.

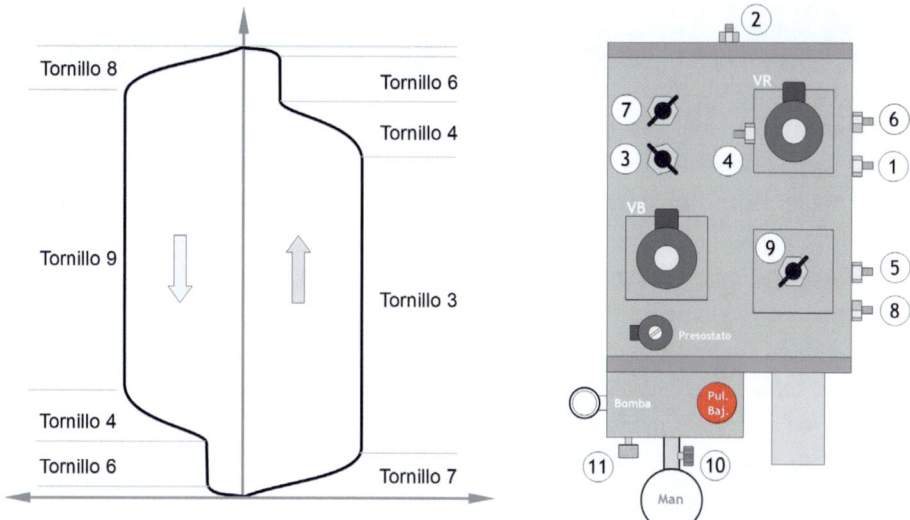

Ilustración 114. Ejemplo de enumeración de los tornillos de regulación de la curva de velocidades en un grupo hidráulico.
Fuente: elaboración propia

- **El punto de partida de la válvula de descarga.** En un viaje en subida en rápida hemos visto que la válvula de descarga está cerrada de forma que todo el aceite vaya hacia el pistón. Si bien tiene que estar cerrada debe ajustarse de forma que, en cuanto pase a lenta comience a abrirse inmediatamente. Esta regulación debe hacerse según las indicaciones del fabricante para dejar al grupo en su punto correcto de trabajo y evitar que el motor trabaje forzado.

Saber más

En algunos fabricantes esta regulación viene nombrada con el confuso nombre de regulación de la velocidad nominal en subida. Esta expresión conduce a equívocos. La velocidad en subida no es regulable, viene dada por la velocidad de giro del motor, el tamaño de la bomba y el tamaño del pistón. Es obvio que, si se abre parcialmente la válvula de descarga durante el viaje de subida en rápida, parte del aceite retorna al calderín y, en consecuencia, la velocidad de subida disminuye; no obstante, esto conlleva una disfunción y un desajuste del funcionamiento del grupo (aparte de un derroche de energía). De hecho, en las explicaciones de los fabricantes, aunque nombren este ajuste como regulación de la velocidad en subida o lo identifiquen con ese tramo de la curva de velocidades, los criterios que establecen para la misma son, precisamente, el conseguir que el aceite no retorne al calderín una vez alcanzada la velocidad nominal pero que sí se abra, sin forzar el motor, cuando pase a lenta. Por facilitar una imagen visual sobre este tema: una mala regulación del punto de partida de la válvula de descarga, sería equivalente a no abrir completamente el freno en un ascensor eléctrico… y en ascensores eléctricos ningún técnico considera que una mala apertura de freno sea una forma de "regulación de la velocidad nominal".

- Tramos de la curva de velocidades:
    - ✓ **Aceleración en bajada:** el criterio es de confort en el arranque. El tornillo que controla esto está asociado a la velocidad con la que se abre la válvula de retención. Una aceleración en bajada muy rápida es poco confortable. Si en cambio se regula de forma excesivamente suave puede hacer que el ascensor tarde mucho en coger su velocidad nominal o incluso no consiga arrancar cuando está sin carga.
    - ✓ **Aceleración en subida:** se regula con un tornillo diferente de la aceleración de bajada. El elemento hidráulico que controla esta aceleración es el cierre de la válvula de descarga una vez que el motor ha comenzado a girar. La aceleración en subida muy brusca es poco confortable, si es excesivamente suave puede ser que no llegue a arrancar cuando esté a plena carga.
    - ✓ **Velocidad rápida en bajada:** en principio, la velocidad en bajada debe regularse para que coincida con la velocidad en subida. Una velocidad rápida en bajada muy alta puede provocar la activación de la válvula paracaídas (especialmente cuando el aceite esté caliente y el ascensor a plena carga). Una velocidad rápida por debajo del valor previsto alarga innecesariamente el viaje en descenso.
    - ✓ **Deceleración de rápida a lenta** normalmente la regulación es común tanto para la subida como para la bajada. El tornillo está asociado a la velocidad de cambio de la válvula de caudal. Si la deceleración es muy pronunciada se pierde confort, si la deceleración es muy suave se corre el riesgo de que, cuando el aceite esté muy frío, no le dé tiempo a coger velocidad lenta antes de llegar a planta y se pase de recorrido.
    - ✓ **Velocidad lenta:** normalmente la regulación es común tanto para la subida como para la bajada. El tornillo que lo regula lo que ajusta es el paso mínimo de aceite con la válvula de caudal desactivada. Una velocidad lenta, excesivamente alta hace que la parada final sea muy brusca y poco precisa. Una velocidad lenta, excesivamente lenta, puede hacer que el ascensor se pare o avance a saltos en lugar de seguir avanzando con velocidad reducida.
- **Los elementos de seguridad del grupo de válvulas.** Dentro del grupo de válvulas hay una serie de elementos complementarios que sirven para garantizar la seguridad del sistema o para probar otros elementos. Los elementos ajustables son:
    - ✓ **La máxima presión del motor.** Una vez que se alcance esta presión se abre un canal de retorno del aceite al calderín para evitar dañar el motor o el grupo. Esta presión es la que se alcanza, por ejemplo, poniendo en marcha el motor con la llave de paso cerrada. Debe regularse a 1,4 veces la presión estática máxima. La presión estática máxima es la que marca el manómetro con el ascensor parado y a plena carga.

✓ **Máxima presión de la bomba manual.** Tal y como se expuso en el apartado sobre rescates, la bomba manual permite subir la cabina sin corriente. Si bien el movimiento que puede obtenerse es lento, mediante esta bomba puede llegar a presiones mayores que las que se pueden conseguir con el motor. Su regulación debe hacerse a 2,3 veces la presión estática máxima. Esto permite probar la estanqueidad de todas las juntas y conducciones.

✓ **Prueba de válvula paracaídas.** Este tornillo hace que la velocidad en bajada sea notablemente más alta que la velocidad nominal con el fin de verificar si se activa en ese caso la válvula paracaídas. Una vez que se ha hecho la prueba debe volver a colocarse en su posición normal. No tiene regulación, o está totalmente cerrado o está abierto.

✓ **Antiaflojamiento de cables (mínima presión).** Este tornillo solo tiene utilidad en instalaciones de tiro diferencial. Evita que, cuando se baja el ascensor mediante el botón de emergencia y el ascensor apoya en el amortiguador, siga bajando el vástago destensándose los cables y saliéndose de sus canales. Cuando es necesario realizar un cambio de cables hay que desregular precisamente para conseguir destensar los cables y poder trabajar sobre ellos.

 Actividad de aprendizaje 5

Un ascensor hidráulico de tiro directo marca una presión de 20 bares cuando está vacío y 30 bares a plena carga. Suponiendo que los elementos de seguridad están bien regulados contesta a las siguientes preguntas:

- ¿Qué presión marcará en el caso de que el ascensor haga tope mecánico pero el motor siga bombeando?
- ¿Qué presión marcará como máximo si se cierra la llave de paso y se acciona la bomba manual?
- ¿Qué presión marcará si se acciona el pulsador de bajada en emergencia hasta que la cabina descanse en el amortiguador?

- **Otros elementos.** Aunque no se trata de regulaciones hay otros tornillos o llaves a tener en cuenta:

  ✓ **El tornillo o ruedecita de purga de la bomba manual:** sirve para extraer el aire de esa parte del circuito hidráulico, simplemente se abre, se acciona la palanca y, cuando comienza a salir aceite por el tornillo se vuelve a cerrar. Si la bomba no está purgada no funciona (lo que se hace muy evidente puesto que se puede mover la palanca sin esfuerzo y sin que suba la cabina).

  ✓ **La llave de exclusión del manómetro:** sirve para cerrar el paso del aceite al manómetro y evitar que esté funcionando en todo momento lo que acabaría dañándolo. Esa llave solo debe abrirse cuando realmente necesitamos medir la presión del circuito.

✓ **El tornillo de cierre cuando no está instalado el presostato:** hay grupos donde el presostato no viene instalado de fábrica, pero sí que está previsto que pueda ser instalado. Para ello, viene la rosca donde se aloja taponada con un tornillo que puede retirarse. En caso de que haya que realizar esa instalación es fundamental trabajar con la llave de paso cerrada pues de otro modo el aceite saldría a toda presión por el orificio.

La válvula paracaídas: funcionamiento y regulación

La válvula paracaídas es un elemento de seguridad fundamental en ascensores hidráulicos. Se inserta en la entrada en el pistón y su función es detener la salida de aceite en el caso de que el caudal de salida supere 1,3 veces el caudal nominal de la bomba.

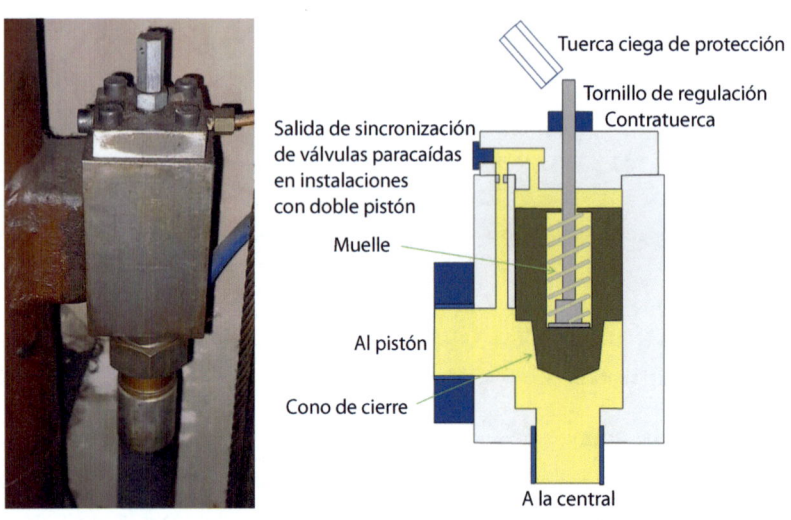

Ilustración 115. Elementos de una válvula paracaídas. Fuente: elaboración propia

Su funcionamiento es hidráulico. En su interior hay una pieza móvil, el cono de cierre, sujeta a un tornillo de regulación mediante un muelle que está descomprimido en funcionamiento normal. Si la caída de presión entre la entrada y la salida de la válvula alcanza un valor crítico el cono de cierre tapona la salida del aceite del pistón. Una vez que se inicia el cerrado del cono del aumenta más la diferencia de presión por lo que la fuerza de cierre aumenta. La recuperación de la válvula se realiza espontáneamente al introducir presión de aceite por el lado del calderín.

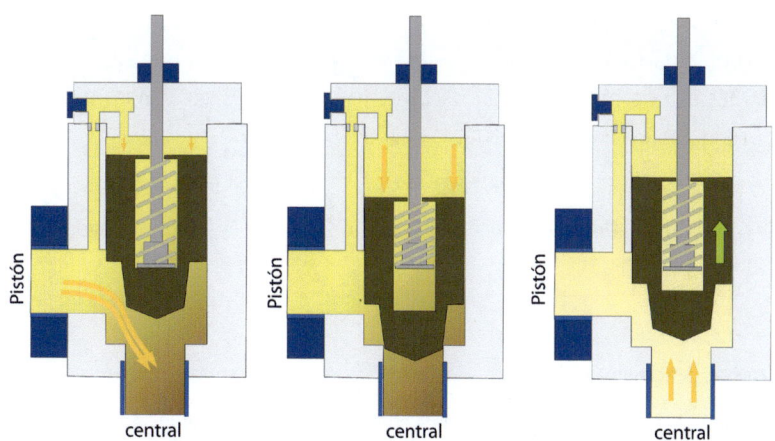

Ilustración 116. Proceso de actuación y desbloqueo de una válvula paracaídas. Fuente: elaboración propia

El valor en el que se inicia el movimiento de cierre depende de la altura inicial del cono que depende a su vez de la posición del tornillo de regulación. Los fabricantes facilitan la distancia de regulación del tornillo en función del caudal que se desee bloquear. Esta distancia (normalmente con relación a la cota mínima con el tornillo llevado a tope) puede venir en una tabla o por medio de una gráfica.

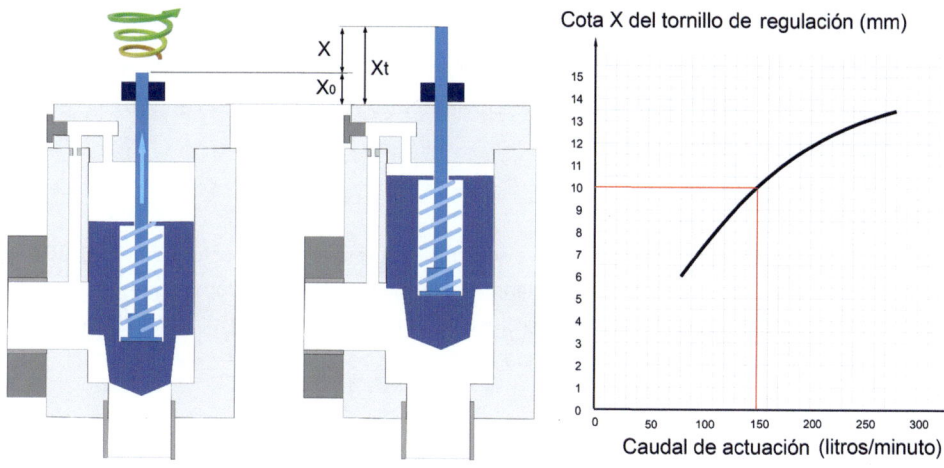

Ilustración 117. Ajuste de una válvula paracaídas. Fuente: elaboración propia

Actualmente las válvulas paracaídas, como elemento de seguridad que son, vienen reguladas de fábrica y lacradas. Deben llevar además de una tabla de características con todos los datos.

La prueba de la válvula paracaídas se realiza mediante el tornillo del grupo de válvulas previsto para generar una velocidad de bajada superior a la habitual. Hay que tener en cuenta que, en ascensores de trayecto corto, es posible que el ascensor no llegue a alcanzar la velocidad suficiente para poder hacer la prueba a menos que se sobrecargue la cabina. Más allá de probarlas periódicamente las válvulas paracaídas no requieren de ninguna operación de mantenimiento.

En el caso de instalaciones con dos pistones las válvulas paracaídas de uno y otro deben estar interconectadas para garantizar que cuando se dispare una lo haga también, de forma inmediata, la otra.

 Actividad de aprendizaje 6

Reflexiona y contesta a las siguientes pregunas relacionadas con la válvula paracaídas.

- ¿Existen válvulas paracaídas en subida y bajada? Justifica la respuesta
- ¿Qué pasará si apretamos el botón de bajada en emergencia en un ascensor en el que haya actuado la válvula paracaídas?
- ¿Cómo realizarías un rescate en un ascensor en el que haya actuado la válvula paracaídas dejando a personas atrapadas entre dos plantas?
- Si el tornillo de regulación de la válvula paracaídas está más alto, ¿el caudal de intervención es mayor o menor?

Elementos específicos de ascensores en tiro diferencial

Mediante el tiro diferencial se consigue que el recorrido y la velocidad de la cabina sea el doble que el del pistón. La contrapartida, obviamente, es que el pistón en tiro diferencial deba realizar el doble de fuerza.

Saber más

A efectos de fuerza, velocidad y recorrido la diferencia entre mover un ascensor en tiro directo y hacerlo en tiro diferencial es la misma que levantar un mismo peso de las dos formas que se proponen en el dibujo. Busca el material para hacer la prueba o, si no dispones de él, trata de dibujar, por lo menos, la posición de la pesa tras tirar del asa 1 m hacia arriba.

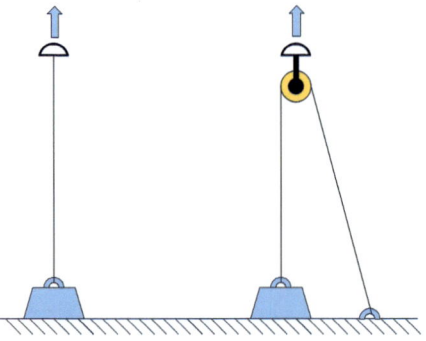

La existencia de cables que pudieran romperse obliga a añadir un sistema de acuñamiento y un contacto de seguridad asociado al aflojamiento de cables.

Al igual que ocurre con los ascensores eléctricos, es normal que los cables se estiren, especialmente durante los primeros meses de funcionamiento.

El ajuste de la longitud de los cables condiciona el trayecto que puede realizar el ascensor. A ello se añade, además, que el pistón suele venir apoyado en una peana cuya longitud también afecta al trayecto. Las pautas para determinar la necesidad de alargar o acortar los cables son:

Punto de partida	Primer viaje en subida		Viaje en bajada
	Problema 1	Problema 2	Problema 3
Amarrar asegurando que el ascensor llega a apoyar en el amortiguador.	La **polea** y el **chasis** tropiezan antes de que el pistón llegue a tope.	Con el pistón a tope la cabina no llega a la planta alta.	Con el pistón totalmente recogido la cabina no llega a apoyar en el amortiguador.
	Acción correctiva: alargar cables.	Acción correctiva: acortar cables.	Acción correctiva: alargar cables.

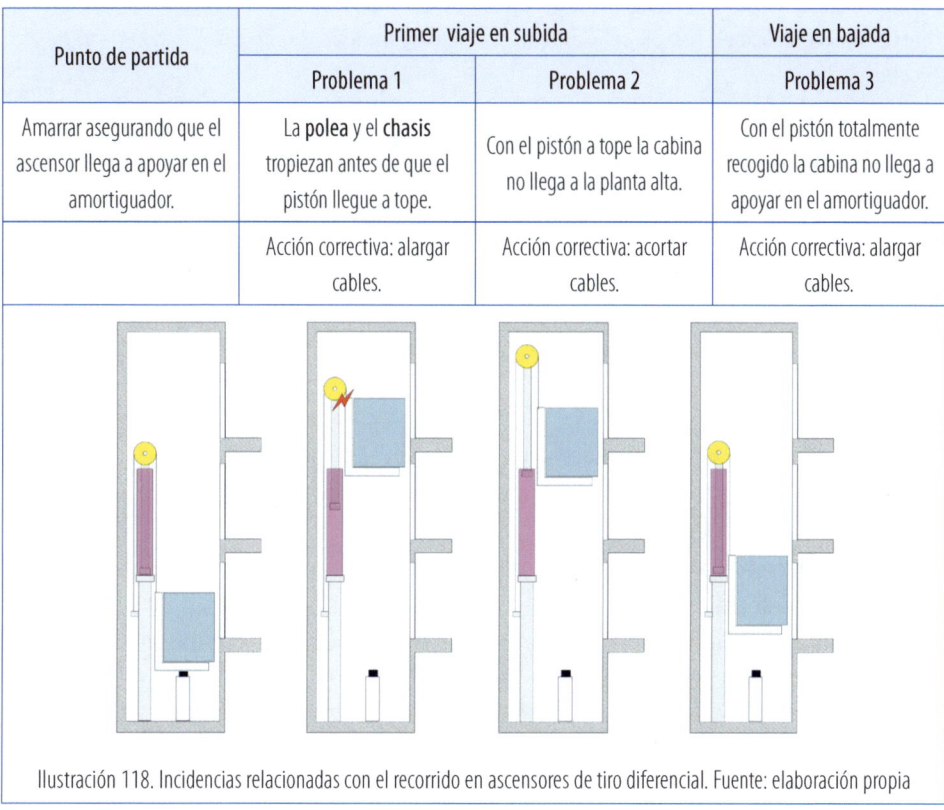

Ilustración 118. Incidencias relacionadas con el recorrido en ascensores de tiro diferencial. Fuente: elaboración propia

- Si la solución al problema 1 causa el problema 2: puede solucionarse aumentando la altura de la peana.
- Si la solución al problema 2 causa el problema 3: el problema está en el pistón que no tiene suficiente recorrido, la única solución es cambiar el pistón por otro más largo.
- En ascensores con muy poca huida puede darse el problema añadido de que la cabeza del pistón llegue a chocar contra la losa del techo antes de hacer tope mecánico por haber llegado a su máxima extensión. En principio esto debería evitarlo el final de carrera superior, pero, aun así, es conveniente evitar cualquier riesgo al respecto mediante el acortamiento de la peana.

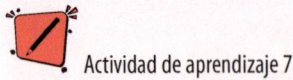

Actividad de aprendizaje 7

Reflexiona y contesta a las siguientes preguntas:

- Es normal que en los primeros meses los cables de un ascensor hidráulico estiren, ¿en qué casos sería necesario realizar una operación de acortamiento de los mismos?

- ¿Qué dispositivo de seguridad debe actuar en caso de que un ascensor hidráulico en tiro diferencial se acelere en bajada? ¿Cómo quedarán los cables una vez que haya actuado?

- ¿Qué dispositivo de seguridad debe actuar en caso de que uno de los cables de tracción de ascensor hidráulico en tiro diferencial se destense o se rompa? ¿Cómo quedarán el resto de los cables?

La renivelación de los ascensores hidráulicos y prevención de movimientos de deriva

Uno de los elementos específicos de los ascensores hidráulicos es la pérdida de nivel (un ascensor hidráulico puede ser más preciso que un ascensor eléctrico de dos velocidades en la parada pero mucho menos preciso para mantenerla).

Hay tres tipos de causa que llevan a la pérdida del nivel:

- Los cambios en la carga de cabina y que afectan al nivel de compresión de muelles, silent-blocks y son particularmente notables cuando hay una bolsa de aire en el pistón o microburbujas dentro del aceite.
- Por la reducción del volumen del aceite que queda en el pistón y las conducciones a causa del enfriamiento del mismo.
- Por pequeñas pérdidas en el interior del grupo de válvulas, el retén u otros puntos del circuito hidráulico.

De un modo u otro, se hace necesario prever un sistema para que el propio ascensor arranque el motor, recupere el nivel de planta y evite su deriva.

Este dispositivo debe actuar si el desnivel con la planta es superior a 20 mm (corrigiendo la posición con precisión de 10 mm). La normativa actual obliga además que la operación de renivelación se realice incluso con puertas abiertas dentro de una zona de desenclavamiento controlada por un dispositivo eléctrico de seguridad.

La velocidad de renivelación no debe ser superior a 0,30 m/s, por ello, en ascensores hidráulicos de dos velocidades esta operación se suele hacer en velocidad lenta.

Cuando se trata de equipos de gran potencia no es interesante, ni preciso, poner en marcha un gran motor para un movimiento tan corto, por ello en estos casos existe un pequeño motor auxiliar de bajo consumo con una pequeña bomba que es el que se activa en micronivelaciones.

Como norma de seguridad complementaria todos los ascensores hidráulicos deben realizar un viaje a la planta inferior a los quince minutos de estar parado. De esta forma, en el peor de los casos, la deriva del ascensor no lo lleva más allá de apoyar sobre el amortiguador de foso.

Conexionado de los ascensores hidráulicos

Conocida la estructura básica del equipo impulsor hidráulico vamos a ver su conexionado y los elementos de mantenimiento correctivo eléctrico que hay que tener en cuenta.

Los elementos que hay que conectar son:

*   Toma de tierra.
*   Motor.
*   Electroválvulas.
*   Elementos complementarios: presostato, control temperatura de aceite y motor, resistencia de calentamiento de válvulas, etc.

Toma de tierra

Por seguridad debería ser siempre el primer elemento que se conecta en una instalación y el último en ser retirado. Como todos los cables de toma de tierra su color normalizado es a franjas amarillas y verdes, su diámetro debe ser el mismo que el de los cables de potencia del motor.

Esta toma de tierra debe llegar al depósito, el motor y todas las partes metálicas del grupo. En ocasiones los bobinados de las electroválvulas tienen también su propio cable de toma de tierra conectado a las respectivas carcasas.

Conexión del motor

Lo habitual es que los motores sean trifásicos. En ese caso, si la instalación es de arranque directo, hay tres cables de conexión al motor (típicamente llamados U-V-W) y si la instalación es de arranque estrella triángulo seis cables (antiguamente denominados U-V-W-X-Y-Z aunque ahora es más frecuente la nomenclatura U1-V1-W1-U2-V2-W2).

En instalaciones de arranque directo, además de conectar los tres cables, es preciso emplazar las chapas que configuran el conexionado de las tres bobinas del motor.

Las tres bobinas del motor pueden conectarse formando un triángulo en cada uno de cuyos vértices se conecta una de las fases. Para formar este triángulo en un bornero de motor basta con poner tres chapas en vertical tal y como se ve en la ilustración. En este caso la tensión que recibe cada bobina es la misma que la tensión que haya entre dos fases de la acometida. Si partimos de la situación más frecuente en España, que es que la tensión entre fases de una acometida trifásica es de aproximadamente 380-400 V cada bobina recibirá esa tensión y debe poder soportarla.

Puede darse el caso de que el fabricante del motor haya fabricado bobinas cuya tensión de trabajo sea de 220 V. En este caso, si se conectara en triángulo con una acometida de 380 V la corriente podría quemarlas. Por ello se realiza otro tipo de conexión en el que las bobinas forman una estrella. De este modo la tensión entre fases se reparte de algún modo entre dos bobinas distintas recibiendo cada una de ellas 220 V (el punto central de la estrella funciona, a todos los efectos como un neutro). Para formar la estrella se ponen las chapas horizontales interconectando uno de los extremos de las tres bobinas.

Para saber pues, cómo han de ir conectadas las chapas del motor es necesario que el fabricante informe sobre la tensión prevista de trabajo de las bobinas lo cual hace a través de la chapa de características del motor.

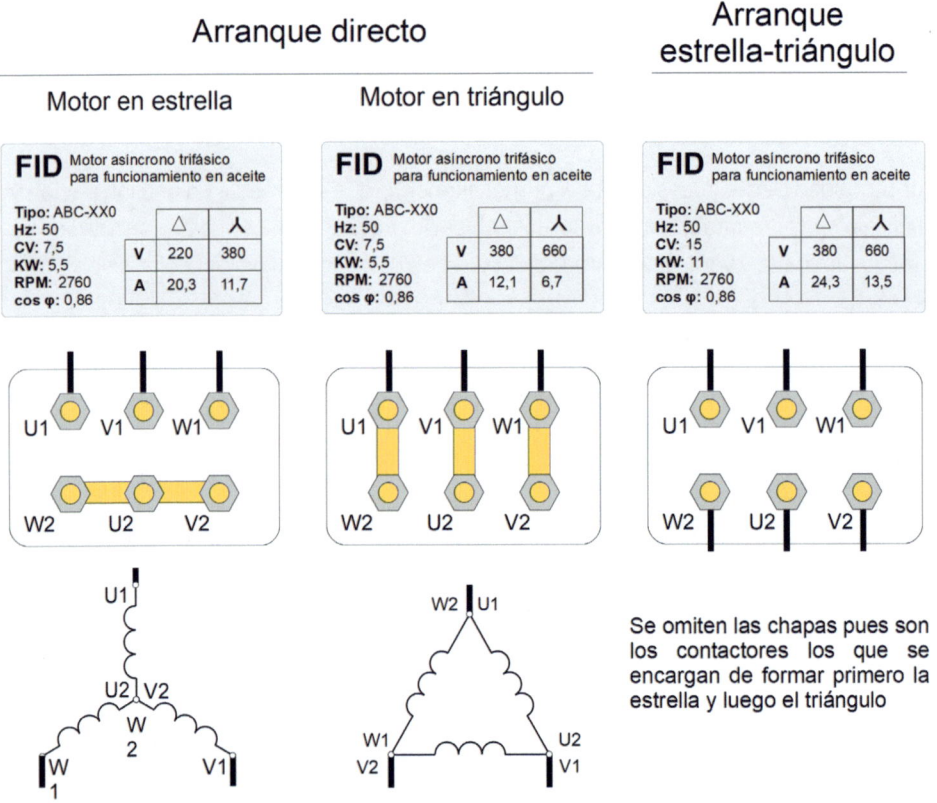

Ilustración 119. Posibilidades de conexionado de un motor trifásico en función de las características del mismo

En ascensores de cierta potencia las corriente iniciales en caso de hacer un arranque directo son excesivas. Por ello a partir de unos 10 kW (13 CV) o incluso antes se utiliza el arranque estrella-triángulo. En este tipo de arranque no se ponen chapas, serán los contactores de la maniobra los que se encarguen de formar primero la estrella y, una vez que el motor esté revolucionado, el triángulo para que las bobinas reciban toda la tensión que necesitan para levantar la carga.

Hay, por último, algunos ascensores hidráulicos de cierta potencia que, en lugar de utilizar el sistema de arranque estrella-triángulo usan un sistema electrónico de arranque (soft-starter). En ese caso el conexionado es igual que el de un ascensor de arranque directo.

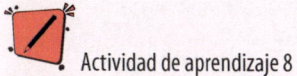 Actividad de aprendizaje 8

Dibuja en cada caso la colocación de las chapas (en caso de necesitarlas) y la conexión con la maniobra y completa la siguiente tabla partiendo de la premisa de que la acometida es trifásica de 380 V

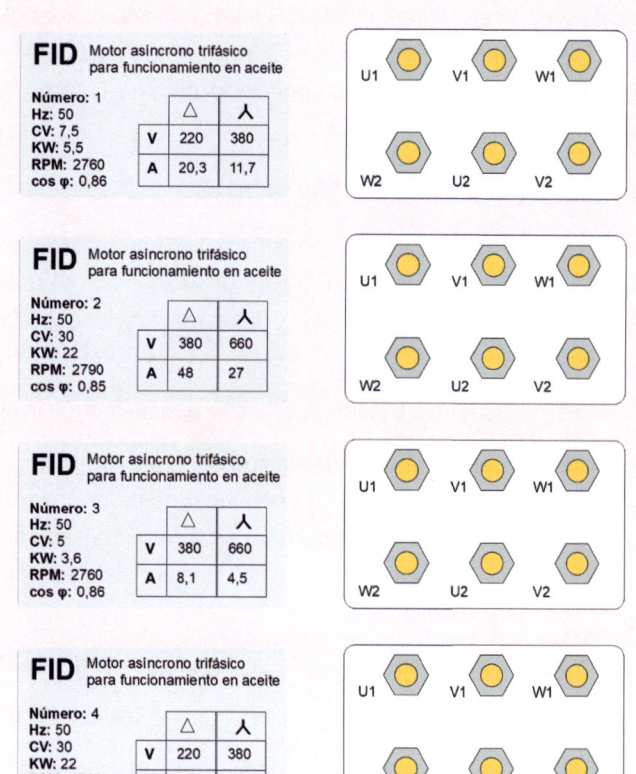

	Motor 1	Motor 2	Motor 3	Motor 4
¿Qué tipo de arranque sería adecuado: directo o estrella-triángulo?				
En caso de ser arranque directo el motor debe venir conectado en estrella o en triángulo?				
¿Qué tensión recibe cada bobinas en el momento de arranque del motor?				
¿Qué tensión recibe cada bobina cuando está la cabina subiendo?				
¿Qué corriente circula por cada fase durante el viaje en subida a plena carga?				

Cabe la posibilidad de que al conectar el motor este gire en sentido contrario al previsto haciendo que la bomba funcione a la inversa. Esta situación se detecta fácilmente porque al activarse el motor la cabina no sube y el ruido en el depósito es muy significativo. Para solucionar este problema

- En un arranque directo basta con intercambiar dos cables cualesquiera del motor.
- En un arranque estrella-triángulo, en cambio, es muy importante no intercambiar ninguno de los seis cables del conexionado del motor sino realizar el cambio en la acometida de la maniobra. De otro modo, es muy probable cometer algún un error que impida que el motor quede bien conectado durante la fase de estrella o de triángulo.

Conexión de las electroválvulas

Las electroválvulas son válvulas donde el movimiento del núcleo actuador se consigue por el campo magnético de una bobina. Requieren pues de una tensión de trabajo adecuada, normalmente continua, que se consigue a través de un rectificador específico conectado tras la serie de seguridad.

Según el tipo de ascensor podemos tener una, dos, tres o más electroválvulas.

La **electroválvula que siempre está es la de bajada** para permitir que el ascensor baje. En la electroválvula de descenso es posible que en lugar de llevar una sola bobina lleve dos bobinas eléctricamente independientes. En este caso una trabaja con las tensiones ordinarias de la maniobra y la otra está prevista para trabajar con la tensión de las batería de emergencia en caso de fallo de la acometida.

Si son grupos de dos velocidades estará también la **electroválvula de rápida-lenta**.

Si es un grupo de arranque estrella triángulo estará por último la **electroválvula de subida**.

La dificultad muchas veces no está en el conexionado en sí, cada electroválvula recibe dos hilos uno de los cuales puede ir a una borna común, sino identificar en el grupo cuál es cada una de ellas y cómo las ha denominado el fabricante del grupo. Para ello es necesario interpretar correctamente el gráfico de activación de válvulas y otra información facilitada por el fabricante.

Conexión del resto de elementos del grupo

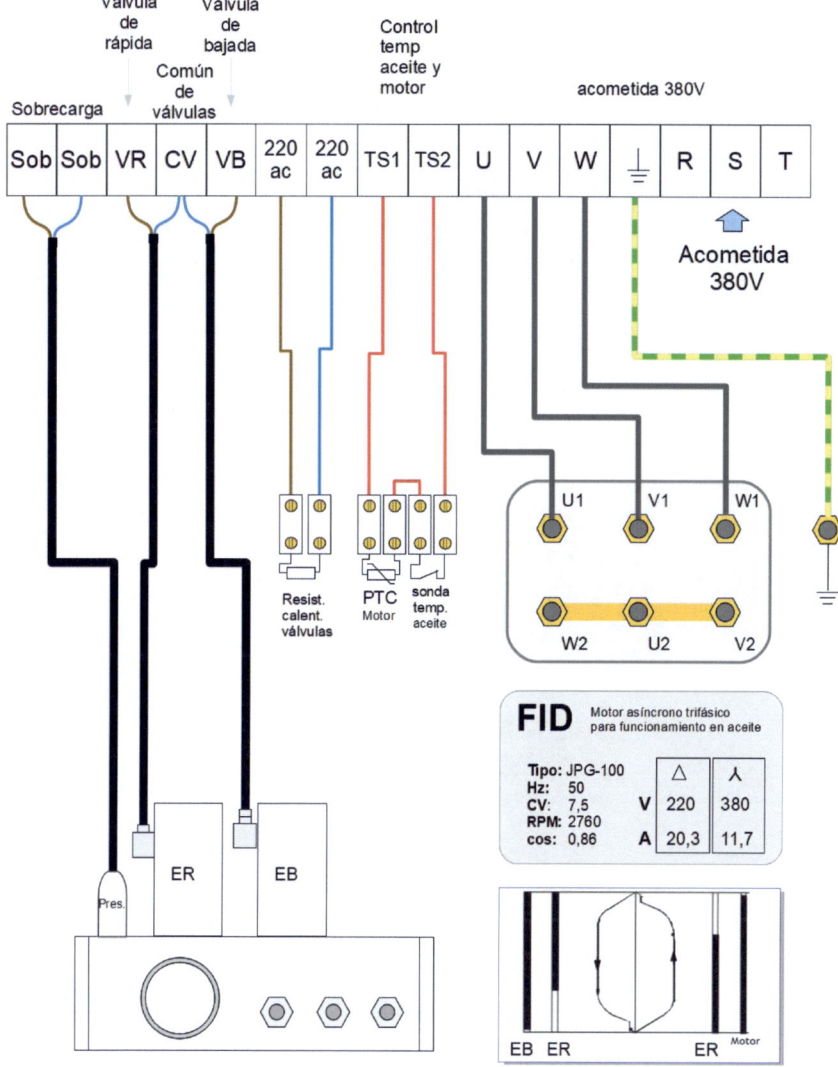

Nota: la resistencia de calentamiento de válvulas solo se conectará en ascensores en los que es previsible que la temperatura del cuarto de máquinas vaya a ser baja.

Ilustración 120. Ejemplo de conexionado de un grupo hidráulico de arranque directo

Además de las conexiones mencionadas es posible que sea necesario conectar los siguientes componentes:

- El presostato que controla, mediante la presión del aceite, si hay sobrecarga en cabina. Puede ser un contacto normalmente abierto o normalmente cerrado, depende de la maniobra.

- El sensor de la temperatura del motor. Lo más frecuente es que sean tres PTC u otro tipo de termistor

- El sensor de la temperatura del aceite que es, por lo general, un contacto que se abre o se cierra en cuanto se llega a los 70°. Es muy habitual que este sensor simplemente se ponga en serie con las PTC del motor de forma que la maniobra pueda controlar ambas temperaturas como una única entrada.

- Posibilidad de conexión a 220 V para alimentar la resistencia de calentamiento de válvulas o la resistencia de calentamiento de aceite si las hubiera. Hay que tener en cuenta que, aunque esta resistencia pueda venir de serie con el equipo solo debe conectarse si realmente existe el riesgo de que la temperatura del cuarto de máquinas sea realmente baja. De otro modo es un gasto permanente de energía y además contraproducente pues, con frecuencia, el problema no es que el aceite esté frío sino excesivamente caliente.

Actividad de aprendizaje 9

Dibuja el conexionado del grupo hidráulico con el bornero de maniobra según la información facilitada. Dibuja también, si procede, la colocación de chapas del motor. Encontrarás una plantilla ampliada para realizar el ejercicio en el Anexo 2.

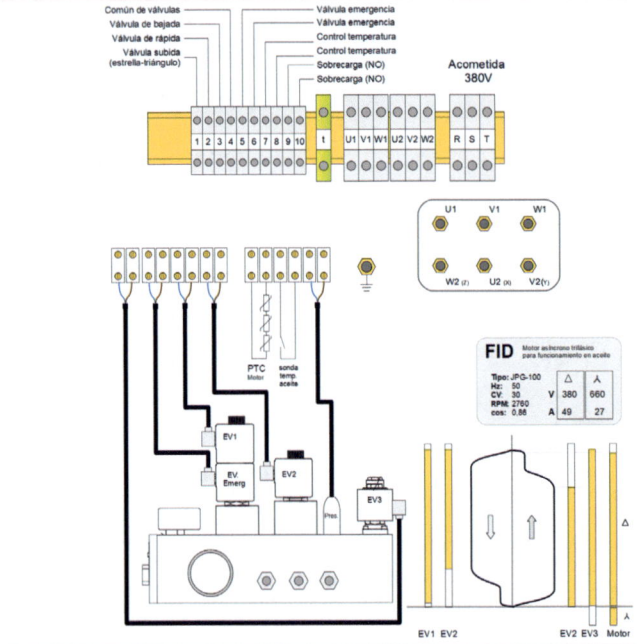

Diagnóstico y reparación de averías en sistemas hidráulicos

El diagnóstico de averías en los ascensores hidráulicos tiene cierta complejidad pues un mismo síntoma puede tener causas muy diversas que hay que discriminar adecuadamente. Podemos agrupar las causas en cinco categorías distintas:

- Averías vinculadas a elementos de cabina y hueco (averías ajenas al sistema hidráulico en sí y que pueden ser comunes a otros tipos de ascensores).
- Problemas asociados al control eléctrico del sistema impulsor (electroválvulas, motor, presostato, sondas de temperatura…).
- Fallos relacionados con el estado del fluido hidráulico: presencia de aire o agua, condiciones de temperatura inadecuadas, etc.
- Cuestiones derivadas de una incorrecta regulación de válvulas.
- Causas vinculadas con fallos en elementos del sistema impulsor, la válvula paracaídas o el cilindro.

Vamos a ver algunos de los problemas más frecuentes, sus posibles causas y las acciones correctivas o pruebas a realizar.

Aunque hay algunas excepciones conviene realizar el descarte de causas en el orden en que se presentan, esto es: plantear como primera opción que el problema puede estar en algún elemento de cabina o hueco ajeno al sistema hidráulico. En caso de que esto se descarte el criterio es no proceder a desmontar elementos del sistema impulsor sin haber probado antes con la regulación del grupo de válvulas, y no regular el grupo sin haber descartado problemas con el fluido o no haber comprobado si el sistema impulsor recibe correctamente las señales eléctricas de alimentación y control desde la maniobra.

Descripción de riesgos específicos

El mantenimiento correctivo de los ascensores hidráulicos no tiene riesgos muy distintos al de otros ascensores. Al contrario, al no existir partes móviles en el cuarto de máquinas no hay riesgos de atrapamientos. Por otro lado, el aceite es un excelente aislante eléctrico.

Como elementos de seguridad específicos hay que señalar:

- El aceite es particularmente resbaladizo por lo que debe cuidarse la limpieza de suelos en caso de derramarse. El material absorbente más adecuado para esta función es la sepiolita, un mineral particularmente poroso de bajo precio, alta capacidad de absorción y fácil uso. Tiene, además, como ventaja sobre el serrín, que es ignífuga. La forma de usar la sepiolita es:

✓ Esparcir el absorbente alrededor de la mancha o vertido.

✓ Expandir la sepiolita y removerla con un cepillo.

✓ Esperar a que la sepiolita absorba el vertido (un 1 kg de sepiolita puede llegar a absorber 0,7 kg de aceite).

✓ Recoger la mezcla que se ha formado. En caso de que todavía queden restos, se tendrá que volver a repetir el procedimiento.

Saber más

En España y, en particular, en las proximidades de Madrid se encuentran algunos de los yacimientos más importantes de sepiolita conocidos en todo el mundo. La producción de sepiolita en España supera las 500.000 toneladas anuales. Entre otras propiedades, además de su alta capacidad absorbente tiene la de flotar en el agua, por lo que es un material idóneo para la recogida de vertidos de hidrocarburos en el mar.

- Cuando se trabaja en foso, además del bloqueo eléctrico del ascensor mediante el stop es más que conveniente cerrar la llave de paso (la posición de cierre es siempre la que deja el mando de la llave en posición transversal al movimiento del aceite).

- En regulaciones o trabajos que afecten al circuito hidráulico, se deberá bloquear mecánicamente la cabina (puntales de apoyo o eslingas) para prevenir movimientos accidentales de la misma. Después de efectuar los trabajos y antes de la retirada de los puntales o eslingas, se comprobará desde el cuarto de máquinas la presión del circuito, para ello, actuaremos dándole presión con la bomba manual.

- Existe un importante riesgo medioambiental con relación a la gestión del aceite usado. Se trata de un producto altamente contaminante que debe ser siempre gestionado a través de puntos de recogida o empresas gestoras de residuos.

Equipamiento necesario

El equipamiento necesario para sistemas hidráulicos es:

- Herramienta de mano común (destornilladores, llaves allen, llaves planas fundamentalmente), llaves fijas o inglesas de métricas adecuadas para apretar las conexiones de la manguera de presión

- Útiles necesarios para movilizar el pistón (quinales, polipastos y eslingas) o piezas de sujeción del pistón si se requieren.

- Bomba de extracción y garrafas para el vaciado de depósitos.

- También es importante contar con sepiolita, trapos para limpiar y material para recoger posibles derrames de aceite.

Análisis de posibles averías en ascensores hidráulicos

El ascensor no arranca en subida

Posibles causas y comprobaciones	Acciones correctivas
Elementos de cabina y hueco	
• Todos aquellos relacionados con series de seguridad, puertas, acometida, llamadas… • Exceso de peso en cabina.	• Las mismas que se seguirían en cualquier otro tipo de ascensor. • Si se trata de un problema de exceso de peso en cabina y aun así la maniobra activa contactores habría que verificar por qué motivo no se ha activado el presostato.
Control eléctrico del sistema impulsor	
• Fallo de una o más fases de alimentación del motor. • Cambio de orden en las fases provocando el giro de la bomba a la inversa. Esta situación provoca ruido y vibraciones significativas por cavitación, particularmente en grupos medianos y grandes. • En sistemas de arranque de estrella – triángulo fallo en la conexión o activación de la electroválvula.	• Medición de tensiones entre fases en la caja de bornas del motor. • Modificar la conexión de las fases. Para evitar errores, si se trata de un ascensor de arranque en estrella-triángulo este cambio no se hace en el motor, se realiza directamente en la entrada de la acometida del cuadro. (cambiando si hace falta también las bornas del relé protector de fases si lo hubiera). • Comprobar con un destornillador apoyado en el núcleo de la electroválvula en qué momento se imanta y si esto se corresponde con las instrucciones del grupo sobre la fase en que debe estar activa esta válvula.
Estado del fluido hidráulico	
• Insuficiente cantidad de aceite en el depósito como consecuencia de pérdidas prolongadas a través del retén o en las conducciones. • Aceite en condiciones de muy alta viscosidad por frío extremo. • Aceite muy caliente (activación de avería por temperatura del aceite o del motor).	• Inspeccionar la cantidad de aceite que queda en el calderín con el ascensor en la planta más alta comprobando que cubre, con holgura, la rejilla de aspiración. Si es necesario rellenar el calderín, hay que llevar el ascensor a la planta más baja y valorar cuánto aceite puede introducirse sin que llegue a rebosar. • En cuartos de máquina ubicados en espacios que alcancen temperaturas extremadamente bajas valorar la posibilidad de una resistencia de calentamiento del aceite que se active de forma automática mediante termostato. • En ascensores donde el aceite alcance temperaturas altas plantear la conveniencia de un sistema de refrigeración.

Regulación de válvulas

• Pésima regulación del punto de funcionamiento de la válvula de descarga (de forma que el aceite retorna en todo momento hacia el calderín en lugar de ir hacia el pistón). • Excesiva suavidad en la regulación de la aceleración en subida. • Mala regulación de la presión máxima del motor (en ese caso es posible que el no arranque se dé exclusivamente cuando hay carga en cabina, pero no en vacío).	• Verificar la regulación de los tornillos correspondientes al ajuste de la válvula de descarga (nombrado a veces como ajuste de la velocidad en subida) siguiendo las indicaciones del fabricante. • Valorar la regulación de la aceleración en subida. • Verificar el ajuste de la máxima presión del motor. Esta medida se puede realizar en el manómetro poniendo el ascensor en marcha con la llave de paso cerrada. El valor de la presión máxima del motor debe ser 1,4 veces la presión que marca el ascensor parado con la máxima carga en cabina.

Sistema hidráulico

• Llave de paso cerrada • Avería en el motor. • Agarrotamiento o rotura de los engranajes de la bomba. • Problemas con la válvula de descarga y sus elementos de control. • Fisura en las juntas o soldaduras del silenciador. • El cilindro ha realizado su máxima extensión y está haciendo tope mecánico.	• Abrir la llave de paso si estuviera cerrada (esta debería ser la primera comprobación a realizar). • Comprobar si el motor recibe tensión en sus tres fases y si gira. En caso de que no gire comprobar la continuidad de los devanados. Cuando se han descartado otras causas puede ser pertinente sacar el motor del aceite para inspeccionarlo visualmente e, incluso, desmontar la bomba por verificar su funcionamiento. • El fallo en el silenciador es muy evidente pues en ese caso el aceite sale a presión por un punto chocando con las paredes del calderín y generando un ruido importante.

 Ten cuidado:

El aceite saliendo a alta presión por un pequeño orificio puede producir cortes o lesiones.
En caso de rotura hay que valorar su reparación o su sustitución. La sustitución del silenciador por un simple manguito aumenta el ruido y las vibraciones en la instalación.

• En caso de que el cilindro haga tope sin llegar a la planta extrema puede ser un problema de longitud de cables tal y como se ha comentado anteriormente.

El ascensor no arranca en bajada

Posibles causas y comprobaciones	Acciones correctivas
Elementos de cabina y hueco	
• Todos aquellos relacionados con series de seguridad, puertas, acometida, llamadas. • Actuación del acuñamiento por aflojamiento de cables (ascensores de tiro diferencial). • Entreguía excesivamente ajustada. • Falta de peso en cabina (por ejemplo, durante una fase de montaje en la que solo está instalada la plataforma o falta el suelo).	• Las mismas que se seguirían en cualquier otro tipo de ascensor. • En caso de aflojamiento de algún cable hay que valorar si es posible volverlo a tensar por medio de la rosca del tensor o si es necesario desentochar y acortarlo. • Cuando ha existido un problema de diseño de cabina por el que finalmente pese menos de lo previsto (por ejemplo, un elevador que debía llevar suelo de granito pero que acaba llevando suelo de goma) puede ser necesario añadir peso en cabina para garantizar la presión mínima que el grupo de válvulas necesita para funcionar (aproximadamente 12 bares o el valor que establezca el fabricante para cada modelo).
Control eléctrico del sistema impulsor	
• Fallo en el conexionado o la activación de la electroválvula de bajada.	• Mediante un destornillador puede comprobarse si se llega a imantar la electroválvula o bien, con un polímetro, medir la tensión que llega a la bobina y si esta tiene continuidad. En caso de fallo puede cambiarse exclusivamente la bobina como elemento extraíble del resto de la electroválvula.
Regulación de válvulas	
• Mala regulación del tornillo de aceleración en bajada. • Mala regulación de la velocidad nominal en bajada.	• Previo a la regulación de las válvulas hay que comprobar que el grupo tiene una presión mínima de 12 bares Si no se alcanza esta presión es señal de que probablemente la causa sea otra y, aunque puede subsanarse el problema regulando los tornillos, el ascensor quedará mal ajustado y sin solucionar la causa subyacente. • En caso de que sea necesario realizar la regulación pertinente.
Sistema hidráulico	
• Llave de paso cerrada.	• En caso de que esté cerrada abrir la llave de paso (es la primera comprobación que debe realizarse).

- Válvula paracaídas activada.
- Obturación de la electroválvula de bajada.
- Problemas asociados a la posibilidad de movimiento de la válvula de retención, del pistoncito que debe empujarla o de la válvula de descarga.

- Si se ha activado la válvula paracaídas basta con hacer un viaje en subida (o accionar la bomba manual) para que recupere su posición; no obstante, hay que hacer un estudio del motivo por el cual la válvula ha podido actuar (ver el apartado de sobrevelocidad en bajada) o descartar un mal funcionamiento o desajuste de la misma.
- Con relación al grupo, la primera opción sería desmontar la electroválvula de bajada y comprobar que no hay suciedad u otra causa que impida su funcionamiento normal.
- Si se han descartado otros elementos procede desmontar el grupo hidráulico para comprobar la movilidad de la válvula de retención, el cilindro que la empuja y la válvula de descarga.

El ascensor se detiene al bajar (o baja a trompicones)

Posibles causas y comprobaciones	Acciones correctivas
Elementos de cabina y hueco	
• Parada del ascensor por un mal ajuste del temporizador de "exceso de tiempo de recorrido" en ascensores muy lentos o con recorridos entre plantas especialmente largos. • Problemas en alguna serie de seguridad (en particular series de puertas y cerrojos tal y como se vio en el módulo anterior). • Entreguía muy cerrada en algún tramo. • Falta de peso en cabina (por ejemplo, durante una fase de montaje en la que solo está instalada la plataforma o falta el suelo).	• Ajuste adecuado de la temporización de "fallo por exceso de tiempo de recorrido". • Revisión de series (en caso de fallo debe visionarse en la maniobra durante el trayecto y debe ocurrir tanto en subida como en bajada). • Revisar distancia de entreguía y distancia de rozaderas del chasis de cabina o de la polea del pistón. • Verificar la presión estática con ascensor vacío (si está por debajo de 12 bares o la establecida como presión mínima para el grupo por el fabricante es necesario añadir peso en cabina).
Control eléctrico del sistema impulsor	
• Fallos en el conexionado o alimentación de la electroválvula de descenso (por ejemplo, activación de fusibles auto rearmables debido al consumo tras un breve recorrido).	• Mediante un destornillador puede comprobarse si se llega a imantar la electroválvula o bien, con un polímetro, medir la tensión que llega a la bobina y si esta tiene continuidad. En caso de fallo puede cambiarse exclusivamente la bobina como elemento extraíble del resto de la electroválvula.

Estado del fluido hidráulico

• Aceite procedente del pistón extremadamente frío (debería ocurrir solo en un primer viaje en bajada con ascensor con poca carga tras un tiempo largo detenido y subsanarse tras un par de viajes cuando el aceite coja suficiente temperatura). • Aire en el aceite (el ascensor no se detiene, pero al iniciar la bajada o en el cambio de velocidad realiza un cierto bamboleo vertical).	• El ascensor debería mandarse a la planta más baja de forma automática tras quince minutos de inactividad. Esto es algo establecido por normativa para ascensores y recomendable en elevadores que siguen directiva de máquinas en los cuales el hueco o las conducciones puedan estar sometidos a temperaturas extremadamente frías. • Purgar el pistón (o identificar posibles problemas de la instalación que conlleven retención de aire en el fluido: curvas hacia arriba en la manguera, poco nivel de aceite en el calderín, etc.).

Regulación de válvulas

• Velocidad nominal en bajada mal ajustada. • Regulación de la velocidad lenta excesivamente lenta (en ese caso el problema se detecta tras el cambio de velocidad).	• En caso de que sea necesario realizar la regulación pertinente.

Fallos del sistema hidráulico

• Obturación de la electroválvula de bajada. • Problemas asociados a la posibilidad de apertura de la válvula de retención, del pistoncito que debe empujarla o de la válvula de descarga	• Con relación al grupo la primera opción sería desmontar la electroválvula de bajada y comprobar que no hay suciedad u otra causa que impida su funcionamiento normal. • Si se han descartado otros elementos procede desmontar el grupo hidráulico para comprobar la movilidad de la válvula de retención, el cilindro que la empuja y la válvula de descarga

El ascensor tarda mucho en llegar a planta

Posibles causas y comprobaciones	Acciones correctivas

Elementos de cabina y hueco

• Distancia excesiva entre las pantallas de cambio de velocidad y las de nivel o entre los antefinales y los niveles de planta extrema.	• Ajustar la distancia de cambio de velocidad entre plantas y la distancia de los antefinales.

Control eléctrico del sistema impulsor

• No activación de la electroválvula de rápida por lo que el ascensor trata de hacer todo el recorrido en velocidad lenta.	• Mediante un destornillador apoyado en el núcleo de la electroválvula puede comprobarse si se llega a imantar a o bien, con un polímetro se puede medir la tensión que llega a la bobina y si esta tiene continuidad. En caso de fallo puede cambiarse exclusivamente la bobina como elemento extraíble del resto de la electroválvula.

Estado del fluido hidráulico

• Aceite muy caliente (la pérdida de viscosidad hace que el cambio de velocidad rápida a lenta sea más brusco haciéndose un tramo largo en velocidad lenta).	• Eliminar cualquier resistencia de calentamiento de válvulas o del aceite que pudiera estar conectada. • Si se trata de una instalación con un uso frecuente y temperaturas de trabajo elevadas utilizar aceite ISO 68.

Regulación de válvulas

• Velocidad lenta excesivamente lenta. • Regulación del cambio de velocidad de rápida a lenta demasiado brusco haciéndose un tramo excesivamente largo en velocidad lenta.	• Realizar la regulación del tornillo que corresponda según indicaciones del fabricante. Es importante que esta regulación se haga con temperaturas ordinarias de trabajo del ascensor y que no se apure en exceso para que un cambio en la temperatura del aceite no genere un problema de otro tipo.

Fallos del sistema hidráulico

• Obturación o dificultad de apertura de la válvula de caudal o de la electroválvula que la regula.	• Con relación al grupo la primera opción sería desmontar la electroválvula de rápida/lenta y comprobar que no hay suciedad u otra causa que impida su funcionamiento normal. • Si se han descartado otros elementos procede desmontar el grupo hidráulico para comprobar la movilidad de la válvula de caudal y los elementos asociados.

El ascensor realiza un arranque muy brusco

Posibles causas y comprobaciones	Acciones correctivas

Control eléctrico del sistema impulsor

• En ascensores con arranque estrella – triángulo activación de la señal de subir durante la fase de estrella.	• Comprobar el tipo de señal que requiere el grupo para inhibir la subida durante la fase de estrella (en algunos grupos debe estar activada durante la marcha y en otros es a la inversa).

Estado del fluido hidráulico

• Aire en el aceite (debería notarse también en los cambios de velocidad y al entrar y salir carga de cabina).	• Purgar el pistón (o identificar posibles problemas de la instalación que conlleven retención de aire en el fluido: curvas hacia abajo en la manguera, poco nivel de aceite en el calderín, etc.).

Regulación de válvulas

• Mala regulación de la aceleración en subida.	• Realizar la regulación a la temperatura normal de trabajo del ascensor.

Fallos del sistema hidráulico

• Bloqueo de la electroválvula de estrella-triángulo. • Bloqueo de la válvula de descarga.	• La primera opción sería desmontar la electroválvula de estrella-triángulo y comprobar que no hay suciedad u otra causa que impida su funcionamiento normal. • Si se han descartado otros elementos procede desmontar el grupo hidráulico para comprobar la movilidad de la válvula de descarga.

El ascensor realiza una parada muy brusca y/o poco precisa

Posibles causas y comprobaciones	Acciones correctivas
Elementos de cabina y hueco	
• Poca distancia entre señales de cambio de velocidad o antefinales y nivel de planta. • No detección de las señales de cambio de velocidad.	• Ajustar las distancias de los pulsos de cambio de velocidad y/o antefinales. • Verificar las distancias entre los sensores y los actuadores del cambio de velocidad y que los pulsos son recibidos adecuadamente por la maniobra.
Estado del fluido hidráulico	
• Aceite frío (lo que ralentiza el cambio de velocidad y hace que el ascensor llegue a planta sin haber llegado a coger plenamente la velocidad lenta). El problema debería subsanarse cuando, tras unos viajes, el aceite ha podido coger una temperatura adecuada.	• Plantear la conveniencia de usar una resistencia de calentamiento de válvulas.

Regulación de válvulas

• Regulación del paso de velocidad rápida a lenta excesivamente suave (llega a planta sin haber cogido velocidad lenta.) • Regulación de la velocidad lenta excesivamente elevada.	• Realizar la regulación del tornillo que corresponda según indicaciones del fabricante y a la temperatura normal de trabajo del ascensor.

Fallos del sistema hidráulico

• Bloqueo de la electroválvula de rápida – lenta o de la válvula de caudal. • Rotura del volante de inercia (que facilita un breve movimiento una vez que el motor deja de recibir corriente).	• Con relación al grupo la primera opción sería desmontar la electroválvula de rápida y comprobar que no hay suciedad u otra causa que impida su funcionamiento normal. • Si se han descartado otros elementos procede desmontar el grupo hidráulico para comprobar la movilidad de la válvula de caudal. • La rotura del volante de inercia del motor, aunque posible, es muy infrecuente. No es pertinente desmontar el motor para verificarlo a menos que haya otros indicios como ruidos, etc.).

El ascensor se pasa de recorrido

Posibles causas y comprobaciones	Acciones correctivas

Elementos de cabina y hueco

• Poca distancia entre señales de cambio de velocidad o antefinales y nivel de planta. • No detección de las señales de cambio de velocidad o de nivel.	• Ajustar las distancias de los pulsos de cambio de velocidad y/o antefinales. • Verificar las distancias entre los sensores y los actuadores del cambio de velocidad y/o nivel. Comprobar que los pulsos son recibidos adecuadamente por la maniobra.

Estado del fluido hidráulico

• Aceite frío (lo que ralentiza el cambio de velocidad y hace que el ascensor llegue a planta sin haber llegado a coger plenamente la velocidad lenta).	• Plantear la conveniencia de usar una resistencia de calentamiento de válvulas.

Regulación de válvulas

• Regulación del paso de velocidad rápida a lenta excesivamente suave (llega a planta sin haber cogido velocidad lenta). • Regulación de la velocidad de bajada incorrecta.	• Realizar la regulación del tornillo que corresponda según indicaciones del fabricante y a la temperatura normal de trabajo del ascensor.

• Bloqueo de la electroválvula de rápida – lenta o de la válvula de caudal quedando siempre en la posición de abierta.	• Con relación al grupo la primera opción sería desmontar la electroválvula de rápida-lenta y comprobar que no hay suciedad u otra causa que impida su funcionamiento normal. • Si se han descartado otros elementos procede desmontar el grupo hidráulico para comprobar la movilidad de la válvula de caudal.

Excesiva velocidad en bajada

Posibles causas y comprobaciones	Acciones correctivas

Elementos de cabina y hueco

• Exceso de peso en cabina.	• Comprobar el funcionamiento y regulación del presostato para evitar que se inicie el viaje cuando la cabina llega a su carga nominal.

Regulación de válvulas

• Tornillo de verificación del funcionamiento de la válvula paracaídas mal ajustado. • Tornillo de regulación de velocidad nominal en bajada mal ajustado.	• Comprobar posición del tornillo de prueba de la válvula paracaídas (no es un tornillo que tenga regulación, o está en posición abierta para hacer la prueba o cerrada para funcionamiento normal). • Ajustar la velocidad en bajada para que dure lo mismo que un viaje en subida (a menos que el fabricante haya establecido y preparado la instalación para velocidades en subida y bajada distintas).

Fallos del sistema hidráulico

• Problemas que lleven a una apertura inadecuada de la válvula de descarga y/o la de caudal.	• Valorar, según el esquema hidráulico del circuito, qué elementos pueden estar afectando el funcionamiento de la válvula de descenso y/o la de caudal. En particular los sistemas internos de compensación de la velocidad en función de la presión del aceite (sistemas reguladores de flujo en paralelo).

El ascensor realiza renivelaciones frecuentes

Posibles causas y comprobaciones	Acciones correctivas
Elementos de cabina y hueco	
• Imanes de planta excesivamente cortos o poco solapados. • Muelles o silent–blocks entre cabina y chasis excesivamente sensibles (la cabina baja al subir el pasaje obligando a la renivelación).	• Comprobar que no realiza renivelación con desniveles inferiores a 20 mm y que cuando esta se realiza recupera el nivel con precisión de 10 mm. En caso necesario realizar el ajuste oportuno (en ocasiones consiste en retardar mediante programación el tiempo de parada tras detectar nivel de planta para garantizar que pueden usarse imanes de un tamaño suficiente).
Estado del fluido hidráulico	
• Aire en el aceite. Estando la cabina en planta genera el mismo efecto que un muelle, el ascensor baja al introducir carga obligando a la renivelación).	• Purgar pistón.

Fallos del sistema hidráulico

En todos los casos anteriores la renivelación se asocia a un cambio de la carga en cabina. Cuando la renivelación se realiza de forma frecuente con la cabina vacía el problema está en algún elemento del sistema hidráulico. En particular hay que comprobar, y en su caso subsanar, los siguientes tipos de problemas:

• Posibles pérdidas de aceite en el pistón (a través del retén o del tornillo de purga) o en las conducciones. Aparte de ser evidentes, con el tiempo, el sistema se quedaría sin nivel suficiente de aceite para llegar a las plantas superiores. La acción correctiva sería el cambio de retén o el apretado de juntas o puntos de fuga.

• Pérdida o goteo de aceite dentro del grupo de válvulas: (en ese caso con la llave de paso cerrada la presión del manómetro baja de forma notoria en poco tiempo). Las causas pueden ser un mal cierre de la electroválvula de bajada, fallos en la válvula de bajada en emergencia, problemas con el circuito de la bomba manual (poco probable pero posible) o dos tipos de problemas de la válvula de retención:

  – Suciedad en la zona donde debe asentar.

  – Deterioro de la pieza de goma intermedia que asegura el cierre hermético cuando está apoyada.

En todos estos casos pasa por desmontar los elementos del grupo.

 **Toma nota**

La válvula de retención suele estar formada por dos piezas de acero atornilladas con una junta de goma intermedia. Esta junta intermedia es la que al asentar garantiza la estanqueidad. Si esta goma está deteriorada hay que desatornillar ambas piezas para sustituirla

Ilustración 121. Válvula de retención de un grupo de ¾ de pulgada. Fuente: elaboración propia

El ascensor no realiza la maniobra de emergencia

Las maniobras de ascensores hidráulicos implementan un sistema de, por lo menos, bajada hasta planta más próxima en caso de fallo de la acometida. En ocasiones la maniobra también realiza la apertura automática de puerta al llegar

Dicho movimiento no debe realizarse en caso de avería del ascensor o si hay alguna serie de seguridad o puertas abierta.

Si el ascensor no realiza la maniobra de emergencia una de las causas más probables es el fallo de la batería o del sistema de alimentación ininterrumpida que lo hace posible.

 **Actividad de aprendizaje 10**

Completa la siguiente tabla tal y como se hace en el ejemplo:

	¿Sube correctamente?	¿Baja correctamente?	¿Renivela correctamente?
Aceite a 5ºC	Sí (aunque arranque y cambio de velocidad muy suave)	Sí (arranque y cambio de velocidad muy suave)	Sí
Hay aire en el pistón			
La electroválvula de bajada está desconectada			
Hay dos fases del motor cambiadas			
Las chapas están en estrella cuando deberían estar en triángulo			
Válvula paracaídas regulada a un caudal de intervención bajo			

Se detectan fugas de aceite

Fugas de aceite en el retén

En los ascensores hidráulicos se deja un tubo desde la cabeza del pistón hasta una pequeña garrafa para recoger y evaluar posibles pérdidas de aceite que se produzcan por el retén. Cuando en el intervalo de un mes estas pérdidas son significativas hay que valorar la causa, entre ellas:

- Pérdidas puntuales en un determinado tramo del pistón por rayado o deformación del vástago (en ese caso la pérdida solo se produce en el momento en que sale ese tramo de la camisa, no durante todo el recorrido).
- Pérdidas continuadas por desgaste o deformación del retén. Aparte del uso continuado algunos de los motivos que pueden acarrear el deterioro prematuro del retén es el mal aplomado del pistón, la presencia de incrustaciones, suciedad o adherencias en el vástago, la presencia de elementos extraños en suspensión en el aceite hidráulico y cualquier desajuste en el empalmado del vástago cuando está formado por más de un tramo.

Además de corregir el problema subyacente procede realizar un cambio de retén y, de paso, el resto de guarniciones. Por lo general, y aunque puede haber matices según el tipo de cabeza de pistón, ello comporta:

- Suspender la cabina a una altura de trabajo adecuada para acceder al hueco y operar sobre la cabeza del pistón.
- En ascensores con suspensión 2:1 aflojar los cables, soltar la polea de la cabeza del pistón y mantenerla retirada o suspendida.
- Eliminar la presión del cilindro (desregulando, si se requiere, el tornillo de antiaflojamiento de cables).
- Soltar los tornillos de la cabeza del pistón para acceder al casquillo de guiado.
- Realizar el cambio del retén y el resto de las guarniciones (con especial atención a las indicaciones del fabricante sobre la posición del retén)
- Volver a montar el casquillo de guiado, los tornillos de sujeción, la polea y los cables de suspensión si los hubiera.

Fugas de aceite en el grupo de válvulas u otras partes del circuito hidráulico

Hay que detectar el punto de fuga y desmontar la pieza para valorar y corregir la causa. Los motivos más probables son:

- Falta de apriete de las juntas y empalmes.
- Deformación de las roscas por un exceso de apriete.
- Deterioro o mala colocación de las juntas tóricas.

 **Cuestonario**

1. Marca en la siguiente lista la posible ventaja de un ascensor hidráulico con relación a un ascensor eléctrico con variador de frecuencia sin cuarto de máquinas para una instalación a 0,63 m/s en una comunidad de cuatro alturas.

☐ a) El ascensor hidráulico mantendrá la nivelación de forma estable.

☐ b) El ascensor hidráulico tendrá menor consumo.

☐ c) El ascensor hidráulico tendrá mayor facilidad para el rescate en caso de fallo en el suministro eléctrico.

☐ d) El ascensor hidráulico permite una regulación más precisa de las curvas de velocidad con independencia de la temperatura y la carga.

2. Escribe el nombre y la función de las guarniciones de un ascensor hidráulico.

3. Marca la respuesta correcta con relación al presostato de un ascensor hidráulico.

☐ a) Se utiliza para impedir que el ascensor inicie el viaje si hay exceso de peso en cabina.

☐ b) Debe regularse para que actúe cuando se alcanza 2,3 veces la presión estática máxima.

☐ c) Su función es detener el ascensor cuando la temperatura del aceite alcanza 70 ºC.

☐ d) Sirve para eliminar la presión residual del grupo de válvulas cuando se van a realizar operaciónes de desmontaje o regulación.

4. Une mediante flechas las causas con sus posibles consecuencias:

	Arranque brusco.
	Cambios de velocidad muy lentos.
Aceite insuficiente en el calderín	Cambios de velocidad bruscos.
Presencia de aire en el aceite	Cambio del nivel de cabina según peso.
Aceite muy caliente	Oxidación de elementos.
Aceite muy frío	El ascensor no llega a plantas superiores.
Presencia de agua en el aceite	Renivelaciones frecuentes.
	El ascensor para pasado de recorrido.

5. Indica qué pasaría en un ascensor hidráulico si la válvula de retención no pudiera cerrar correctamente por acumulación de suciedad en el lugar donde asienta.

6. Completa la siguiente tabla con relación a un ascensor de arranque estrella-triángulo:

	¿El motor gira?	¿La válvula de descarga está abierta o cerrada?	¿La cabina sube?	¿Cuánto tiempo dura?
Durante la fase de estrella				
Durante la fase de triángulo				

7. ¿Es correcto el conexionado de este motor si la acometida es de 300-400 V trifásica? En caso de que no lo sea, explica los posibles problemas que pueden surgir.

Tipo: xxxxxxxx		△	人
Hz: 50			
CV: 13	**V**	400	690
RPM: 2780			
cos: 0,77	**A**	23,4	13,5

8. Marca como verdaderas o falsas las siguientes frases:

☐ Cuanto más alto está el tornillo de regulación más caudal necesita la válvula para actuar.

☐ Las válvulas paracaídas deben lubricarse periódicamente.

☐ Para comprobar que la válvula paracaídas funciona correctamente hay que desenroscar el latiguillo y comprobar que cierra automáticamente de forma estanca.

☐ La función de la pequeña conducción que une las dos válvulas paracaídas en instalaciones de dos pistones es garantizar que en cuanto actúe una lo haga también la otra.

☐ Una válvula paracaídas de 1"½ es aquella preparada para roscarse a un latiguillo de una pulgada y media.

9. Explica qué tres comprobaciones realizarías en el primer viaje después de una operación de acortamiento de cables en una instalación hidráulica de tiro diferencial.

10. Tenemos un ascensor hidráulico de dos paradas con arranque estrella-triángulo aparcado en la planta baja que no sube a pesar de que se oye girar el motor. Marca aquellas posibles causas.

☐ Falta aceite en el depósito.

☐ El motor gira en sentido contrario.

☐ Está desconectada la electroválvula de bajada.

☐ Está desconectada la electroválvula de rápida-lenta.

☐ Está desconectada la electroválvula de estrella-triángulo.

☐ Está la llave de paso cerrada.

☐ Está mal regulado el tornillo de sobrepresión del motor.

☐ Tiene actuada la válvula paracaídas.

☐ Está actuado el presostato.

Mantenimiento correctivo eléctrico-electrónico de ascensores

 Hola "profe" ¿Todas las maniobras de ascensor son más o menos iguales?

Sí… tan iguales como un delfín y una vaca . Ya verás que estudiar las maniobras es como un viaje en el tiempo desde los sistemas más rudimentarios, casi artesanales de mediados del siglo pasado hasta la aplicación de las últimas tecnologías electrónicas e informáticas.

No diga eso que me da bajón ¡va a ser imposible estudiarse todas las maniobras y sus averías!

No te agobies, puedes con esto y con más. No vamos a estudiar maniobra a maniobra (eso sería imposible). Pero vamos a tratar de entender todos los sistemas que las forman. Ya sabemos que una vaca y un delfín son distintos, se trata de comprender que, en cualquier caso, hay un sistema digestivo que proporciona energía, un sistema motor que permite el movimiento, un sistema nervioso que controla la conducta, unos sentidos que permiten recabar información del entorno… Vamos a plantear las maniobras desde esta perspectiva, ver lo que tienen todas ellas en común, comprender las principales configuraciones, entender lo que puede fallar… y repararlo.

Vale, así lo voy a entender seguro.

Eso, seguro de seguridad… ojo con la corriente eléctrica. Vamos a garantizar que no te conviertas en "pollo frito"

 😂😂😂😂

Presentación del módulo

Este módulo tiene como objetivo la reparación de las averías de las maniobras que controlan los ascensores. En el desarrollo de este módulo nos encontramos con dos dificultades:

- En España existen más de un millón de ascensores en funcionamiento. No resulta descabellado pensar que pueden ser más de un millar los tipos de maniobras distintas que los controlan, cada una de ellas se pusieron en marcha con los recursos tecnológicos propios de su época y se han ido manteniendo hasta la fecha incorporando, en ocasiones, modificaciones obligadas por los cambios normativos. Estamos pues ante un panorama amplio y diverso de sistemas de control del ascensor. Algunos de ellos están bien documentados y de otros apenas se dispone de los esquemas básicos. En la práctica cada conservador va integrando esta diversidad a partir de una larga experiencia con los modelos más frecuentes en la cartera de clientes de su empresa.
- Por otra parte, los principios generales comunes a todas ellas están relacionados con nociones amplias de ramas diversas de la física y la tecnología: electricidad en general y baja tensión en particular, electromagnetismo, electrónica, electromecánica, etc. El abordaje detallado, de los contenidos de estas ramas, aunque resulte muy útil, se excede del alcance de este libro.

El planteamiento de este módulo trata de sortear estas dos dificultades a través de las siguientes opciones metodológicas:

- Se presentarán, en un primer apartado, los principios eléctricos y electrónicos generales. Se hará además con un sentido práctico y no academicista. Por ejemplo, el cálculo matemático de los circuitos es un elemento fundamental para su diseño; sin embargo, no es del todo imprescindible para realizar un mantenimiento correctivo de los mismos por lo que se ha optado por no dedicarle especial atención. Así pues, nos interesará más, en este apartado, manejar con soltura el vocabulario básico, conocer la simbología que encontraremos en los esquemas con los que vamos a trabajar o saber utilizar un polímetro sencillo que detenernos en los entresijos de la física teórica, de la electrotecnia, la electrónica digital o la realización de mediciones y métodos de diagnósticos más propios de un laboratorio que de un hueco de ascensor.
- El manejo de circuitos eléctricos está asociado al riesgo específico de electrocución. Por ello, tras ese primer apartado dedicaremos alguna página a comentar las medidas preventivas adecuadas así como los primeros auxilios en caso de un accidente de este tipo.
- En el resto del módulo trataremos los principios de funcionamiento de las maniobras de ascensores, lo haremos con un esquema de bloques funcionales que es común a todos los aparatos con independencia de la tecnología utilizada. Será precisamente en el análisis de los diversos subsistemas donde introduciremos, según convenga, una explicación más detallada de los componentes, configuraciones y variantes de cada uno de ellos. Dentro de cada subsistema se señalarán aquellos problemas y averías que pueden generar, así como las operaciones de mantenimiento correctivo para diagnosticarlas y subsanarlas.

Estructura de contenidos

- **Principios eléctricos y electrónicos generales.** *Magnitudes básicas. Componentes eléctricos y electrónicos: función y simbología. Aparatos de medida.*

- **Medidas preventivas y primeros auxilios frente a riesgos eléctricos.** *Medidas preventivas. Actuación en caso de accidente eléctrico.*

- **Análisis y reparación de averías eléctricas y electrónicas del ascensor.** *Desarrollo histórico de los tipos de maniobra. Visión de conjunto: esquema de bloques de una maniobra de ascensor. Circuitos de acometida y alumbrado. Conformidad con el REBT. Transformador y rectificador. Motores. Sistemas de protección de los motores. Contactores. Control del motor con variador de frecuencia. Control de freno en ascensores eléctricos. Control de las electroválvulas, motor y otros elementos en ascensores hidráulicos. Series de seguridad y series de puertas. Llamadas. Control de posición. Inspección. Otras señales de entrada de la maniobra. Control de puertas. Luminosos y señales auditivas. Temporizadores. Herramientas de autodiagnóstico en maniobras electrónicas.*

Principios eléctricos y electrónicos generales
Magnitudes básicas

Aunque la realidad es siempre bastante más compleja podemos representar a los electrones como partículas girando en órbitas alrededor del núcleo de los átomos formados por protones y neutrones. En algunos materiales, por ejemplo los metales, los electrones tienen una gran facilidad para moverse de un átomo a otro.

Los electrones generan fuerzas de repulsión entre ellos y de atracción hacia partículas de carga opuesta (los protones). Para distinguir los dos tipos de cargas se asignó a los electrones el término de "cargas negativas" y a la de los protones "cargas positivas".

A partir del conocimiento de los electrones podemos definir algunas magnitudes eléctricas básicas necesarias en el mantenimiento correctivo de ascensores.

- **Corriente (o intensidad de corriente, o simplemente intensidad o amperaje).** Es el número de electrones que fluyen por un punto por segundo. La unidad es el Amperio y se corresponde con 6, 241 trillones de electrones por segundo.
- **Tensión (o voltaje o diferencia de potencial).** Es la diferencia de energía por unidad de carga entre dos puntos. Dicho de otro modo, es una magnitud que indica la cantidad de energía que puede obtenerse por cada carga si se unen dos puntos con un conductor de forma que los electrones puedan fluir de uno a otro punto. En la definición de voltaje está implícito que se trata de una diferencia entre dos puntos (o entre un punto y otro al que se le atribuye el valor cero y que, en circuitos de ascensores, se suele asignar a la toma de tierra o a la borna negativa de la fuente de alimentación). La unidad es el voltio.
- **Resistencia.** Es la dificultad que presenta un material a ser atravesado por la corriente eléctrica. Se mide en ohmios. Los materiales que tienen resistencias muy bajas se denominan conductores y los que tienen altísima resistencia aislantes.

- **Potencia.** Es la cantidad de energía eléctrica entregada o absorbida por un elemento por unidad de tiempo. En circuitos de corriente continua se calcula multiplicando la tensión por la intensidad. En circuitos de corriente alterna hay que distinguir entre potencia activa (que se entrega y no se recupera) y potencia reactiva (que es potencia que se entrega pero que luego el circuito devuelve nuevamente) por lo que el cálculo es más complejo. La unidad es el Watio (W). aunque en motores se usa también como unidad de potencia el caballo de vapor (cv) 1 CV = 735,5 W o, en entornos anglosajones, el caballo de fuerza (HP, horsepower) 1HP = 745,7 W.

- **Consumo eléctrico.** Es el total de la energía eléctrica consumida durante un período de tiempo. La unidad según el Sistema Universal es el Julio que se corresponde con la energía de un watio de potencia durante un segundo; sin embargo, la medida utilizada en los recibos eléctricos es el kilowatio·hora (kWh).

Actividad de aprendizaje 1

Relaciona mediante flechas las magnitudes de la derecha con los valores de la columna izquierda.

- La tensión habitual en un enchufe doméstico	12 V
- La resistencia de una persona con la piel seca que coge una punta de prueba con cada mano	2 kW aprox.
- La resistencia de una barra de acero de 1 m	Entre 10 y 30 mA
- La intensidad capaz de provocar calambres musculares, paro cardíaco y riesgo de muerte por electrocución en una persona adulta	Inferior a 1 Ω
	1.000.000 Ω aprox.
- El voltaje de una batería corriente de coche	230 V
- La potencia de una aspiradora doméstica	270 kWh
- La potencia proporcionada por un puerto USB de un ordenador	Entre 0,5 y 1 kWh
- Consumo medio de energía eléctrica de un hogar en España en un mes	Menor de 5 W
- La corriente que consume un microondas a máxima potencia	4 A aprox.
- El consumo de una nevera durante un día completo	

Tipos de tensión

La tensión, y en consecuencia la corriente, puede tener distintas formas de variar (o no variar) a lo largo del tiempo. Vamos a ver las que podemos encontrarnos en los circuitos eléctricos/electrónicos de un ascensor:

- **Continua constante.** El valor de la tensión no varía a lo largo del tiempo. Si se realizaran diversas mediciones a lo largo de, pongamos un segundo, en todo momento tendríamos el mismo valor. Esta es la tensión que deberíamos poder medir en la salida de una batería (mientras esté cargada), o en la salida de una fuente de alimentación. En electrónica este tipo de tensión se suele indicar con las siglas "DC"

(Direct Current) y, en ocasiones, con la expresión +Vcc a la borna positiva mientras que al negativo se le asigna el valor 0 V.

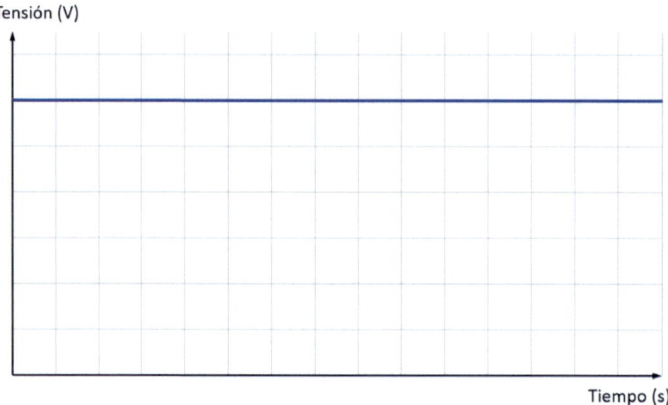

Ilustración 122. Tensión continua constante. Fuente: Fuente: elaboración propia

- **Continua pulsante.** En este caso la tensión tiene siempre la misma polaridad, pero no el mismo valor. Los electrones cuando fluyen siempre lo hacen en la misma dirección pero la intensidad va variando pudiendo incluso llegar a ser cero en determinados momentos. Si pudiéramos hacer mediciones precisas a cada milisegundo y uniéramos los puntos de cada medición obtendríamos un gráfico que muestra la evolución cíclica de esta tensión con el tiempo.

Esta es la tensión más frecuente en buena parte de los circuitos de maniobras de ascensores (relés de 24 V, tensión de freno, tensión de activación de válvulas…). Más adelante al estudiar los bloques de una maniobra veremos cómo se obtiene fácilmente partiendo de una tensión alterna mediante un transformador y un rectificador.

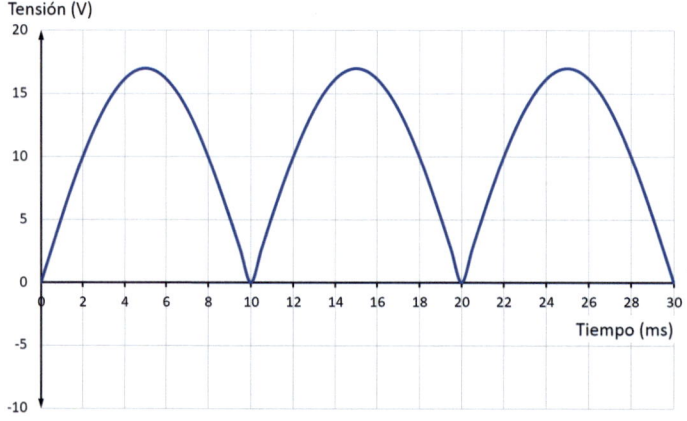

Ilustración 123. Tensión continua pulsante. Fuente: Fuente: elaboración propia

- **Alterna senoidal monofásica.** Lo característico de la tensión alterna es que cambia regularmente de polaridad, es decir, en el circuito, los electrones primero van en una dirección y luego en la contraria. Esta es el tipo de tensión que encontramos en los enchufes. Se le suele designar con las letras "AC" (altern current).

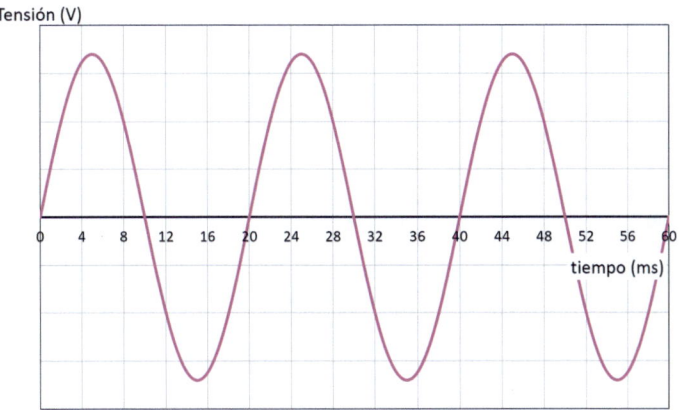

Ilustración 124. Tensión senoidal monofásica. Fuente: Fuente: elaboración propia

Se define como frecuencia el número de veces en que se repite un ciclo en un segundo. La unidad es el hercio (Hz) que es un ciclo por segundo. El período el tiempo en que tarda en completarse un ciclo. Un valor es el inverso del otro. La frecuencia de la red europea es de 50 Hz, es decir, en un segundo se repite 50 veces un ciclo que dura 20 milisegundos.

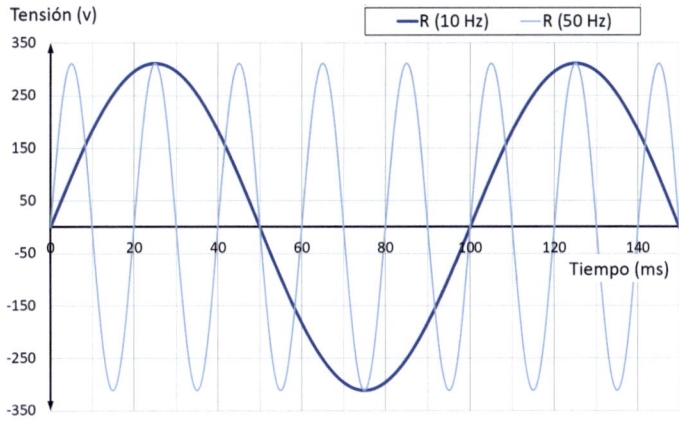

Ilustración 125. Comparación entre dos señales senoidales de distinta frecuencia. Fuente: elaboración propia

Cuando se mide una señal de este tipo con un polímetro lo que se obtiene no es el valor del pico máximo sino el valor de una tensión continua constante que en el mismo tiempo desarrollara la misma potencia que la señal alterna que se mide. Este valor es el llamado "valor eficaz". Este valor se identifica en inglés con las siglas RMS ("root mean square", que se puede traducir como "promedio de los valores al cuadrado", que es el método matemático de cálculo). Entre el valor eficaz y el valor máximo (valor del pico) la relación es raíz de dos. Así una tensión eficaz de 230 V, que es la que podemos medir en cualquier enchufe, se corresponde con una señal cuyo valor máximo en positivo o negativo alcanza los 325 voltios cada 10 ms tal y como se puede ver en el gráfico (325 = 230 V × $\sqrt{2}$)

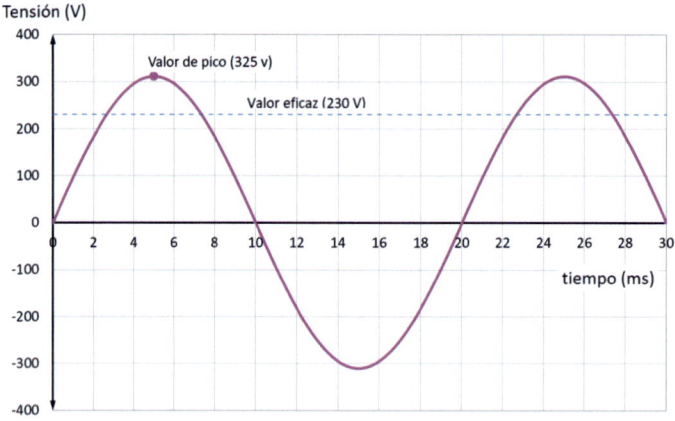

Ilustración 126. Valor de pico y valor eficaz de una señal senoidal. Fuente: elaboración propia

En la red eléctrica esta señal se traslada por un par de hilos. El valor de la tensión de uno de ellos con relación a la toma de tierra es cero (el conductor neutro, de color azul según el reglamento electrotécnico de baja tensión). El otro es el que mantiene activa la diferencia de tensión (la fase, que puede ser de color marrón, negro o gris). Además, se suministra como medida de protección un tercer cable correspondiente a la conexión física de la tierra (toma de tierra, de color amarillo y verde) al que se conecta cualquier estructura metálica de la instalación como estrategia, junto al diferencial, para evitar electrocuciones.

- **Alterna senoidal trifásica.** Se utiliza en circuitos donde se requiere cierta potencia y/o conseguir, de forma eficiente, un campo magnético giratorio (como ocurre en la mayoría de los motores de ascensor). La tensión, en lugar de trasladarse entre un cable de fase y un neutro, se traslada entre tres fases además de un neutro común que puede conectarse o no a la maniobra. Se trata de tres señales senoidales iguales cuya particularidad es que llevan un retraso en la sincronización (van desfasadas un tercio de ciclo, 120º). Las fases se suelen denominar con las letras R, S y T.

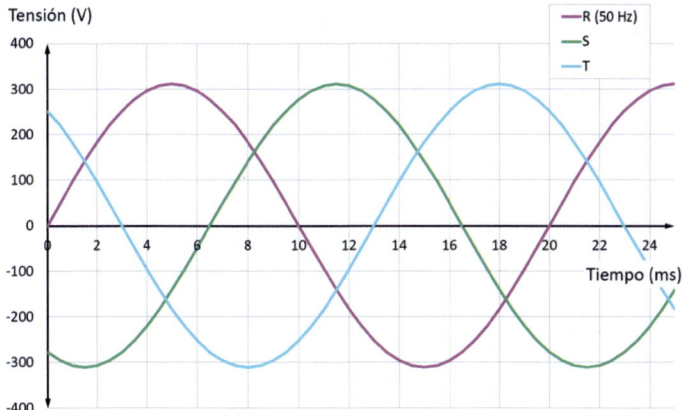

Ilustración 127. Señal alterna trifásica, cada una de las fases está medida con relación al neutro. Fuente: elaboración propia

Este desfase hace que, si en lugar de medir la tensión entre fase y neutro, (que tendrá un valor eficaz entre 220 y 240 voltios) la medimos entre dos fases, la diferencia de tensiones es también una señal senoidal pero de un valor mayor (entre 380 y 415 voltios eficaces). En el gráfico se señala en azul marino el resultado de medir en cada punto la diferencia entre el valor de la fase R y el valor de la fase S.

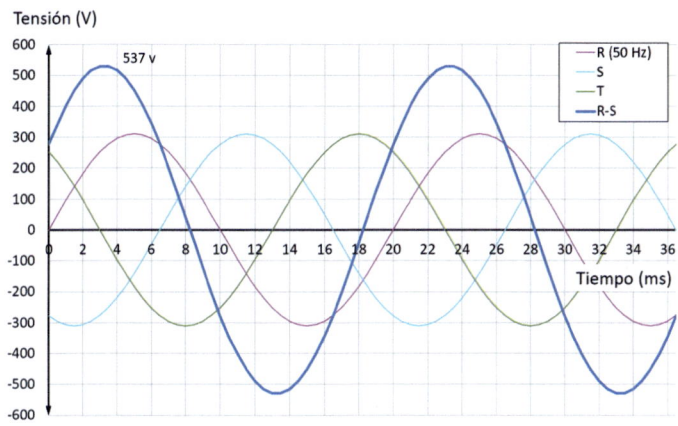

Ilustración 128. Señal alterna trifásica, tensión resultante de medir la tensión entre dos fases cualesquiera (en el gráfico entre la fase R y la fase S). Fuente: elaboración propia

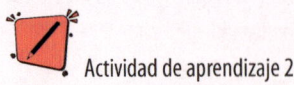

Actividad de aprendizaje 2

Imagínate que tenemos una acometida trifásica de solo tres hilos con una tensión entre fases de 380 V. ¿Sería posible conectar a esta acometida tres bombillas de 220 V sin fundirlas y consiguiendo que brillen adecuadamente? ¿Valdría algunas de las propuestas dibujadas? ¿Hay alguna alternativa?

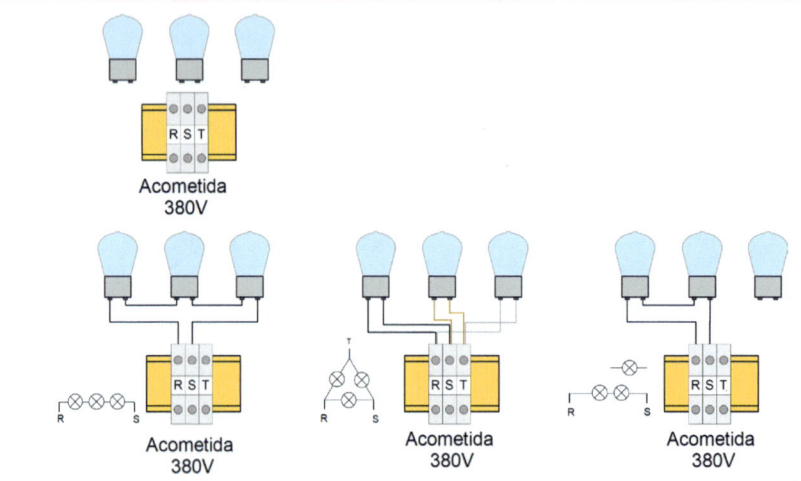

- **Otras señales alternas.** Las señales expuestas son las más comunes, pero no las únicas que podemos encontrar en maniobras de ascensor. Aunque parezca muy distinta, una señal de tensión alterna como la secuencia de pulsos representada en el gráfico puede ser equivalente a una señal senoidal a efectos de consumo de corriente y funcionamiento en un motor. Este es el tipo de señal que entrega un variador de frecuencia. Este dispositivo permite elegir la duración del ciclo en función de la velocidad que se desee obtener en cada momento.

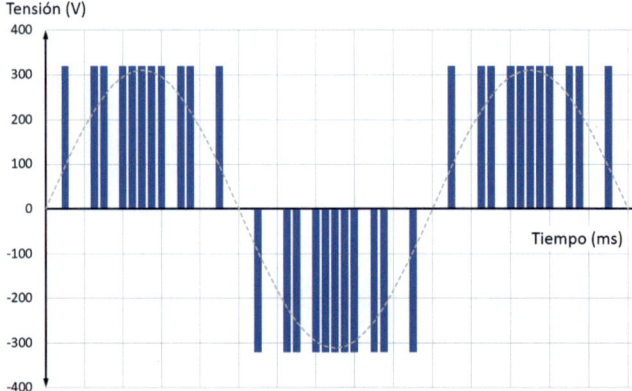

Ilustración 129. Señal alterna obtenida por modulación de pulsos en un variador de frecuencia. Fuente: elaboración propia

- **Ruido electromagnético.** Son interferencias, de origen eléctrico, no deseadas y que están unidas a la señal principal de manera que la pueden alterar produciendo efectos que pueden ser más o menos perjudiciales. Se puede generar como consecuencia de conexiones y desconexiones de elementos (contactores, frenos…), por la acción de los motores y, de un modo especial en circuitos como los variadores. La presencia de ruido electromagnético no suele ser un gran problema en maniobras y componentes eléctricos, en particular si tienen un consumo importante (contactores, relés, bobinas, frenos, motores…). Los circuitos electrónicos que trabajan con tensiones más bajas y consumos muy reducidos, en cambio. son muy sensibles a estas perturbaciones. El ruido electromagnético se propaga tanto a través de los conductores como a través del vacío (o del aire) como ondas electromagnéticas y pueden interferir gravemente en el funcionamiento de las placas, los buses de datos, los datos procedentes del encóder, etc.

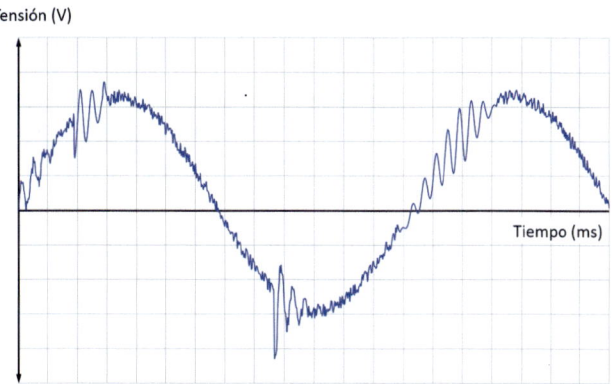

Ilustración 130. Señal alterada por la presencia de ruido electromagnético. Fuente: elaboración propia

Saber más

La generación de ruido electromagnético es un problema no solo interno de la maniobra del ascensor sino que puede llegar a afectar a otros sistemas que estén conectados a la misma red. También puede ocurrir en sentido contrario otros aparatos externos podrían afectar el funcionamiento de la maniobra.

Por este motivo cualquier aparato que vaya a ser conectado a la corriente eléctrica, incluidas por supuesto las maniobras de ascensor, tienen que cumplir la directiva 2014/30/UE de compatibilidad electromagnética. Esta legislación tiene como objetivo asegurar que todos los productos eléctricos o electrónicos sean electromagnéticamente compatibles entre ellos.

Componentes eléctricos y electrónicos: función y simbología

Presentamos en forma de tabla los principales elementos que encontramos en circuitos de maniobra de ascensor. Con relación a la simbología se aporta el símbolo actual; hay que tener en cuenta que buena parte de las maniobras más antiguas están dibujados con la simbología vigente en el momento de su diseño y que puede no coincidir con la actual.

	Símbolo	Función y aplicación
Conductor	————	Transmite la señal eléctrica, idealmente sin pérdidas de energía. El diámetro de los conductores está normalizado en función de la intensidad máxima que deben conducir. Algunos valores de referencia a título orientativo son: • Secciones inferiores a 1 mm² señales electrónicas de muy baja intensidad dentro de conductores con diversos cables (transmisión de datos, telefonía, fotocélula, etc.). • Sección de 1 mm² señales propias de la maniobra: señales de hueco, cordón maniobra de cabina, series de seguridad, cableado interno del cuadro, etc. • Sección de 1,5 mm² sección mínima para enchufes y motores con corrientes de consumo inferiores a 11 A (pequeños aparatos elevadores monofásicos de 2,2 kW máximo). • Sección de cables de acometida y motor:

Sección (mm²)	Intensidad máxima por conductor	Potencia máxima (motor trifásico)
2,5	15 A	10 kW
4	20 A	13 kW
6	25 A	17 kW
10	34 A	23 kW
16	45 A	31 kW
25	59 A	40 kW

Nota. El método de cálculo de la sección de los conductores reglamentariamente establecido es algo más complejo y depende, además de la sección, de la longitud, el tipo de aislante, el número de conductores que van por la misma conducción y el tipo de instalación (empotrada, aérea, bajo tubo, en canaleta...). Los valores facilitados son orientativos y cuentan con un razonable margen de seguridad.

	Símbolo	Función y aplicación
Contacto normalmente abierto (NO)		Contacto que en reposo no deja pasar la corriente. Normalmente se identifica por sus siglas en ingles (NO, Normally Open) pero a veces aparecen traducidas al castellano (NA, Normalmente Abierto). Se puede utilizar como símbolo general de cualquier contacto abierto de accionamiento manual o como representación de un contacto específico activado por un relé o contactor. En esquemas antiguos se utilizaba el símbolo ⊣⊢ para el contacto abierto de un contactor.

	Símbolo	Función y aplicación
Contacto normalmente cerrado (NC)		Contacto que en reposo deja pasar la corriente y que la interrumpe al ser accionado. Todos los contactos de la serie de seguridad de un ascensor son de este tipo de forma que, si cualquiera de ellos se abre, se provoca el paro del ascensor. Se puede utilizar como símbolo general de cualquier contacto cerrado o como representación de un contacto activado por un relé o contactor. En esquemas antiguos se utilizaba el símbolo ⊣⊢ para el contacto cerrado de un contactor.
Contacto conmutado		Combinación de un contacto abierto con uno cerrado con un terminal en común. Puede usarse como símbolo genérico para un conmutador o como representación de un contacto conmutado activado por un relé.
Contactos de un contactor trifásico		Contactos asociados a un contactor, su accionamiento es simultáneo cuando se alimenta la bobina del mismo. Se utiliza, por ejemplo, para el accionamiento del motor.
Órgano de mando (bobina) de un relé o de un contactor		Representación de la bobina de un relé o un contactor.
Pulsador NC		Accionamiento de un contacto normalmente cerrado mediante un pulsador. En la mayor parte de los ascensores el pulsador de apertura de puertas en cabina es de este tipo.
Pulsador NO		Accionamiento de un contacto normalmente abierto mediante un pulsador. Es el habitual en las llamadas de cabina y exteriores.
Contacto NC accionado por palanca		Interruptor de palanca con contacto simple o doble contacto. Se usa, por ejemplo en el mando de inspección en el techo de cabina de ascensores antiguos (actualmente han de ser de tipo rotativo para evitar accionamientos involuntarios).
Doble interruptor NC-NO de palanca		

	Símbolo	Función y aplicación
Interruptor rotativo (sin retorno automático)		Puede tener uno o más contactos abiertos o cerrados. Se utiliza, por ejemplo, como conmutador de luz de hueco o activación de maniobra en inspección en techo de cabina.
Contacto NC accionado por roldana		Accionamiento de un contacto normalmente cerrado mediante una roldana. Entre otras muchas aplicaciones en el ascensor se usa a menudo como final de carrera.
Contacto NC accionado por roldana en posición de abierto		Se trata del mismo dispositivo anterior pero en este caso el dibujo representa que se encuentra accionado por el correspondiente resbalón. El dibujo se utiliza por ejemplo en esquemas donde se representa el estado de los contactos de nivel con el ascensor parado en una determinada planta.
Contacto normalmente abierto accionado por roldana		Equivalente al dispositivo anteriormente citado pero con contacto abierto. Con frecuencia un mismo dispositivo tiene el contacto abierto y cerrado.
Contacto normalmente abierto accionado por campo magnético		Dispositivo utilizado con frecuencia para las señales de cambio de velocidad y nivel. Dado que su símbolo es poco conocido con frecuencia se representa con otros dibujos más intuitivos. Existen también en versión normalmente cerrado y conmutado.
Contacto cerrado activado por pulsador tipo seta y con enclavamiento		Es el clásico stop manual con un activador en forma de seta. Una vez activado el contacto queda en la posición de abierto hasta que se realiza su rearme manual (bien mediante rotación bien tirando de la seta para que recupere su posición).
Contacto de presencia de hoja		Contacto cerrado cuando la hoja de la puerta del ascensor está apoyada en el marco.

	Símbolo	Función y aplicación	
Magnetotérmico trifásico		Dispositivo de protección ante cortocircuitos y sobreintensidades. Se utiliza también el mismo símbolo para un guardamotor. En los esquemas antiguos es frecuente encontrar este otro símbolo, actualmente obsoleto (el símbolo se repite tantas veces como polos tenga el magnetotérmico).	
Diferencial (monofásico)		Dispositivo de protección ante contactos directos e indirectos. Tiene un botón (test) para que pueda probarse su funcionalidad periódicamente.	
Órgano de mando para protección térmica		Órgano de mando de un relé térmico (protección de sobreintensidades en el motor: activa su contacto cuando es atravesado durante un cierto tiempo por la intensidad a la que esté regulado).	
Contacto NC accionado por protección térmica		Representación del contacto asociados a un relé térmico. Normalmente es cerrado, cuando el relé térmico actúa se abre e interrumpe la alimentación de la maniobra o abre alguna serie de seguridad.	
Órgano de mando de un relé temporizado a la conexión		Dispositivo que, una vez que recibe tensión en la bobina retrasa la activación de sus contactos el tiempo previamente fijado.	
Órgano de mando de un relé temporizado a la desconexión		Dispositivo que, una vez que pierde la tensión en la bobina retrasa la desactivación de sus contactos el tiempo previamente fijado.	
Órgano de mando de un relé temporizado a la conexión y la desconexión		Dispositivo que integra ambas posibilidades. En maniobras antiguas las funciones de temporización de conseguían con relés asociados a condensadores y en las actuales se realizan mediante programación. Este tipo de relés de temporización se utilizan fundamentalmente en maniobras actuales sencillas que no requieren placa electrónica (por ejemplo, montacargas básicos).	

	Símbolo	Función y aplicación
Contacto NO temporizado a la conexión		Representación del contacto cerrado del relé temporizado a la desconexión (existe también el contacto abierto y el conmutado).
Contacto NO temporizado a la desconexión		Representación del contacto cerrado del relé temporizado a la desconexión (existe también el NO y el conmutado).
Contacto NO temporizado a la conexión y a la desconexión		Representación del contacto cerrado del relé temporizado a la desconexión (existe también el NO y el conmutado).
Motor trifásico		En los ascensores el motor principal es el que mueve cabina pero también existe motor en las puertas automáticas.
Motor trifásico dos velocidades o motor previsto para arranque estrella triángulo		Cuando aparece un motor con seis hilos de conexión puede representar dos cosas distintas: • Si es un motor de ascensor eléctrico se trata de un motor de dos velocidades (con dos bobinados trifásicos independientes). • Si es un motor de un ascensor hidráulico se trata de un arranque estrella-triángulo (en la que se representan las dos puntas de cada bobina del motor).
Luminoso		Símbolo genérico para la representación de una bombilla o de una señalización luminosa.
Resistencia		Es un componente que presenta oposición al paso de la corriente eléctrica. La unidad de medida es el ohmio y la ley fundamental es la ley de ohm que relaciona la resistencia con la tensión e intensidad $R = V/I$
Condensador		El condensador es un componente capaz de retener carga eléctrica para devolverla luego al circuito. Entre otras aplicaciones se utiliza motores trifásicos pequeños para poderlos conectar a una alimentación monofásica. La unidad de la capacidad del condensador es el Faradio.
Condensador electrolítico		Los condensadores electrolíticos son un tipo de condensador con mayor capacidad que el resto pero que tiene polaridad. Se utiliza, entre otras muchas aplicaciones, en maniobras de relés para conseguir un retardo a la conexión o a la desconexión. Se definen, además de por su capacidad, por la tensión máxima de funcionamiento.

	Símbolo	Función y aplicación
Bobina		La bobina genera un campo magnético al ser atravesada por una corriente eléctrica. En las instalaciones de ascensor el freno, las electrolevas, las electrocerraduras, y las electroválvulas son bobinas.
Fusible		El fusible protege al circuito de sobrecorrientes mediante la fusión de su filamento. Una vez fundido es preciso su sustitución. Se definen por su formato y su intensidad nominal.
Fusible rearmable		A diferencia del fusible ordinario el fusible rearmable es un componente electrónico que tiene la particularidad de funcionar como un conductor hasta que, debido al incremento de la temperatura por una sobrecorriente, aumenta de forma súbita su resistencia limitando el paso de la intensidad. Recupera su estado normal de conducción cuando cesan las condiciones que provocaron su activación. El valor característico es la corriente de referencia.
Varistor		Componente electrónico que funciona prácticamente como un aislante hasta que se supera su tensión de disparo momento en el cual comienza a conducir. Antes de la introducción de los fusibles rearmables se incorporaba a las placas electrónicas asociados a un fusible para provocar su disparo en caso de sobretensión de alimentación. Su valor característico es su tensión de referencia.
PTC		(Positive Temperature Coefficient) Termistor de coeficiente de temperatura positivo. Es una resistencia cuyo valor óhmico varía con la temperatura. Se utiliza como sensor de temperatura en los bobinados del motor o en el aceite de ascensores hidráulicos.
Termorresistencia		Resistencia cuyo valor óhmico varía con la temperatura de forma aproximadamente lineal. Tienen los mismos usos que las PTC pero ofrece mayor precisión. La más común es la PT100 realizada con platino y que tiene 100 Ω a 0 ºC.

	Símbolo	Función y aplicación
Diodo		Componente electrónico que solo deja pasar la corriente en una dirección. Para que conduzca, el cátodo (zona de la raya) tiene que ser negativo con relación al ánodo.
Puente de diodos (rectificador)		Conjunto de cuatro diodos configurados de tal forma que sirven para pasar de una tensión alterna a una tensión continua pulsante adecuada para el funcionamiento de elementos tales como el freno, las electroválvulas y la propia maniobra
LED		(Light emitter diode) Diodo emisor de luz. Usado actualmente para las señalizaciones luminosas de la maniobra y como alternativa eficiente a otros sistemas de alumbrado de cabina o hueco.
Transformador		Componente eléctrico que permite aumentar o disminuir la tensión en un circuito de corriente alterna manteniendo la potencia.
Borna conexión macho-hembra		Borna de conexión tipo terminal faston, conector o similar.
Manguera de maniobra		Representación de un hilo del cordón de maniobra que une el cuadro con la cabina.
Base de Enchufe		Toma de corriente. En las instalaciones actuales de ascensor debe haber una toma de corriente monofásica con tierra en el hueco y otra en cabina.
Toma de tierra		Conexión a tierra (obligatoria para toda la estructura metálica del ascensor: guías, chasis, puertas, cabina…, así como para la prevención del riesgo de electrocución en las maniobras (por lo general el negativo de la alimentación de la maniobra suele venir conectado a tierra).

	Símbolo	Función y aplicación
Sirena		Se utiliza en el techo de cabina asociada al pulsador de alarma.
Altavoz		Se utiliza en botonera de cabina como parte del conjunto de comunicación en caso de atrapamiento.
Batería		Empleada en ascensores hidráulicos para operaciones de emergencia en caso de fallo de corriente y en cualquier ascensor para garantizar el alumbrado de emergencia de cabina.

Actividad de aprendizaje 3

Localiza en el esquema siguiente (lo encontrarás en un tamaño mayor en el Anexo 3) los siguientes elementos: stop, finales de recorrido superior e inferior, roldana de detección de nivel en cada planta, luminoso de presencia del ascensor en planta, zumbador de llegada, pulsadores de llamada, magnetotérmico de maniobra, transformador, rectificador, interruptor general y motor.

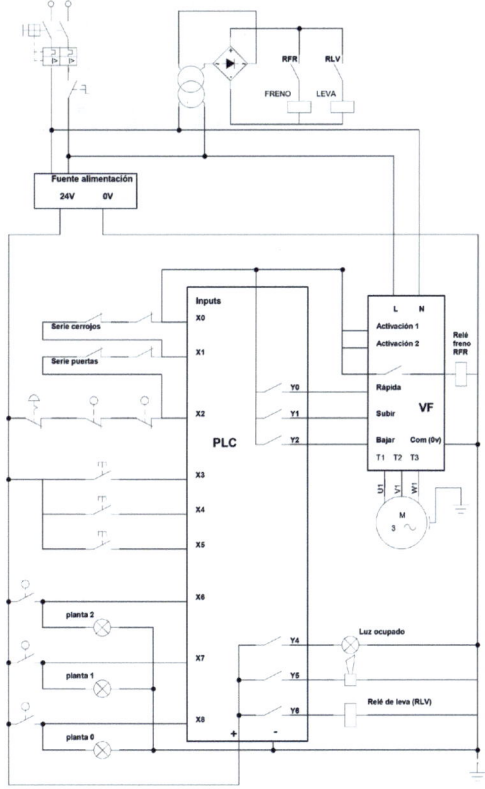

Aparatos de medida

Polímetro

El polímetro, también llamado multímetro o téster, es el principal instrumento de medida utilizado en el mantenimiento correctivo de ascensores. En el mercado existe infinidad de equipos con prestaciones muy diversas. Salvo situaciones muy particulares, el uso en el trabajo de campo (distinto del trabajo que pudiera realizarse en un laboratorio electrónico) no es particularmente exigente y requiere, fundamentalmente, de mediciones de tensión y continuidad (y, en menor medida, de resistencia o corriente).

Vamos a centrar pues la explicación en un equipo sencillo que permita adquirir las nociones fundamentales para el manejo de esta herramienta en la detección y resolución de averías.

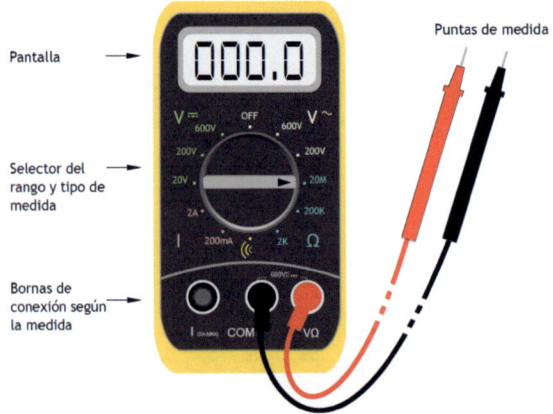

Ilustración 131. Polímetro básico. Fuente: elaboración propia

Las puntas de medida pueden terminar también en pinzas cocodrilo para sujetarlo directamente al terminal o al cable. La negra se conecta a la borna común del polímetro y se toma como referencia. En esta posición una señal de tensión negativa en pantalla indica que el voltaje es negativo en el rojo con relación al negro.

En los aparatos más sencillos hay tres bornas de conexión aunque, en equipos con mejores prestaciones encontramos cuatro.

La conexión es:

- Para **medición de voltaje**: común (negro) y VΩ (rojo). La medición del voltaje se realiza siempre en paralelo con las bornas que se desean medir.
- Para **medición de resistencia o la continuidad**: se conecta del mismo modo, pero es importante que el circuito que se vaya a medir esté sin corriente y, recomendable, para evitar falsear la medida por retornos no previstos, que por lo menos una de las bornas esté suelta.

- En la **medición de corriente** el negro sigue estando en la borna de común, pero hay normalmente dos opciones para el rojo:
  - ✓ Medición de pequeñas corrientes (típicamente hasta 200 mA) es una entrada protegida con un fusible.
  - ✓ Medición de corrientes más elevadas (normalmente el límite suele ser 10 o 20 A) es una entrada que no tiene fusible de protección.

Ilustración 132. Detalle de las bornas de conexión de un polímetro con doble borna para medición de corrientes.
Fuente: elaboración propia

En cualquiera de los dos casos el polímetro se conecta en serie con el circuito del que se desea medir la corriente (jamás en paralelo pues el multímetro en modo amperímetro funciona como si fuera un cortocircuito).

 Toma nota

La tensión se mide en paralelo con los dos puntos que se desea verificar.

La resistencia se mide en paralelo con el componente y siempre en circuitos no sometidos a tensión y con una borna del elemento que se va a medir suelta.

La medición de intensidad siempre se hace en serie, interrumpiendo el conductor y haciendo que la corriente pase a través del multímetro.

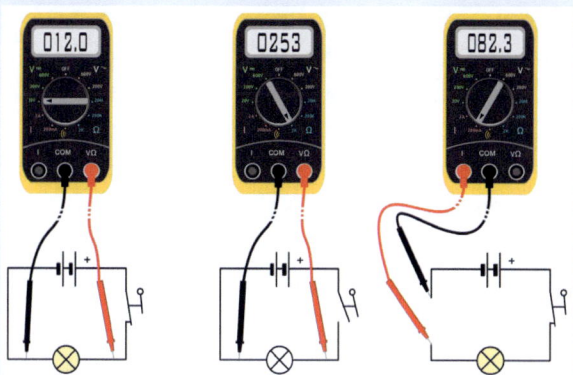

Ilustración 133. Mediciones básicas con un multímetro. Fuente: elaboración propia

Una vez bien conectado el multímetro hay que seleccionar el tipo de medida que se va a realizar entre las distintas opciones que tiene cada aparato.

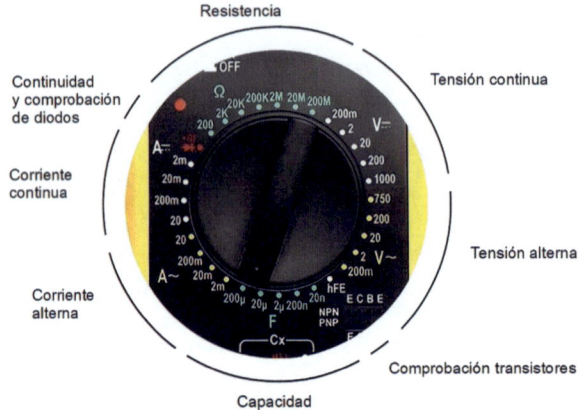

Ilustración 134. Opciones de selección de tipo y rango de medida en un multímetro profesional.
Fuente: elaboración propia a partir de una imagen comercial

Hay que señalar que, según el modelo de multímetro, algunas de ellas pueden no estar (por ejemplo, la medición de capacidad de condensadores, o la comprobación de transistores e incluso la medición de corriente alterna) y en otros pueden añadirse otras funciones (medición de frecuencia o incorporar en la rueda la posición de apagado ahorrando un botón en la carcasa)

Para cada una de las magnitudes hay diversos rangos de medición. El selector indica el valor límite medible en cada una de las posiciones, cuando una señal supera el límite del rango se señala en pantalla de algún modo (por ejemplo, marcando un 1 o con algún símbolo específico). En equipos más sofisticados la selección del rango adecuado la hace de forma automática el propio aparato.

Los multímetros comunes solo realizan una medición correcta de dos tipos de señales: continuas constantes y alternas senoidales. El valor que proporcionan para el resto de señales (por ejemplo, para continuas pulsantes o alternas no senoidales) es erróneo excepto en los equipos más caros capaces de medir el auténtico valor eficaz (True RMS). Hay que tener en cuenta que en muchos puntos de las maniobras de ascensores la tensión continua es de tipo pulsante y la señal alterna no es senoidal por lo que la medida obtenida con un multímetro puede ser una referencia (más que suficiente en la mayor parte de los trabajos de diagnóstico de averías) pero no debe considerarse como un valor preciso.

En la posición de continuidad el multímetro proporciona una señal audible si hay continuidad. No se trata de una medición precisa sino simplemente de la constatación rápida de que la resistencia medida es próxima a cero. Esa misma posición sirve para verificar el funcionamiento de un diodo.

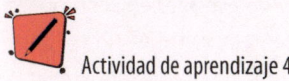

Actividad de aprendizaje 4

Dibuja la posición de las puntas de prueba y del selector de medida para realizar las siguientes mediciones.

Comprobación de un fusible

La resistencia de la bobina de freno

Tensión en un enchufe

Corriente que consume el motor

Tensión en una batería

Continuidad de una serie

Buscapolos

La función de este sencillo aparato es señalar mediante el encendido de un luminoso de neón la fase activa de una instalación eléctrica. Para que funcione correctamente se debe hacer contacto con la punta metálica en el conductor a analizar, tocando al mismo tiempo con el dedo la otra punta del buscapolo. Ello permite el paso de una corriente muy pequeña, inocua para nuestro cuerpo, pero si suficiente para generar luminosidad.

Existe una versión digital que permite la detección de la fase sin contacto. En esos dispositivos la detección se realiza a través del campo magnético que se genera.

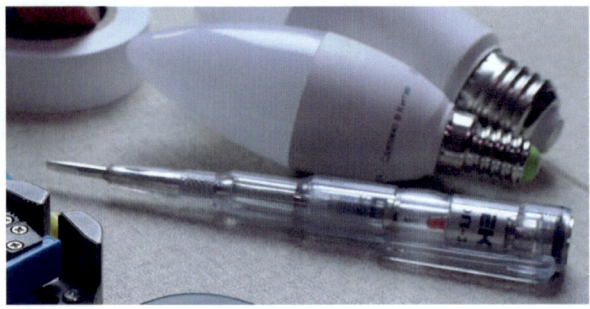

Ilustración 135. Buscapolos. Fuente: Imagen de Евгений en Pixabay

Pinza amperimétrica

La medición de corriente con un multímetro implica abrir el circuito para conectar el multímetro en serie lo que es poco práctico. La alternativa es el uso de una pinza amperimétrica que simplemente rodea el conductor a medir y mide el campo magnético que se genera a su alrededor. Esta pinza puede venir integrada en un multímetro.

Para su uso hay que tener en cuenta que solo puede rodearse un cable con la pinza (si se rodean dos conductores en un circuito monofásico la suma del campo magnético de cable activo y el cable de retorno es cero o la suma vectorial de ambos en otro tipo de circuitos)

Normalmente se utilizan en corriente alterna de un cierto valor. Existen modelos específicos de pinza amperimétrica que permiten también la medición de corriente continua.

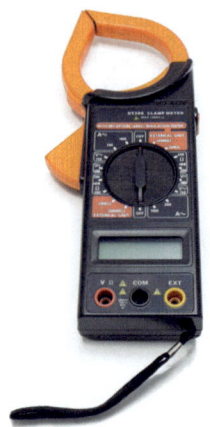

Ilustración 136. Pinza amperimétrica.
Fuente: Imagen de Edson Bonetti en Pixabay

Luxómetro

Aunque no se trata de un aparato de medición eléctrica mencionamos aquí también los luxómetros que permiten medir la iluminancia (el flujo luminoso por unidad de superficie). Se utilizan cuando es preciso verificar de forma objetiva el cumplimiento de las normas de iluminación de los espacios propios del ascensor.

Consta de un sensor que debe colocarse a la altura de medición y una pantalla para facilitar el valor. Suelen incorporar también otras funciones complementarias como rangos de medición, posibilidad de obtener valores máximos y mínimos, etc.

Otros aparatos de medida

Existen muchos otros aparatos de medida por ejemplo, el medidor de resistencia de tierra, los medidores de aislamiento, los analizadores de potencia... estos aparatos son utilizados de forma muy excepcional y sirven para realizar verificaciones más propias del electricista responsable de la instalación que de quien conserva del ascensor.

También, ya en un ámbito de laboratorio, están los osciloscopios como una herramienta imprescindible en la evaluación de señales complejas.

Medidas preventivas y primeros auxilios frente a riesgos eléctricos

Medidas preventivas

Ilustración 137. Señal de riesgo eléctrico.
Fuente: Imagen de Marc Pascual en Pixabay

El trabajo con tensión implica el riesgo de electrocución por contacto directo o indirecto. Por este motivo incorporamos una visión de conjunto sobre medidas generales que hay que tener en cuenta en el trabajo en baja tensión.

- Siempre que sea posible se realizarán las operaciones de mantenimiento correctivo eléctrico-electrónico cortando la acometida. El corte de la acometida supone:
  - ✓ La desconexión del magnetotérmico y diferencial de todos aquellos circuitos que no sea imprescindible mantener activos.
  - ✓ El enclavamiento del magnetotérmico para que no pueda ser restaurado por una tercera persona.

✓ La verificación mediante el voltímetro de que efectivamente no llega tensión.

✓ La comprobación de la descarga o desconexión de elementos susceptibles de almacenar carga eléctrica (variadores de frecuencia, sistemas de alimentación ininterrumpida, circuitos de rescate automático, etc.).

- En caso de requerir trabajar con corriente se usarán guantes de protección eléctrica.

- Se utilizará botas con suela de goma, no se trabajará con ropa mojada, sobre charcos o en espacios donde exista acumulación de agua.

- Se evitarán reparaciones eléctricas provisionales o el mantenimiento del ascensor con cables eléctricos dañados.

- Se prestará especial atención a que no sean accesibles partes metálicas del conductor en las regletas y conectores.

- Toda la herramienta que se utilice en reparaciones eléctricas estará debidamente aislada. Los destornilladores que se utilicen en la manipulación de circuitos eléctricos tendrán aislamiento hasta la punta. Las herramientas estarán secas y libres de grasas, aceites u otras sustancias deslizantes. Toda máquina portátil eléctrica deberá disponer de un sistema de protección (el más usual es el doble aislamiento).

- Se evitará el uso de enchufes, alargadores y regletas deteriorados o con empalmes. Todos los enchufes deberán llevar conectada la toma de tierra.

- En reparaciones y sustituciones de piezas el cable de tierra debe ser siempre el último en desconectar y el primero en volver a conectar.

- Jamás se anularán o puentearán magnetotérmicos o diferenciales. La sustitución de los mismos, de fusibles o de otros elementos de protección siempre se hará con repuestos del mismo valor y grado de protección.

Actuación en caso de accidente eléctrico

En caso de accidente eléctrico se aplican las mismos pasos que para cualquier accidente y que quedan resumidos con el acróstico PAS: Proteger- Avisar – Socorrer.

Proteger

Es fundamental **separar a la víctima de la fuente eléctrica que le está produciendo la descarga**. Para evitar que a la persona que le está intentando ayudar le ocurra un accidente similar, se deben tomar las siguientes precauciones:

- Cortar rápidamente la corriente eléctrica, desenchufando el aparato causante de las descargas de la base de enchufe a la que está conectado, o bien desconectando el suministro general en el cuadro de protección y distribución.

- En el caso de que no se pueda cortar la corriente eléctrica hay que situarse sobre un material aislante y, sin tocar directamente a la víctima, hay que intentar separarla del conductor o el aparato que está produciendo las descargas, con un objeto de un material aislante, como la madera o el plástico. Se puede emplear igualmente una prenda de vestir, una cuerda, y en último caso, se puede tirar de la propia ropa suelta de la víctima.

- Si la corriente puede cortocircuitarse, por medio de un conductor que haga contacto entre el conductor que produce la descarga y la tierra, se tratará de provocar el cortocircuito.

Avisar

- En caso necesario hay que llamar al servicio de asistencia sanitaria.

Socorrer

- En caso de que la persona caiga al suelo como consecuencia de la electrocución y pierda la conciencia, pero respire, hay que valorar la conveniencia de ponerla en posición de seguridad (excepto si hay sospecha de algún traumatismo). Es aconsejable tapar a la víctima con una manta o ropa de abrigo, para mantenerla caliente.
- Si es necesario debe efectuarse la reanimación cardiopulmonar inmediatamente después del accidente.

 **Actividad de aprendizaje 5**

El Instituto Nacional de Seguridad y Salud en el Trabajo (INSST) es el órgano científico técnico especializado en prevención de riesgos laborales (PRL) de la Administración General del Estado. Este organismo ha editado en los últimos años diversos estudios, materiales de divulgación, vídeos y otros recursos relacionados con la prevención de riesgos. Indaga un poco entre los materiales disponibles en su página web con relación al riesgo eléctrico y busca las 5 reglas de oro frente al riesgo eléctrico publicadas en 2019.

Análisis y reparación de averías eléctricas y electrónicas del ascensor

Tras un primer contacto con los principios generales de electricidad y electrónica y un recordatorio de los riesgos vamos a ver la forma en que se integran estos elementos dentro de la maniobra de un ascensor y la reparación de sus posibles averías.

Esto es lo que vamos a hacer en este módulo: poner de manifiesto que, dentro de la evidente diversidad de maniobras, hay estructuras comunes que podemos identificar, comprender, ver cómo se integran en el conjunto y reparar en caso de disfunción.

Comenzaremos hablando de los tipos de maniobra y presentaremos un esquema de bloques que da noción de la arquitectura común a cualquier maniobra de ascensor tanto actual como antigua. A partir de allí iremos presentando cada uno de los subsistemas, aportando ejemplos de configuraciones y desarrollando lo concerniente a su mantenimiento correctivo.

Desarrollo histórico de los tipos de maniobra

Una primera división histórica de las maniobras es la que marca la línea entre las maniobras eléctricas (basadas en relés) y maniobras basadas en electrónica digital.

Prácticamente todas las maniobras anteriores a los años setenta estaban basadas en relés y sistemas electromecánicos. Algunas de ellas con un marcado carácter artesanal por parte del instalador ascensorista y otras con una complejidad sorprendente. Sobre este sistema básico y sin perder la centralidad de los relés se fueron introduciendo componentes de electrónica analógica para realizar determinadas funciones (por ejemplo, las temporizaciones).

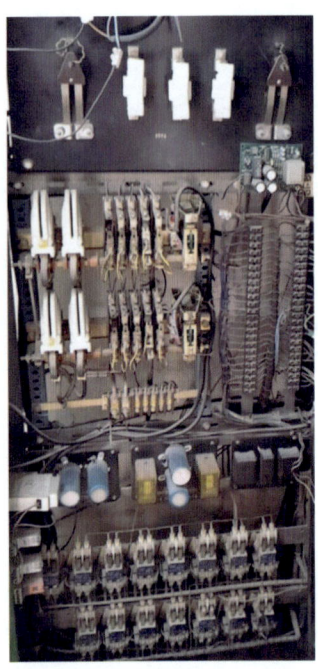

Ilustración 138. Maniobra de relés montada a principios de los años setenta. Fuente: Juan Boluda

A partir de los setenta se comenzaron a introducir algunas maniobras con un control basado en electrónica digital de puertas lógicas (que lograban disminuir el tamaño y el consumo de la maniobra e incrementaban las prestaciones y fiabilidad de las mismas). En el entorno de los años ochenta se introdujo la tecnología del control del ascensor basadas en microprocesadores programables, mucho más flexibles y fácilmente adaptables a las necesidades de cada instalación. Esto se hizo bien a través del diseño de placas electrónicas específicamente pensadas para la gestión de un ascensor o bien aprovechando sistemas de control electrónico genérico como son los autómatas programables.

En los noventa comenzó a normalizarse ya el control de motores con variador de frecuencia. En el inicio de siglo, se hizo habitual el traslado de parte de la información necesaria para el funcionamiento del ascensor por buses de conexión de datos en lugar de por cables individualizados. Esta mejora abre la posibilidad a la telemetría y el control remoto de la instalación.

En el paso de las maniobras de relés a las maniobras digitales hay un necesario cambio de la "lógica" con la que se debe comprender el funcionamiento de un circuito. En relés hay una lógica cableada. La pregunta es, en cada momento, ¿por dónde puede circular la corriente? Esto da la pista de qué elementos se activan o desactivan y por lo tanto qué es lo que hará el ascensor. En los sistemas digitales la lógica es de información, presencia o no presencia de tensión, la maniobra funciona en muchos aspectos como una "caja negra" en la que el resultado de las salidas responde a una instrucción programada no visible del tipo "si ocurre esto y/o esto otro entonces activa este elemento".

En la actualidad la persona conservadora de ascensores debe ser suficientemente competente en todas estas tecnologías. Los nuevos equipos son en su mayoría electrónicos pero hay un gran parque de ascensores con maniobras de relés en activo y todavía se emplea esa tecnología en algunas maniobras básicas.

Visión de conjunto: esquema de bloques de una maniobra de ascensor

En la página siguiente figura el esquema general que vamos a utilizar para comprender cualquier maniobra.

La estructura básica de una maniobra es la de una acometida eléctrica que ha de servir para poner en marcha un equipo impulsor (sea eléctrico de dos velocidades, variación de frecuencia o hidráulico). Esa conexión entre acometida y motor se hará casi siempre por medio de unos contactores (en el caso de los variadores puede omitirse si hay una medida de protección interna equivalente). Esta línea es lo que en la maniobra se denomina el circuito de potencia.

La cuestión ahora es la gestión de esos contactores/variador. Esta tarea la realiza el circuito de control. La gestión se realiza a partir del estado de diferentes elementos, en particular las llamadas (de cabina y/o exteriores) y la información sobre la posición del ascensor. Estos son los dos datos básicos para "decidir" si el ascensor tiene que permanecer parado, subir, bajar o cambiar la velocidad. A estos dos elementos se les añadirá otras señales importantes: la situación del mando de inspección, la información de los pulsadores de abrir y cerrar puertas, la información del pesacargas, etc.

Por motivos de seguridad las órdenes dadas a los contactores/variador no les llegan directamente. La señal debe atravesar una serie de contactos (la serie de seguridad). Si cualquiera de ellos está abierto, es físicamente imposible que la corriente llegue al contactor y se ponga en marcha el motor.

Además de las órdenes de control de contactores, las maniobras generarán dos tipos de salidas: las de control de puertas y las señalizaciones luminosas y de información al usuario.

La maniobra suele requerir una tensión distinta a la del motor por ello es necesario un transformador, así como rectificadores que permitan obtener tensiones continuas adecuadas.

Existirá además un interruptor general y, quizás otros elementos auxiliares de seguridad (por ejemplo, fusibles, relés de detección de falta de fase, contacto de guardamotores, etc.). Estos elementos pueden cortar la alimentación de la maniobra si es necesario.

Por último, existen otros circuitos eléctricos independientes para cuestiones tales como alumbrado y enchufe en cuarto de máquinas, en cabina, en hueco, alarma y comunicación en emergencia.

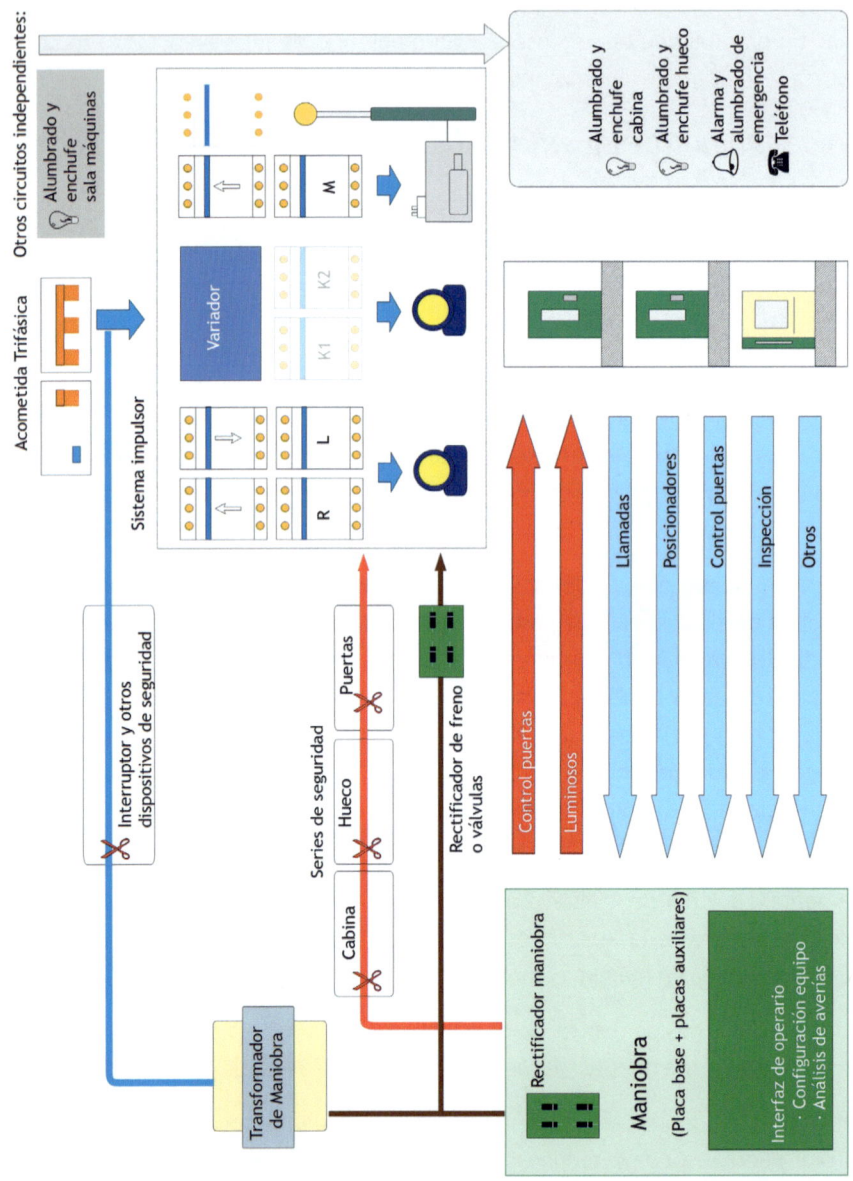

Ilustración 139. Estructura básica de una maniobra de ascensor. Fuente: elaboración propia

Es importante partir de esta visión de conjunto en la comprensión de cualquier esquema, pues, antes que entender los detalles del funcionamiento de cada maniobra particular hay que poderla entender globalmente como una construcción organizada de sistemas funcionales. Veamos, por ejemplo la identificación rápida de estos bloques en un esquema de una maniobra antigua de relés de un ascensor de una velocidad.

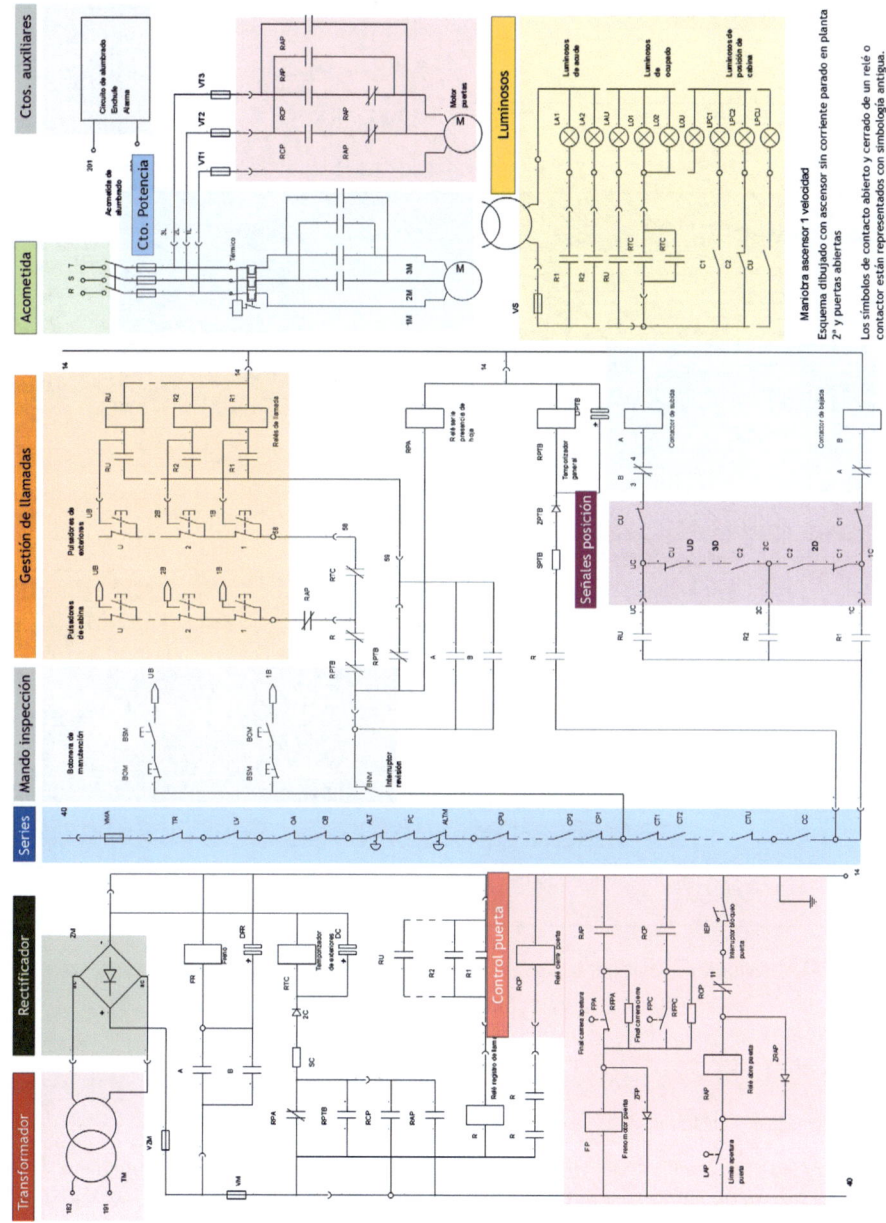

Ilustración 140. Identificación de los principales bloques funcionales en el esquema de un ascensor de una velocidad basado en relés

Puede verse también, un análisis similar de un cuadro de maniobra identificando los principales bloques funcionales.

Transformador

TR1

350 W

**Elemento protección.
Relé de control de fases**

Rectificadores

REC1   REC2

Cto. Potencia. Contactores y guardamotores

KL   KR   KB   KS

Maniobra basada en microprocesador

CCP20

Conexionado de llamadas a través de bus de datos

Conex. acometida

TL   TR

Conexionado diverso (señales de entrada y salida de la maniobra y series de seguridad)

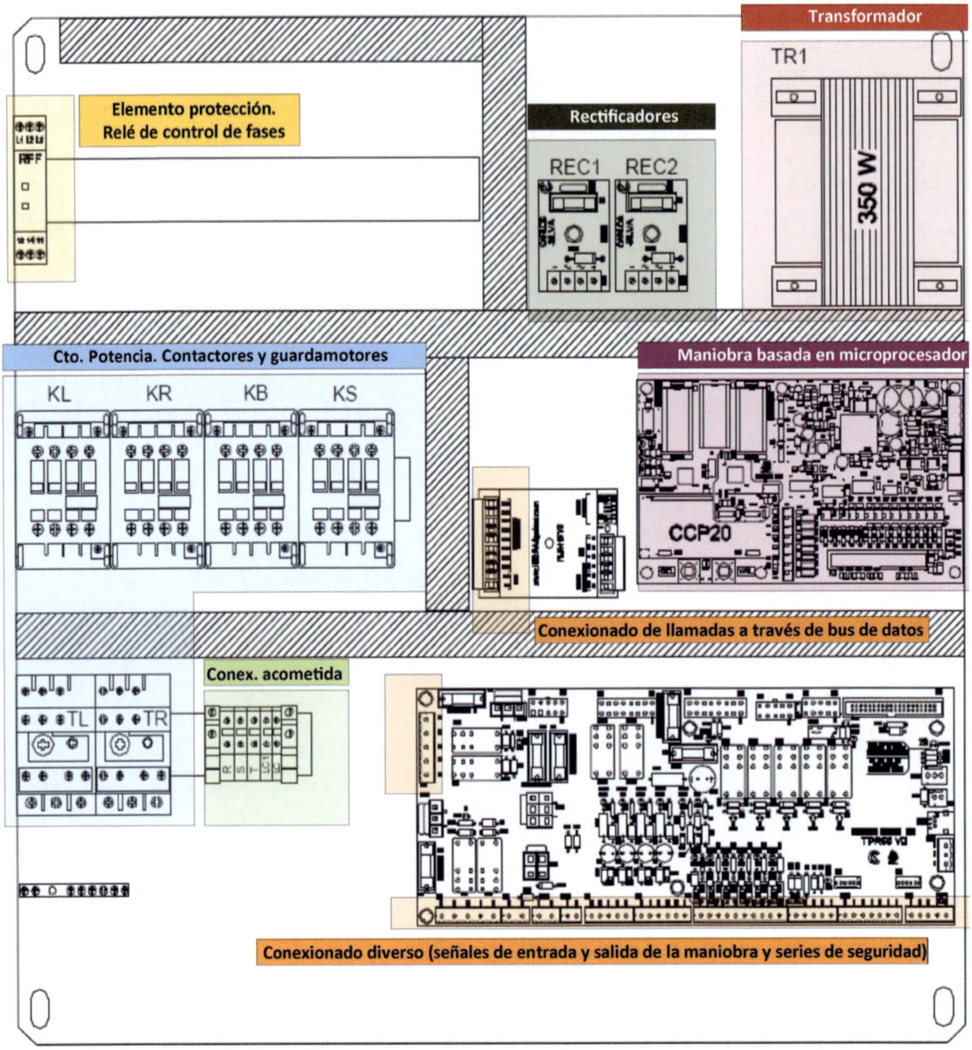

Ilustración 141. Identificación de los principales bloques funcionales en un cuadro de maniobra de la empresa Carlos Silva.
Fuente: elaboración propia a partir de un dibujo de la empresa Carlos Silva

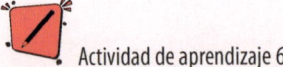

Actividad de aprendizaje 6

El siguiente esquema (ver en un tamaño mayor en el Anexo 4) corresponde a un montaplatos de tres paradas basado en un autómata programable y con motor controlado por un pequeño variador de frecuencia. Señala en el esquema los principales bloques funcionales de la maniobra.

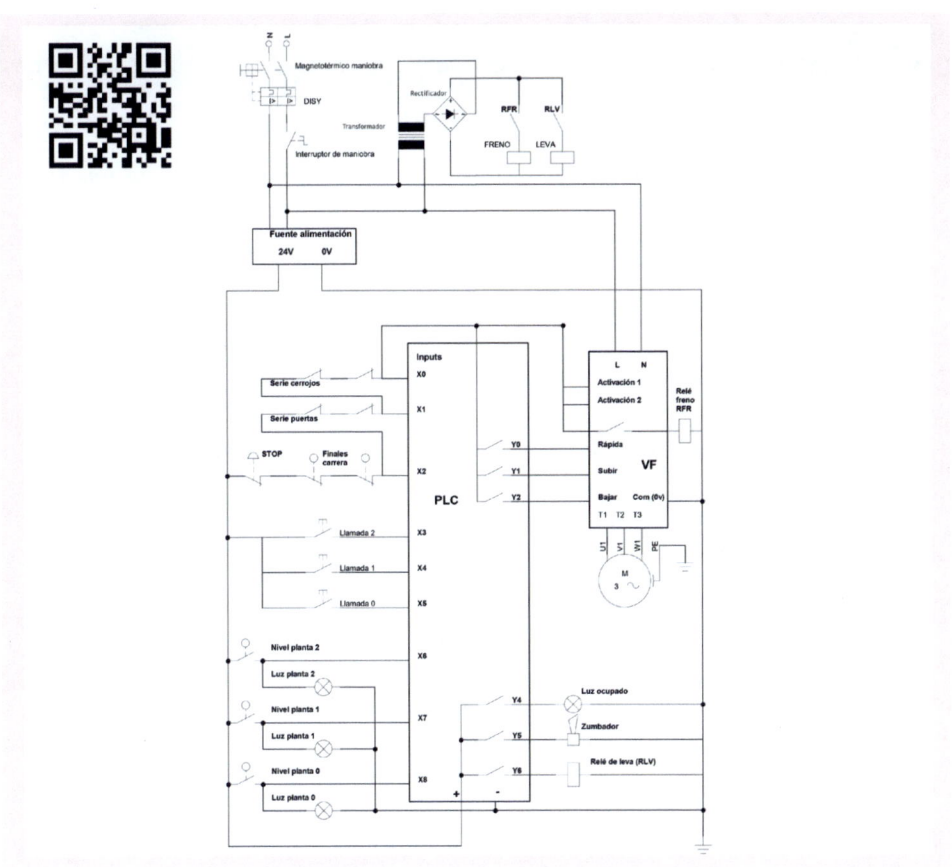

Circuitos de acometida y alumbrado. Conformidad con el REBT

El Reglamento electrotécnico de baja tensión (REBT) es la norma que establece las condiciones técnicas y las garantías que deben reunir las instalaciones eléctricas conectadas a una fuente de suministro en los límites de baja tensión (por debajo de 1000 V alterna o 1500 V continua).

La figura profesional especializada en este reglamento es el electricista. Es él quien debe garantizar su cumplimiento en toda la instalación de suministro hasta el cuadro de protecciones que se pone a disposición del ascensorista para la conexión de la maniobra. Por transmitirlo de un modo intuitivo, del cuadro de protecciones hacia arriba es materia del electricista, de dicho cuadro hacia abajo es asunto del ascensorista. Con todo, es importante que el ascensorista tenga un conocimiento suficiente del reglamento para garantizar:

- Una adecuada interlocución técnica con los y las profesionales electricistas cuando proceda.

- La verificación de la idoneidad del suministro que recibe.
- La detección de aquellas averías relacionadas con la activación de los sistemas de protección del cuadro eléctrico.
- La no perturbación de otras instalaciones y servicios más allá de la maniobra.
- El cumplimiento de aquellos criterios establecidos en el REBT que son de aplicación en la propia maniobra.

En otras secciones del texto ya se han abordado temas relacionados con las secciones y colores de conductores. En este apartado vamos a ver, de forma sintética y práctica, los dispositivos de protección y control (magnetotérmicos, diferenciales y relé protector de fases) así como los criterios a tener en cuenta con relación a la acometida y alumbrado. Más adelante veremos otras cuestiones tales como la reducción de ruido electromagnético y otros aspectos prácticos exigidos por el REBT y que están incorporados en la maniobra.

Dispositivos de protección y control

Magnetotérmico

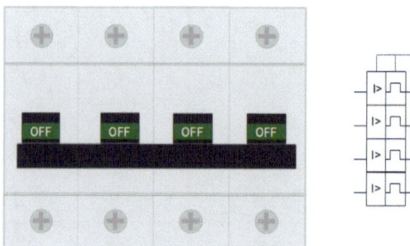

Ilustración 142. Magnetotérmico tetrapolar. Fuente: elaboración propia

El magnetotérmico tiene una doble función de protección:

- Ante cortocircuitos (activación magnética inmediata por inducción de una bobina).
- Ante sobrecorrientes mantenidas en el tiempo (activación térmica por deformación de una barra bimetal).

En ambos casos el magnetotérmico salta y abre el contacto interrumpiendo la alimentación al circuito.

Los magnetotérmicos se clasifican por diversos criterios:

- El número de polos: unipolar, bipolar, tripolares (trifásico), tetrapolares (trifásico con neutro).
- La intensidad nominal a partir de la cual es posible el disparo.
- El poder de corte que indica la máxima intensidad que puede interrumpir sin dañarse.
- La curva de disparo: las principales son B (disparo rápido), C (disparo normal, es el que se instala en viviendas), D (disparo lento adecuado para el control de motores con picos de arranque significativos).

Mantenimiento correctivo vinculado a la acción del magnetotérmico

El magnetotérmico salta al intentar rearmarlo

Hay tres motivos por los cuales esto puede ocurrir:

- Que el magnetotérmico esté dañado (en ese caso saltará igualmente aunque se desconecte su salida). La acción correctiva pasa por su sustitución por otro magnetotérmico de las mismas características.

 Ten cuidado:

Para sustituir un magnetotérmico hay que cortar la protección previa y dejarla condenada de forma que no pueda ser reactivada por nadie hasta que se termine la reparación.

- Que exista un cortocircuito permanente en la salida. En ese caso podemos independizar algunas partes del circuito hasta localizarlo (en principio el cortocircuito debe estar en algún punto entre el cuadro del electricista, la entrada de los contactores y el transformador de maniobra).
- Que haya un sobreconsumo tal que provoque el salto por accionamiento del bimetal. En ese caso el circuito no se podrá rearmar hasta que el magnetotérmico se enfríe lo suficiente y volverá a saltar relativamente pronto si se vuelve a calentar. En la siguiente línea se explican posibles causas del sobreconsumo.

El magnetotérmico salta de forma aleatoria tras un tiempo de funcionamiento

La causa más probable es calentamiento del bimetal por sobreintensidad mantenida. Los posibles motivos son:

- Un dimensionamiento inadecuado del magnetotérmico para la instalación (la avería se manifestará al poco de comenzar a usarse regularmente un ascensor tras su montaje cuando se trabaja con temperaturas y rendimientos altos).
- Fallos en la acometida (tensiones de entrada elevadas, falta de alguna fase, etc.).
- Un problema mantenido en el motor que provoque un consumo mayor al habitual (no apertura del freno, problema mecánico que impida el giro, etc.).

Si se diera alguna de estas situaciones habría que valorar en la instalación por qué motivo no han saltado previamente otros sistemas de seguridad (guardamotores, relés térmicos o termosondas).

| El magnetotérmico salta en momentos puntuales del recorrido | El salto del magnetotérmico se produce por efecto de un cortocircuito en un momento concreto y repetido del recorrido como puede ser al iniciar el movimiento en subida, al entrar la velocidad lenta, al abrir puertas, etc. la causa hay que buscarla en el circuito de potencia a partir de la salida de los contactores. Puede ser un problema con el contactor, los filtros que en ocasiones pueden llevar, los bobinados del motor de lenta o los del motor de rápida, el motor de puertas… En la medida de lo posible hay que desconectar y medir los diversos elementos para detectar cuál de ellos provoca la avería. |
| | Otras de las situaciones posibles es que, a causa del deterioro del aislante del cordón de maniobra, se produce el cortocircuito solo cuando la curva del cordón coincide con el tramo deteriorado. |

 Actividad de aprendizaje 7

En una instalación de un montacoches hidráulico con puertas exteriores motorizadas el magnetotérmico de maniobra salta exclusivamente en el momento en el que para en la planta baja. Con esta información indica qué elementos habría que comprobar:

☐ El circuito de la luz de hueco

☐ El circuito de la luz de cabina

☐ El motor de la puerta exterior superior

☐ El motor de la puerta exterior inferior

☐ La entrada de alimentación de las fotocélulas

☐ El motor del grupo hidráulico

☐ Que falte una fase en la acometida

Interruptor diferencial

La función de un interruptor diferencial es cortar la acometida ante cualquier derivación de corriente hacia la tierra. Con ello se evitan dos tipos de riesgos de electrocución:

- Por contacto directo de la persona con un conductor activo (en este caso la corriente atraviesa su cuerpo y se deriva hacia tierra).
- Por contacto indirecto saltando en el mismo momento en el que cualquier elemento metálico de la instalación entra en contacto con un conductor activo (para ello es imprescindible que ese elemento esté conectado a tierra).

El interruptor diferencial se basa en hacer pasar los conductores del circuito por un toroide. Mientras la corriente que entra es exactamente igual que la que sale el campo magnético inducido es cero. En el momento en el que hay alguna derivación a tierra las corrientes de entrada y salida dejan de ser iguales y se induce un campo magnético que se utiliza para hacer saltar al diferencial.

Los datos característicos que definen a un diferencial son:

- La clase: la utilizada en circuitos de ascensor es la clase AC para corrientes alternas senoidales. En instalaciones con variador de frecuencia el diferencial adecuado es el de clase F (conocido comercialmente como "superinmunizado").
- El número de polos: bipolar, tripolar (trifásico) o tetrapolar (trifásico más neutro).
- La sensibilidad: es la intensidad de fuga a la que se produce el disparo. Cuanto mayor es la sensibilidad más rápida es la respuesta. El valor habitual es 30 mA pero en circuitos con variador de frecuencia puede ser necesaria la instalación del diferencial de 300 mA a causa de las derivaciones internas de estos aparatos y su ruido electromagnético.

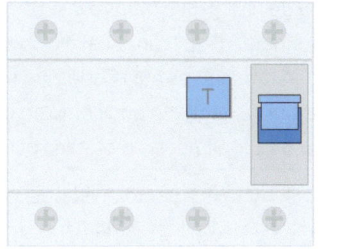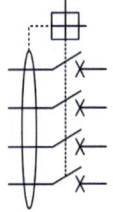

Ilustración 143. Diferencial tetrapolar. Fuente: elaboración propia

Mantenimiento correctivo vinculado a la acción del diferencial

El diferencial salta al intentar rearmarlo

Hay tres motivos por los cuales esto puede ocurrir:

- Que el diferencial esté dañado (en ese caso saltará igualmente aunque se desconecte su salida). La acción correctiva pasa por su sustitución por otro diferencial de las mismas características.

 Ten cuidado:

Para sustituir un diferencial hay que cortar la protección previa y dejarla condenada de forma que no pueda ser reactivada por nadie hasta que se termine la reparación.

- Que exista una derivación a tierra de un conductor mantenida. En principio, si la maniobra está bien hecha, esta derivación tiene que venir de algún punto entre el cuadro del electricista y el primario del transformador (las derivaciones a tierra a partir del secundario del transformador lo que deben provocar es, más bien, que se funda el correspondiente fusible de protección). Para encontrar el punto de fuga se pueden ir desconectando elementos hasta averiguar el causante de la avería.

 Ten cuidado:

Jamás hay que desconectar la tierra de los elementos metálicos de una instalación pues se corre el riesgo de electrocución de personas por contacto indirecto.

Hay que tener en cuenta que basta una derivación de 30 mA para hacer saltar a la mayor parte de los diferenciales. Así pues, no es imprescindible que entre fase y tierra haya un cortocircuito evidente para provocar el salto del diferencial. Podría haber una resistencia de hasta 7000 ohms o incluso un elemento capacitivo (cuya continuidad en continua es nula) o un varistor (cuya continuidad también es nula hasta que se alcanza determinado valor de tensión). Tanto en uno como en otro caso el medidor de continuidad del polímetro no bastaría para detectar el problema.

El diferencial salta durante el funcionamiento ordinario pero luego se puede rearmar nuevamente	Hay que valorar el momento en el que salta por si pudiera estar asociado a una circunstancia particular (por ejemplo, al entrar la velocidad lenta, al abrir o cerrar puertas) y tratar de identificar el elemento que genera la derivación a tierra.
	Una de las causas puede ser el contacto de los conductores con zonas húmedas o anegadas.
	Los variadores de frecuencia pueden hacer saltar el diferencial de forma aleatoria (bien en el momento en que entra en servicio, bien durante la marcha). En este caso hay que comprobar que están tomadas todas las medidas indicadas por el fabricante para la reducción de ruidos electromagnéticos (incorporación de filtros, distanciamiento entre cables del variador y la acometida, paso del cable de tierra por un toroide ferromagnético, etc.). En caso de utilizar un diferencial de 300 mA hay que verificar que los diferenciales previos en la red también tienen esa sensibilidad pues de otro modo el problema simplemente se traslada a una protección anterior afectando a otros circuitos.
El diferencial no actúa al pulsar el botón de test	Esto es indicativo de un fallo en el diferencial (aunque puede darse el caso de que no funcione en diferenciales tetrapolares donde no esté realizada la conexión del neutro al no requerirse para la maniobra).

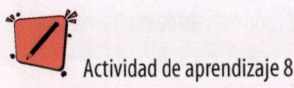

Actividad de aprendizaje 8

¿Qué es lo que puede estar fallando si, en una instalación, se constata que existe una tensión de 220 V entre la puerta exterior y la puerta de cabina?

Relé de control de fases

A diferencia del magnetotérmico y el diferencial este dispositivo no está en el cuadro de acometida del electricista sino en el de maniobra del ascensor. La función de este relé es monitorizar los valores y la secuencia de las fases de una acometida trifásica para detectar, por lo menos, estas dos incidencias:

Ilustración 144. Relé control de fases básico.
Fuente: elaboración propia

- Falla alguna fase (bien porque su valor de tensión o es cero o es notablemente más baja que la establecida).

- Las fases no vienen en la secuencia correcta (la secuencia de las fases es la que determina el sentido de giro del motor, en caso de que vengan dos fases cambiadas el motor giraría en sentido inverso al esperado).

Si se dan algunas de estas situaciones el relé abre un contacto que se utiliza para desconectar la maniobra (este contacto puede ponerse en serie con el interruptor de maniobra antes o después del transformador o incluso en la serie de seguridad).

No requiere ningún ajuste, basta conectarlo directamente en la acometida. Cuando se instala por primera vez hay que verificar que efectivamente el orden de fases que el relé detecta como correcto es el que gira al motor en el sentido esperado. En caso de que no sea así pueden cambiarse las fases a la entrada del relé.

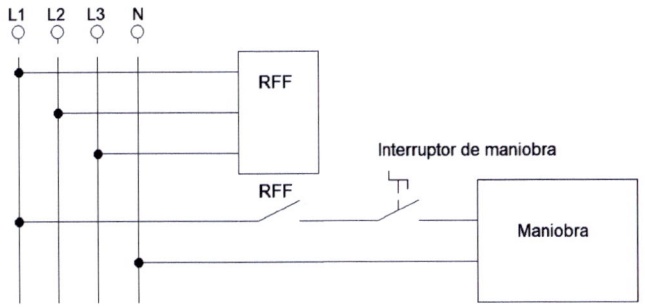

Ilustración 145. Esquema de un relé control de fases (tal como aparece en el dibujo corta la alimentación a la maniobra si las fases no llegan según está previsto. Fuente: elaboración propia

| Desconexión de la maniobra por activación del relé | Hay que verificar el estado de la acometida. El cambio de la secuencia de fases es algo que puede ocurrir si el electricista realiza cambios en la acometida del edificio (por ejemplo, al pasar de la acometida de obra a la acometida definitiva). En esos casos hay que cambiar el orden de fases de la acometida (es preferible hacerlo allí a hacerlo en el lado del motor para evitar posibles errores en los motores eléctricos de dos velocidades o en los ascensores de arranque estrella-triángulo. |

 Actividad de aprendizaje 9

En caso de no existir el relé de protector de fases ¿qué pasará en un ascensor eléctrico si se cambia el orden de las fases de la acometida? ¿Y en un ascensor hidráulico?

Cuadro de acometida para instalaciones de ascensores

La preparación de la acometida, en principio, es competencia del electricista que debe habilitar un cuadro con los circuitos y dispositivos de protección adecuados a la instalación.

Normativa general

La acometida debe cumplir los criterios generales del reglamento electrotécnico de baja tensión entre otros aspectos destacamos:

- Distinción de colores entre fases (gris, marrón o negro), neutro (azul) y tierra (amarilla y verde) y secciones de los cables en función de la potencia de cada suministro.
- Aislamiento adecuado de cables (normalmente polietileno reticulado con tensión nominal de aislamiento 1000 V) y conducción mediante tubo o canaleta hasta cuadro de maniobra.
- Instalación de puesta a tierra mediante cable de cobre del grosor adecuado, (típicamente 25 mm^2) y llevada hasta el foso del ascensor.

Normativa específica de ascensores con relación al interruptor principal

Con frecuencia, el magnetotérmico actúa como interruptor principal de la maniobra. La normativa UNE-EN 81-20 obliga a que los nuevos ascensores cumplan lo siguiente:

- Se debe proporcionar para cada ascensor un interruptor principal capaz de cortar su alimentación en todos los conductores activos. Este interruptor no debe cortar los circuitos que alimentan:

✓ El alumbrado de la cabina y de ventilación.

✓ La toma de corriente sobre el techo de la cabina.

✓ El alumbrado de los espacios de maquinaria y de poleas.

✓ La toma de corriente en los espacios de maquinaria, de poleas y en el foso.

✓ El alumbrado del hueco del ascensor.

- Este interruptor debe estar situado:

  ✓ en el cuarto de máquinas, cuando exista;

  ✓ cuando no haya cuarto de máquinas, en el armario de control, excepto si este está montado en el hueco; o

  ✓ en los paneles de emergencia y ensayos cuando el armario de control está montado en el hueco. Si el panel de emergencia está separado del de ensayos, el interruptor debe estar en el panel de emergencia.

Si el interruptor principal no es fácilmente accesible desde el armario de control, desde el control del sistema de tracción o desde la máquina del ascensor se debe disponer en estos sitios de interruptores. El elemento de mando del interruptor principal debe ser rápida y fácilmente accesible desde la entrada del cuarto de máquinas. Si hay varios ascensores debe estar identificado.

Cuando el interruptor principal haya desconectado la alimentación del ascensor se debe impedir cualquier maniobra del ascensor generada de forma automática (por ejemplo, una maniobra automática alimentada por batería).

Especificaciones del alumbrado y enchufe en espacio de maquinaria

Los espacios de maquinaria y cuartos de poleas deben estar provistos de un alumbrado eléctrico permanentemente instalado que proporcione, al menos, 200 lux a nivel del suelo en aquellas zonas donde una persona necesita trabajar, y de, al menos, 50 lux a nivel del suelo para moverse entre áreas de trabajo.

Debe haber un interruptor, accesible solo a personas autorizadas, situado en el interior, próximo al acceso y a una altura apropiada que debe controlar la iluminación de las áreas y espacios.

También se debe contar con, al menos, un enchufe de toma de corriente eléctrica.

Especificaciones del alumbrado y enchufe de cabina

La cabina debe estar provista de un alumbrado eléctrico permanente que asegure, en el suelo y en la proximidad de los dispositivos de control y a 1 m sobre el suelo en cualquier punto alejado más de 100 mm de cualquier pared, un nivel de iluminación de al menos 100 lux (para realizar las mediciones el luxómetro debe orientarse hacia la fuente de luz más intensa).

Debe haber por lo menos dos lámparas (bombillas, tubos fluorescentes, etc.) conectadas en paralelo.

Tiene que existir un interruptor y un circuito de protección contra sobreintensidades para cada cabina.

La cabina debe estar iluminada continuamente, excepto cuando esté estacionada y con las puertas cerradas.

Tiene que existir una toma de corriente bipolar con toma de tierra en el techo de cabina.

La alimentación de la iluminación y el enchufe de la cabina debe ser independiente de la alimentación de la máquina.

Debe existir **un alumbrado de emergencia** alimentado por una fuente de alimentación eléctrica de emergencia, de recarga automática, que sea capaz de proporcionar un nivel de iluminación durante una hora de 5 lux medible en el dispositivo de inicio de alarma de cabina o techo de cabina, en el centro de la cabina a 1 m del suelo, en el centro del techo de cabina y a 1 m por encima del nivel del suelo del techo. Este alumbrado de emergencia debe conectarse automáticamente desde el momento en que se interrumpa el suministro eléctrico del alumbrado normal.

Especificaciones sobre el alumbrado de las inmediaciones del ascensor

La iluminación natural o artificial del piso, en la inmediación de las puertas de piso, debe alcanzar, al menos, 50 lux, a nivel del suelo de manera que la persona usuaria pueda ver lo que tiene delante cuando abre la puerta de piso para entrar en la cabina, incluso en caso de fallo del alumbrado de la misma.

Especificaciones del alumbrado y enchufe hueco

En el foso debe haber una toma de corriente eléctrica y medios para accionar la iluminación del hueco del ascensor accesibles al abrir las puertas de entrada al foso. La luz de hueco también tiene que poder ser accionada desde el cuarto de máquinas.

El hueco debe estar provisto de una iluminación eléctrica de instalación permanente que proporcione, incluso con las puertas cerradas y en cualquier posición de la cabina durante su recorrido en el hueco, las siguientes intensidades:

- Al menos 50 lux 1 m por encima del techo y dentro de su proyección vertical.
- Al menos 50 lux 1 m por encima del suelo del foso en cualquier sitio donde una persona pueda permanecer, trabajar y/o moverse entre áreas de trabajo.
- Al menos 20 lux fuera de los espacios definidos en los puntos anteriores excluyendo las sombras creadas por la cabina u otros componentes.

Las medidas se deben tomar con el luxómetro orientado hacia la fuente de mayor intensidad lumínica.

Para conseguir esto se deben fijar el suficiente número de elementos de iluminación a lo largo del hueco y, si fuera necesario, se puede fijar más elementos de iluminación en el techo de cabina como parte de la iluminación del hueco.

Los elementos de iluminación deben estar protegidos contra daños mecánicos.

En el foso debe instalarse un interruptor para accionar la iluminación del hueco del ascensor a una distancia máxima de 0,75 m desde el marco de la puerta y a una altura mínima de 1 m por encima del nivel del piso de acceso.

Tiene que haber también un enchufe de toma de corriente eléctrica.

En la imagen lateral puede verse los dos esquemas típicos utilizados en ascensores para la obtención de una luz conmutada y enchufe de hueco. El esquema de la derecha ahorra un hilo de bajada por la canaleta de hueco.

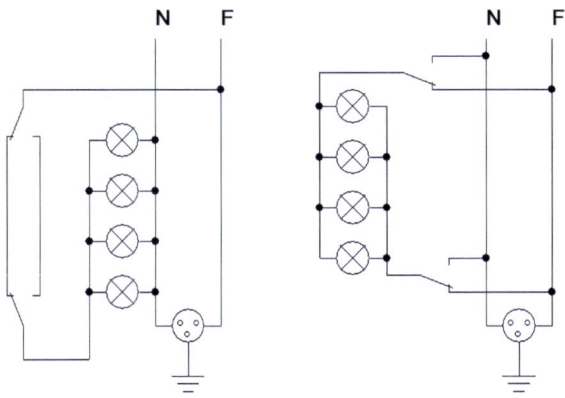

Ilustración 146. Posibles esquemas de alumbrado y enchufe de hueco. Fuente: elaboración propia

 Ten cuidado

En el segundo esquema el hecho de que las bombillas estén apagadas no implica que la borna de fase esté desconectada (puede estar en ambas bornas) por lo que cualquier operación de manipulación del alumbrado de hueco ha de hacerse tras bajar el magnetotérmico de la acometida que lo alimenta.

Actualmente, y por rapidez en la instalación, se tiende a sustituir el rosario de lámparas de hueco por una tira led que suele funcionar con un alimentador a 24 voltios ubicado en uno de sus extremos. También comienza a ser frecuente el utilizar, en lugar de un doble conmutador, un telerruptor único en el cuadro de maniobra que pueda accionarse desde allí o también desde el foso por medio de un botón.

Ejemplos de esquemas de subcuadros de acometida

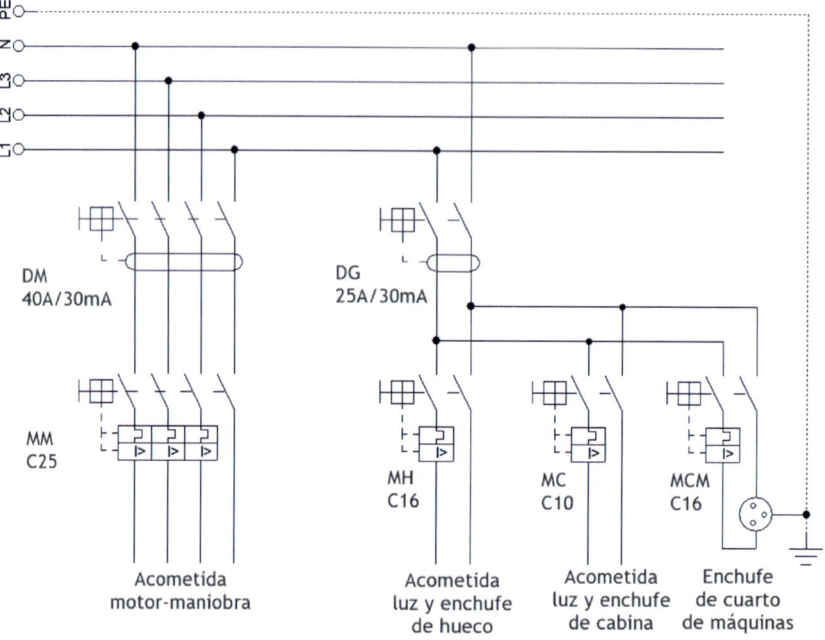

Ilustración 147. Esquema del subcuadro de acometida de un ascensor trifásico de 7,5 CV. Fuente: elaboración propia

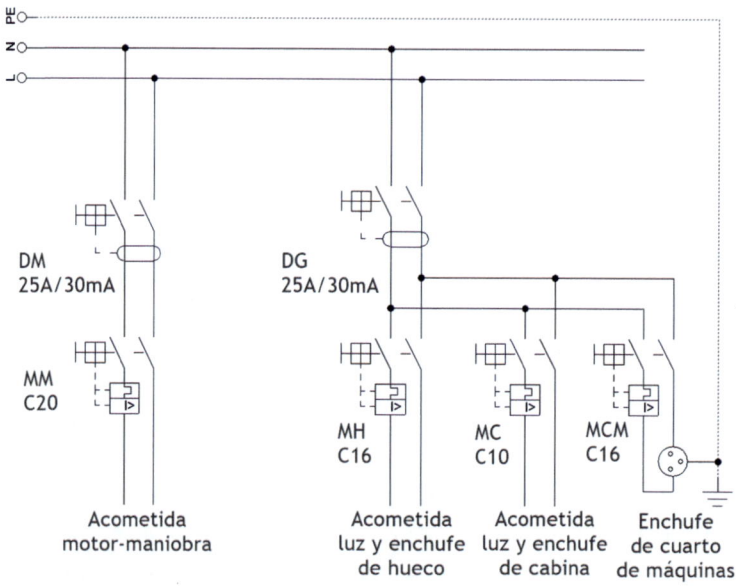

Ilustración 148. Esquema del subcuadro de acometida de un ascensor monofásico de 2 CV. Fuente: elaboración propia

La norma EN 81-20 es sumamente detallista con relación al tema de la iluminación, interruptores y separación de circuitos. En aparatos de velocidad igual o inferior a 0,15 m/s la legislación es bastante más imprecisa; no obstante, hemos de pensar que para quienes nos dedicamos a la conservación de ascensores el cuarto de máquinas y el hueco son espacios de trabajo por lo que es exigible en todo caso que haya unas condiciones de iluminación adecuadas para evitar accidentes.

Transformador y rectificador

La tensión trifásica de 400 V proporcionada por la compañía eléctrica puede ser adecuada para mover el motor y la tensión monofásica para los circuitos de alumbrado y enchufes; no obstante, los componentes de cabina, hueco y cuadro de maniobra necesitan con frecuencia trabajar con tensiones de voltaje inferior y también con tensiones continuas.

El paso de una tensión alterna a otra tensión alterna de distinto valor se llama transformación. El paso de una tensión alterna a otra tensión continua se llama rectificación.

El transformador

El transformador es un dispositivo que permite cambiar el valor de la tensión alterna sin perder potencia. El secundario puede ser múltiple para proporcionar las distintas tensiones que necesita la maniobra. La frecuencia no varía.

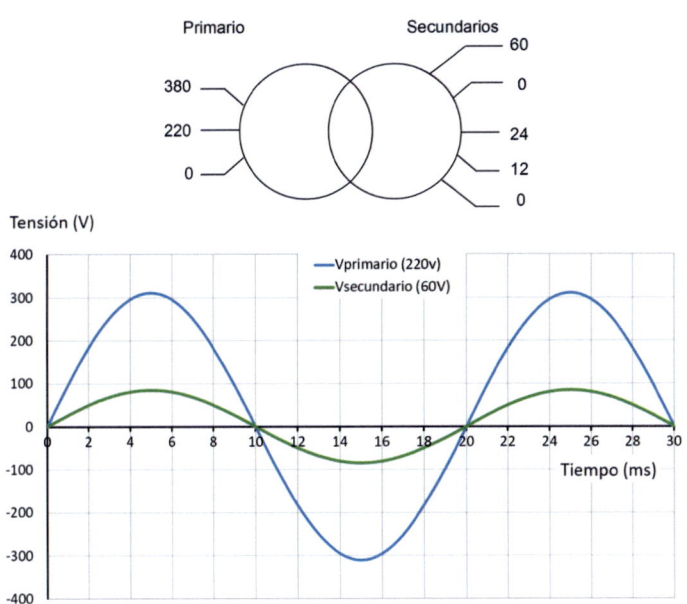

Ilustración 149. Esquema de un transformador y comparación entre la señal de entrada y la salida en uno de sus secundarios. Fuente: elaboración propia

El diodo y el puente rectificador

Un diodo es un componente electrónico que permite el paso de la corriente en una única dirección. El diodo conduce si tiene el positivo en el ánodo y, en cambio impide la circulación de la corriente si el positivo lo recibe por el lado del cátodo. El cátodo es el terminal que tiene dibujada la raya tanto en el símbolo como en el componente físico.

La caída de tensión en el diodo cuando conduce está, típicamente, en torno a los 0,6 V y se mantiene en ese valor con pocos cambios aunque la corriente aumente. Dado que la tensión que se pierde en el diodo es pequeña, a efectos prácticos, podemos considerar que el diodo es un cortocircuito cuando está polarizado en sentido directo y un aislante en sentido inverso.

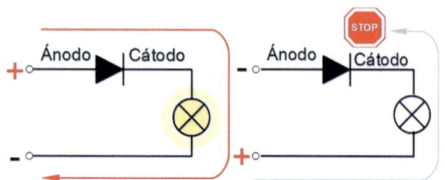

Ilustración 150. Polarización de un diodo en sentido directo y en sentido inverso. Fuente: elaboración propia

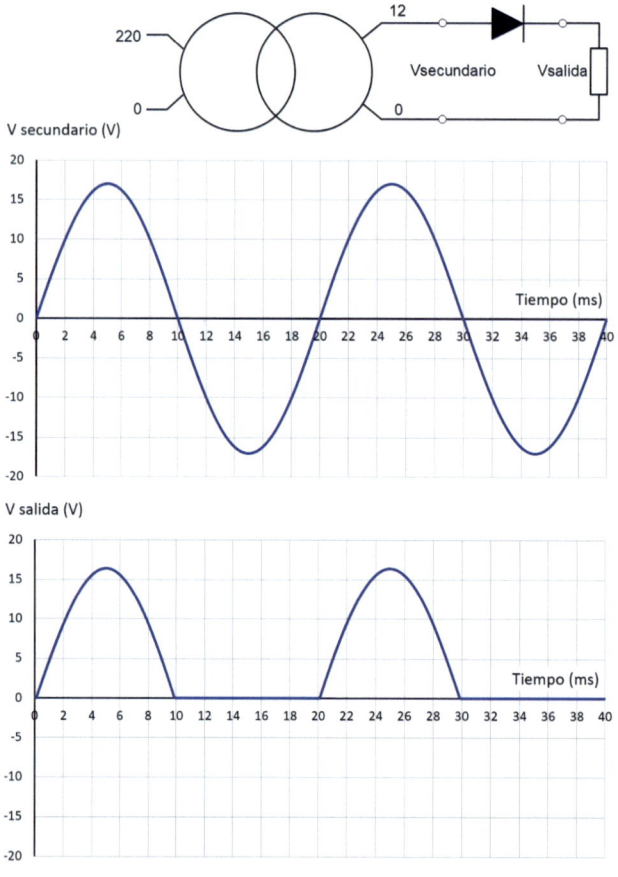

Ilustración 151. Rectificación de media onda. Fuente: elaboración propia

Si a la entrada del circuito ponemos una señal alterna observaremos (ilustración anterior) que solo conducirá durante los picos positivos. Ello permite la rectificación de la tensión alterna para obtener una tensión continua pulsante de media onda.

Para aprovechar ambos ciclos de la señal se utiliza un puente rectificador formado por cuatro diodos. Estos pueden venir, bien en un circuito impreso, bien encapsulados conjuntamente. Con esta configuración se consigue que, a la salida del rectificador haya un terminal siempre positivo y otro siempre negativo con independencia de la polaridad de la tensión de entrada.

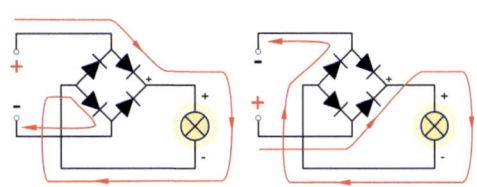

Ilustración 152. Funcionamiento de un puente de diodos. Fuente: elaboración propia

De este modo conectando una señal alterna a un puente de diodos obtenemos una tensión continua pulsante de onda completa.

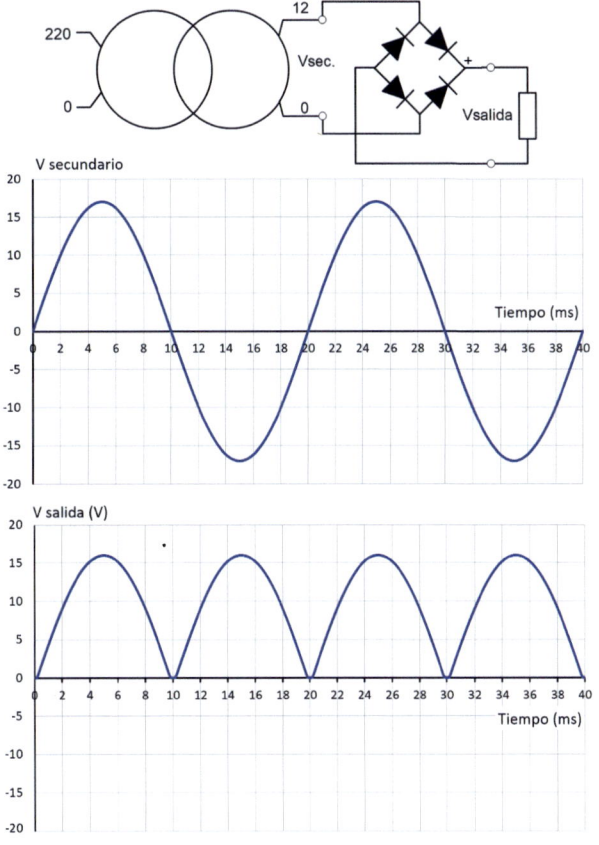

Ilustración 153. Funcionamiento de un puente de diodos. Fuente: elaboración propia

Con un transformador y un puente rectificador se obtiene pues una fuente de alimentación básica para alimentar maniobras con componentes eléctricos (bobinas, relés, frenos, levas, electroválvulas, electrocerraduras…). Es frecuente que se incorpore además algún fusible de protección.

Los circuitos electrónicos suelen necesitar tensiones continuas que sean constantes por lo que suelen incorporar sus propias fuentes de alimentación en las que, además del transformador y el rectificador, hay otros componentes de filtrado (normalmente un condensador electrolítico) y de regulación de tensión. Así mismo existen versiones electrónicas para obtención de fuentes de alimentación prescindiendo del uso de transformadores (fuentes conmutadas).

Mantenimiento correctivo de transformadores y rectificadores	
Medición de las salidas del transformador y rectificador	Resulta muy sencillo con el voltímetro en posición de voltaje en alterna medir las tensiones de entrada y salida del transformador para comprobar su funcionamiento.
	Las mediciones de la salida del rectificador deben hacerse en continua y hay que tener en cuenta que es un dato aproximado dado que los polímetros comunes solo miden con precisión tensiones alternas senoidales y tensiones continuas constantes.
Verificación de diodos y rectificadores	Los polímetros, en la posición de prueba de continuidad, suelen poder verificar también el estado de los diodos. La medida esperable es que con el positivo en el ánodo aparezca en pantalla un valor próximo a 0,6 y que en sentido inverso no haya ninguna continuidad.

 Actividad de aprendizaje 10

Observa el circuito de la página siguiente de una fuente de alimentación básica en una maniobra de ascensor y contesta a las siguientes preguntas:

• ¿Cómo medirias la tensión en la entrada y en la salida del transformador en alterna o en continua?
• ¿Cómo medirías la tensión en la entrada y en la salida del rectificador en alterna o en continua?
• ¿Esta fuente proporcionará una tensión continua constante?
• ¿Cuál es el límite de corriente de esta fuente de alimentación? ¿Qué pasará si se supera?
• En caso de que haya una derivación a tierra en la entrada del transformador, ¿qué elemento protegerá el circuito?
• En caso de que el primario del transformador quede cortocircuitado ¿qué elemento protegerá el circuito?

- En caso de que haya una derivación a tierra en la salida de la fuente de alimentación, ¿qué elemento protegerá el circuito?
- En caso de que haya un cortocircuito en la salida de la fuente de alimentación qué elemento protegerá el circuito.

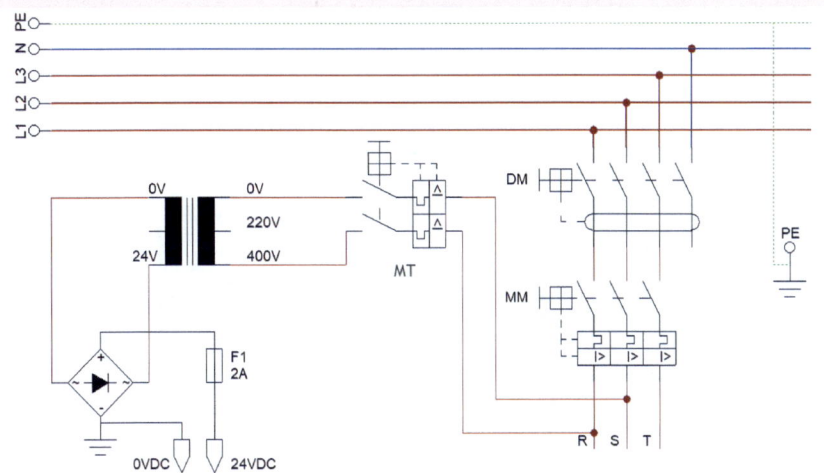

Motores

En el módulo de mantenimiento correctivo mecánico se ha visto ya el despiece del motor, así como todo lo relacionado con la máquina cuando existe. Vamos a tratar aquí los aspectos electrotécnicos.

Obtención de un campo magnético giratorio

En módulos anteriores hemos comenzado a introducir tanto los tipos de motores usados en ascensores como el conexionado específico de los motores hidráulicos. Vamos a ampliar aquí un poco más la información, especialmente con relación al funcionamiento eléctrico de los motores.

Desde el punto de vista eléctrico existen muchos tipos y criterios de clasificación de los motores. Los que se utilizan en los ascensores tienen en común que el movimiento del rotor se produce al tratar de seguir el movimiento de un campo magnético giratorio generado en los bobinados del estátor.

Los motores usados son, en su inmensa mayoría, trifásicos (tienen tres bobinas en el estátor). En ascensores eléctricos estos motores vendrán conectados de forma permanente bien en estrella, bien en triángulo según el tipo de motor y el valor de tensión de la acometida. Habitualmente la acometida trifásica tiene una tensión entre fases de 380-400 V si bien, en algunos edificios antiguos es posible, aunque excepcional, encontrar todavía acometidas trifásicas de 230 V (125 V entre fase y neutro).

Punto de partida	Motores 230 V △ – 400 V Y	Motores 400 V △ – 690 V Y
Acometida trifásica 230 V	△ Conexión triángulo	No conectable
Acometida trifásica 400 V	Y Conexión en estrella	△ Conexión triángulo

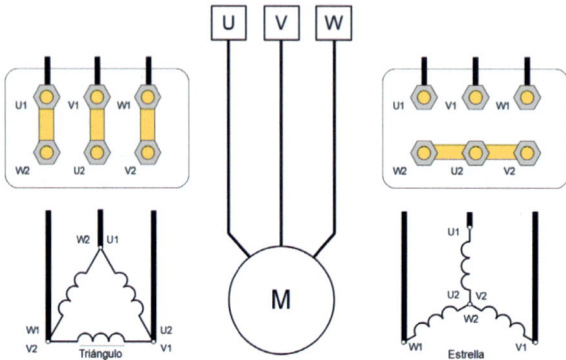

Ilustración 154. Conexionado del motor en ascensores eléctricos. Fuente: elaboración propia

Cuando son motores de poca potencia, pueden conectarse a una alimentación monofásica siempre y cuando la tercera bobina se alimente mediante un condensador debidamente calculado para ello (como aproximación se suele calcular 70 µF por kW del motor).

Las bobinas del estator pueden devanarse de diversas maneras. Si no están divididas se consigue un motor de dos polos (este es el tipo que suele utilizarse en motores de ascensores hidráulicos). Si cada bobina está dividida en dos tramos adecuadamente colocados, el campo giratorio del motor tendrá cuatro polos (dos norte y dos sur enfrentados). Según la ubicación de las espiras de las bobinas se puede obtener cualquier número par de polos.

El campo magnético se obtiene gracias a la secuencia de las tres fases de corriente alterna que alimentan a las tres bobinas.

Actividad de aprendizaje 11

Busca en internet algún vídeo donde se realice una simulación animada de la creación de un campo magnético giratorio en un motor trifásico y averigua, además del funcionamiento, quién y cuándo se inventó.

Velocidad y sentido de giro del campo magnético

La velocidad de giro del campo magnético (que puede ser distinta de la velocidad de giro del motor) depende exclusivamente del tipo de bobinado (número de polos) y de la frecuencia. Se calcula a través de la fórmula:

$$\text{Velocidad de giro (revoluciones por minuto)} = \frac{120 \times \text{Frecuencia}}{\text{n.º polos}}$$

En motores conectados a la red eléctrica de 50 Hz la fórmula queda: $V = \dfrac{6000}{\text{n.º polos}}$

Esto es, el campo magnético de un motor de dos polos gira a 3000 rpm, el de cuatro polos a 1500 rpm, el de 20 polos a 300 rpm, etc. En los motores síncronos la velocidad del rotor es exactamente la misma que la del campo magnético, en los motores asíncronos siempre es algo inferior a la del campo magnético.

Para cambiar el sentido de giro en un motor trifásico basta cambiar el orden de dos fases cualesquiera.

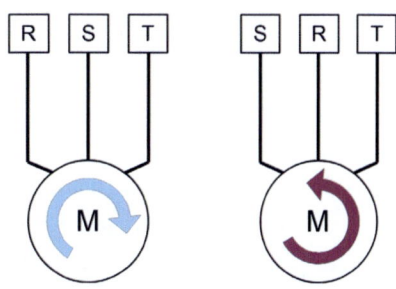

Ilustración 155. Inversión del sentido de giro del motor por cambio de dos de las fases. Fuente: elaboración propia

La ausencia de una de las fases impide la formación adecuada del campo magnético giratorio por lo que los motores, o no giran o, si llegan a hacerlo, lo hacen sin fuerza.

Tipos de motores usados en ascensores

En ascensores se están utilizando, casi exclusivamente, dos tipos de motores:

- **Motores asíncronos:** la característica principal del motor asíncrono es que, constitutivamente el rotor debe girar a una velocidad inferior a la velocidad de giro del campo magnético del estátor. En los motores asíncronos de los ascensores el rotor está formado por una estructura en forma de "jaula de ardilla". Son motores relativamente fáciles de construir, robustos y que, al no necesitar escobillas, no necesitan mantenimiento. La desventaja principal es que el aumento del número de polos provoca una pérdida de rendimiento. Por ello, lo habitual es usar motores asíncronos de cuatro polos lo que da velocidades de giro de unas 1350-1450 rpm siendo necesario usar una máquina reductora para mover la polea tractora. Dentro de los ascensores eléctricos con motores asíncronos encontramos actualmente:

  ✓ **Motores asíncronos de una velocidad:** son motores asíncronos normales que, o bien se mueven a una única velocidad (solo permitido para velocidades inferiores a 0,15 m/s) o bien se conectan a un variador de frecuencia para obtener un rango amplio de velocidades. En los ascensores hidráulicos lo habitual es usar motores de dos polos asociados a la bomba dentro del calderín (en este caso la segunda velocidad se obtiene a través del grupo de válvulas no por cambio de la velocidad de giro del motor).

✓ **Motores asíncronos de dos velocidades:** en sentido estricto y desde el punto de vista eléctrico, se trata de dos motores con un rotor común. En el estátor hay dos bobinados uno típicamente de cuatro polos y otro, más pequeño, de más polos que sirve para obtener la velocidad lenta. El bobinado de rápida y el bobinado de lenta es independiente y están eléctricamente aislados.

- **Motores síncronos:** la característica principal de los motores síncronos es que la velocidad de giro del rotor coincide con la velocidad de giro del campo magnético. El desarrollo de la tecnología de fabricación de imanes permanentes ha permitido en los últimos años usar estos motores síncronos en los ascensores. En estos motores, llamados también PMSM (Permanent Magnet Sync Motor) es posible bobinar el estátor con un alto número de polos sin perder rendimiento por lo que se pueden obtener velocidades de giro lentas evitando con ello el uso de una máquina reductora. Por este motivo los motores síncronos usados en ascensores son motores gearless (sin máquina). La velocidad de los motores síncronos usados en ascensores se controla, necesariamente, mediante un variador de frecuencia.

El uso de motores de continua u otro tipo de motores en ascensores es excepcional y suele requerir el uso de escobillas y sistemas específicos de regulación de velocidad.

Mantenimiento correctivo eléctrico de los motores

Bobinado del motor quemado	Desde el punto de vista eléctrico el principal problema de los motores es la comunicación de las espiras por destrucción del barniz que las aísla unas de otras. Este barniz puede deteriorarse por roce o abrasión mecánica (poco probable al estar fijas en el estátor) o, sobre todo, por calor, bien como consecuencia de un funcionamiento intenso y una mala ventilación, bien como consecuencia de sobreintensidades por problemas de:
	• Bloqueo mecánico del motor.
	• Fallo de una fase lo que impide al motor mover la cabina y provoca sobreintensidad en las fases conectadas.
	• Sobretensiones en la acometida.
	Según el tipo de avería puede quedar afectada una bobina o el conjunto del devanado.
	Según como queden comunicadas las espiras, o bien simplemente el motor no girará al recibir corriente, o bien, si está en cortocircuito, provocará el salto de las protecciones de la acometida.
	En caso de deterioro del motor es necesario llevarlo a un especialista para rebobinarlo nuevamente

Sistemas de protección de los motores

En vistas a evitar la destrucción de los bobinados se suelen incorporar algún dispositivo de protección. Los más comunes son termosondas, los relés térmicos y, más excepcionalmente, los guardamotores.

Termosondas

Una de las formas de evitar un sobrecalentamiento del motor es monitorizar la temperatura del devanado mediante sensores insertados en las bobinas. Estos sensores pueden ser termopares, termistor PTC, termistor NTC o termorresistencias (la llamada PT100 es particularmente adecuada al ser más lineal y estable que los termistores). Estos sensores deben conectarse a un circuito electrónico que detecte las variaciones del valor de la resistencia y detenga la maniobra al llegar a un cierto límite.

En el caso de PT100 el valor de referencia es de unos 100 Ω a 0 °C por cada una (normalmente se pone tres, una en cada bobinado) incrementándose linealmente en función de la temperatura.

El valor típico de cada PTC a temperatura ambiente es de unos 100 Ω y se mantiene más o menos en ese valor hasta los 50-70 °C que crece exponencialmente.

Actividad de aprendizaje 12

El motor de un ascensor eléctrico incorpora tres PTC. Une mediante flechas cómo habría que interpretar los distintos valores de resistencia que podrían medirse con un polímetro en las bornas de entrada de termosonda de la maniobra.

La resistencia es 0 Ω   La temperatura del motor es normal
La resistencia es 330 Ω   Las PTC están puenteadas
La resistencia es 9000 Ω   Las PTC están desconectadas
La resistencia es infinita   La temperatura del motor es excesivamente alta

Relé térmico

El relé térmico es un dispositivo que se conecta a la salida de un contactor y que actúa ante sobrecargas del motor abriendo un contacto que puede desconectar la maniobra. Los relés térmicos tienen posibilidad de regulación de su intensidad nominal dentro de unos márgenes y pueden configurarse para realizar un rearme automático o manual.

Normalmente viene diseñado para su conexión directa al contactor; no obstante, también es posible montarlo sobre una peana con bornero para colocación sobre carril.

En motores de dos velocidades es necesario el uso de relés térmicos diferenciados para el motor de velocidad rápida y el de velocidad lenta.

En ascensores con variador de frecuencia el propio variador incorpora la medición de las corrientes parando la maniobra en caso de detectar alguna anomalía.

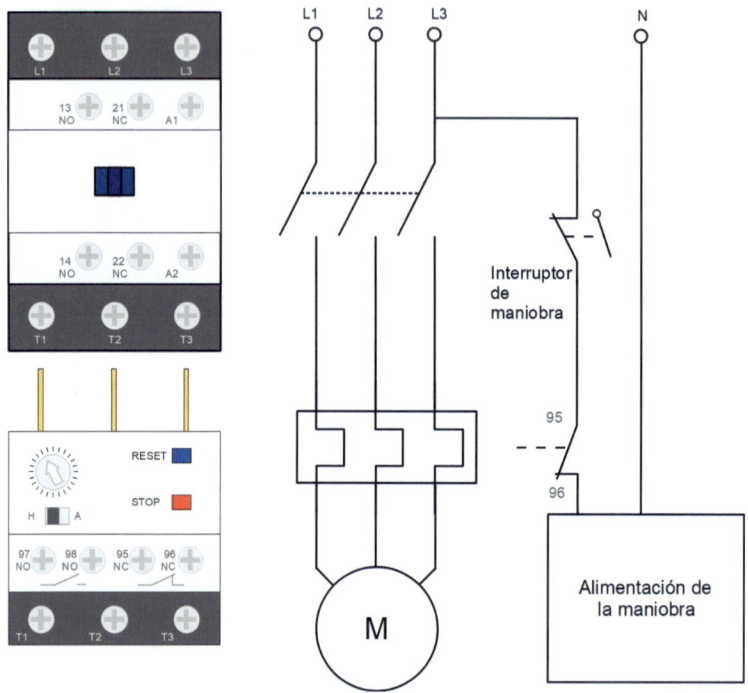

Ilustración 156. Dibujo y esquema de un contactor con un relé térmico que corta la alimentación a la maniobra en caso de sobreconsumo mantenido del motor. Fuente: elaboración propia

Guardamotor

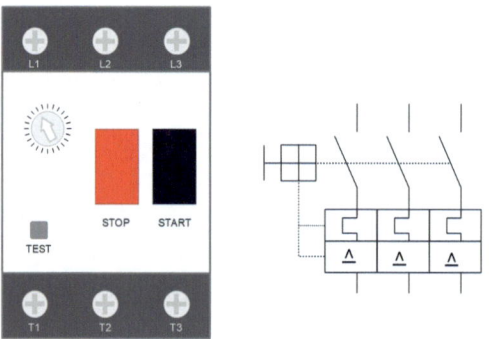

Ilustración 157. Dibujo y esquema de un guardamotor. Fuente: elaboración propia

Aunque en la práctica con frecuencia se llama guardamotor al relé térmico, en sentido estricto el guardamotor es un componente distinto. Los guardamotores tienen las mismas prestaciones y utilizan el mismo símbolo que un magnetotérmico (control de cortocircuitos por acción inductiva, de sobrecargas por acción térmica y posibilidad de conexión o desconexión manual). La diferencia con el magnetotérmico es que el guardamotor permite la regulación de la intensidad de disparo dentro de unos márgenes. Cuando se dispara efectúa directamente la desconexión de potencia del motor al igual que un magnetotérmico.

El uso de un guardamotor en ascensores no tiene ninguna ventaja especial con relación al uso simultáneo de un relé térmico acoplado al motor y el magnetotérmico obligatorio del circuito de acometida.

Contactores

Los contactores son el elemento que conecta y desconecta el motor a la acometida. Vamos a ver en los siguientes apartados sus posibles configuraciones según el tipo de ascensor.

Ascensores eléctricos 1 velocidad

Los ascensores eléctricos de una velocidad están limitados a ascensores de velocidad igual o inferiores a 0,15 m/s.

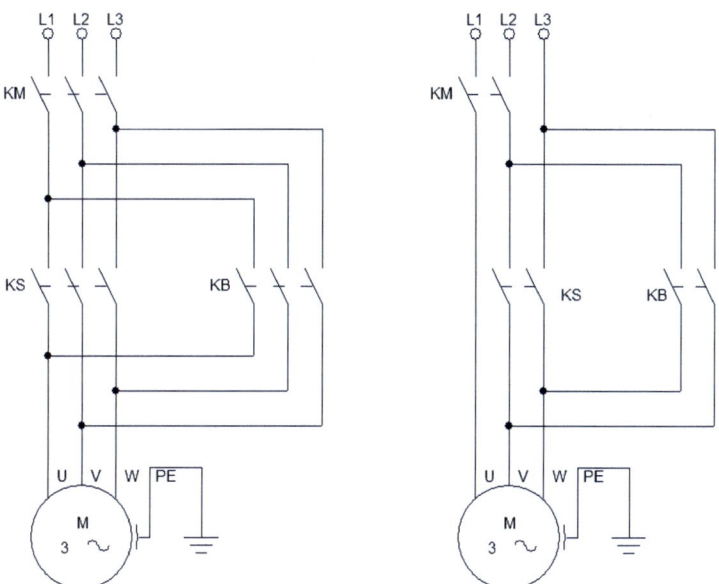

Ilustración 158. Dos posibles esquemas de conexionado de contactores para control de un ascensor eléctrico de una velocidad. Fuente: elaboración propia

Por motivos de seguridad se exige que el movimiento de cualquier ascensor esté controlado, como mínimo por dos contactores (o, en caso de variadores de frecuencia un circuito redundante con el mismo nivel de seguridad) de modo que, aún en el caso de que uno de ellos se quede pegado en la posición de cerrado el ascensor no se mueva de forma incontrolada. Por otro parte, para cambiar el sentido de giro del motor es necesario intercambiar dos de las fases de entrada. Con estas premisas cualquiera de las dos opciones dibujadas u otras similares son válidas para la activación de un ascensor eléctrico de una velocidad.

Hay un primer contactor de marcha (KM) que ha de entrar tanto en subida como en bajada y luego dos contactores uno para la subida (KS) y otro para la bajada (KB).

Tal y como están conectados si entra KM y KS las fases llegan al motor como R-S-T y si entra KM y KB como R-T-S (haciendo que gire en sentido inverso).

En el dibujo de la derecha, si solo entra un contactor solo llega una fase al motor por lo que ni gira ni existe riesgo de daño en los bobinados.

En caso de entrar simultáneamente KS y KB se provocaría un cortocircuito entre las fases S y T, por ello ambos contactores deben tener una condena eléctrica y/o mecánica que impida que uno de ellos entre mientras el otro esté activado.

Ascensores eléctricos 2 velocidades

Los ascensores eléctricos de dos velocidades tienen dos devanados independientes. En este caso se requiere de cuatro contactores, dos para el sentido de giro (subida o bajada) y otros dos para activar uno u otro motor (rápida lenta).

La condena mecánica y/o eléctrica debe evitar la acción simultánea de subida y bajada (sería causa de cortocircuito entre fases) y la del motor de rápida y lenta (el motor de rápida es más potente y haría girar el motor pero a costa de la posibilidad de dañar por sobreintensidad ambos devanados).

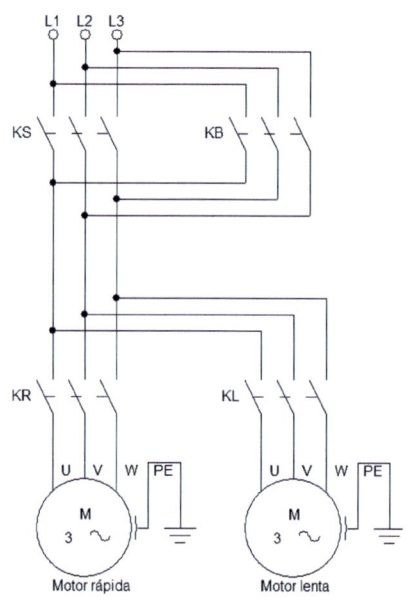

Ilustración 159. Esquema de conexionado de contactores para control de un ascensor eléctrico de dos velocidades. Fuente: elaboración propia

Ascensores eléctricos con variador de frecuencia

Aunque desde el punto de vista funcional no es imprescindible que el variador de frecuencia se conecte al motor a través de contactores estos pueden incorporarse entre el variador y el motor por motivos de seguridad. Más adelante trataremos con más detalle este tipo de sistema de control.

Ascensores hidráulicos de arranque directo

En los ascensores hidráulicos el motor solo se activa en subida por lo que no es necesario contactores de inversión de giro y basta con dos contactores que actúan siempre simultáneamente.

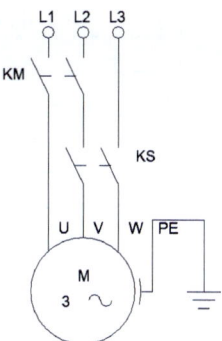

Ilustración 160. Esquema de conexionado de contactores para control de un ascensor hidráulico de arranque directo. Fuente: elaboración propia

Ascensores hidráulicos de arranque estrella-triángulo

Tal y como se vio en el módulo anterior en este caso es necesario una primera fase en la que los bobinados se conectan en estrella y durante la cual el motor gira sin mover la cabina (el aceite retorna al calderín). Tras ella hay una segunda fase donde los bobinados se conectan en triángulo y se inicia el movimiento.

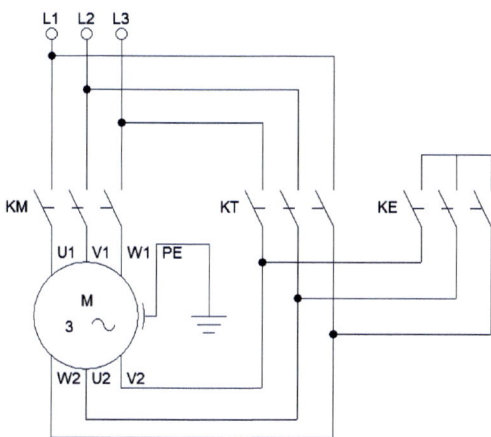

Ilustración 161. Esquema de conexionado de contactores para control de un ascensor hidráulico de arranque estrella triángulo. Fuente: elaboración propia

Desde el punto de vista eléctrico, cuando no están conectados los contactores las tres bobinas del motor tienen ambas puntas sueltas.

En cualquiera de las dos fases ha de entrar el contactor de marcha (KCM). La conexión del contactor de estrella (KCE) genera un punto común a las tres bobinas y la conexión del contactor de triángulo (KCT) enlaza las tres bobinas formando tres vértices.

En ningún caso pueden entrar simultáneamente la estrella y el triángulo.

Mantenimiento correctivo de los contactores

Bobina deteriorada	Aunque es poco habitual, en situaciones de sobretensión la bobina del contactor puede llegar a calentarse lo suficiente como para que el barniz que cubre las espiras de la bobina se deteriore y quede cortocircuitada. En la mayor parte de los contactores es posible comprar una bobina de repuesto en lugar de hacer un cambio completo del dispositivo.
Deterioro de los contactos de fuerza	En las entradas y salidas del contactor se producen arcos eléctricos de mayor o menor potencia (según la intensidad inicial o de corte de la carga). Este arco eléctrico puede provocar dos efectos: • El efecto ordinario y acumulado en el tiempo es el fogueo de los contactos (acumulación de carbonilla o deterioro del metal) con lo que puede llegar a fallar o mostrar una resistencia anormalmente elevada. Tal y como se ha visto anteriormente, la falta de una fase en el motor lleva a sobrecorrientes con la posibilidad de que actúe el relé térmico, la termosonda o incluso el magnetotérmico. En este caso, aunque la avería se manifieste en esos dispositivos, el problema estaría en el contactor y no en la acometida o en el motor. • Cuando el contactor tiene que cortar una intensidad para la que no está preparado y no lo hace suficientemente rápido existe la posibilidad de que el arco eléctrico suelde, literalmente, los contactos. Esto se conoce como avería por "contactor pegado". En principio no debe causar un accidente grave pues, precisamente por ello, se utilizan siempre dos contactores para accionar o cortar la maniobra; no obstante, cuando esto ocurre, la maniobra debería detectar que uno de los contactores no ha vuelto a su posición de reposo y evitar nuevos viajes hasta que sea revisado por un técnico. En contactores antiguos, los contactos son fácilmente visibles y sustituibles (incluso es regulable la distancia entre la parte fija y la parte móvil). Los contactores modernos, en principio, son desmontables pero lo normal es un cambio del dispositivo íntegro.
Fallos en los contactos auxiliares	Además de los contactos principales de fuerza se suele utilizar un bloque de contactos auxiliares acoplado al mismo movimiento del contactor para generar señales auxiliares que pueda requerir la maniobra (por ejemplo, la condena eléctrica del contactor antagónico). Obviamente estos contactos también pueden deteriorarse si tienen que accionar elementos con cierto nivel de consumo (válvulas, otros contactores, relés grandes, frenos, levas, etc.) En algunos casos estas señales no accionan elementos eléctricos sino entradas electrónicas que no requieren de consumo de corriente y que pueden ser más

	sensibles a las distorsiones propias de la conexión/desconexión de un elemento mecánico (rebote eléctrico). En estos casos hay que valorar si procede instalar algún pequeño filtro que evite estos rebotes o simplemente duplicar los contactos utilizados para dar señal.
"Rateo" del contactor	Puede darse el caso de que el contactor, en lugar de accionarse de forma rápida realice una secuencia rápida de entradas y salidas. Este movimiento genera un traqueteo hasta que queda enganchado en la posición de activado o cae la maniobra. El problema, en principio no está en el contactor sino en la alimentación de su bobina. Este fenómeno ocurre cuando la propia entrada del contactor genera una disminución de la tensión que lo alimenta (el contactor entra, provoca una disminución de la tensión por lo que vuelve a caer, al caer la tensión recupera su valor normal por lo que vuelve a entrar y así hasta que entra definitivamente o cae la maniobra). Es característico en dos situaciones: • Que la alimentación de la bobina sea insuficiente. Esto puede ocurrir con tensiones de acometida bajas o por caídas de tensión a lo largo de la serie de seguridad (especialmente en instalaciones de gran longitud con contactores grandes). En principio la solución pasa por verificar la tensión de inicio de la serie y limpiar todos los contactos de la serie (particularmente los de puertas que pueden estar más expuestos). También se puede valorar la posibilidad de una modificación del circuito de forma que no tengan que entrar los dos contactores simultáneamente sino que primero lo haga uno y luego el otro, reduciendo a la mitad el pico de consumo inicial. • Que el motor conectado por el contactor provoque una caída de la tensión general de la maniobra. En ese caso hay que revisar el estado del motor así como valorar la colocación de posibles filtros o alternativas que eviten una distorsión de la tensión de acometida en el momento inicial de la conexión.
Generación de arco o deterioro de los contactos que accionan la bobina del contactor	El problema no está aquí en el contactor sino en el elemento que lo hace actuar (normalmente un relé). La bobina del contactor genera un pico de tensión importante tanto en el momento de conexión como en el momento de desconexión. Estos picos de tensión acaban provocando daños en el contacto del relé que lo activa y desactiva. Se puede prolongar la vida de estos elementos mediante el uso de filtros supresores de transitorios puestos en paralelo con la bobina del contactor. Estos filtros suelen ser, bien un diodo en antiparalelo en contactores que funcionan con corriente continua, bien un filtro de resistencia-condensador para bobinas preparadas para corriente alterna.

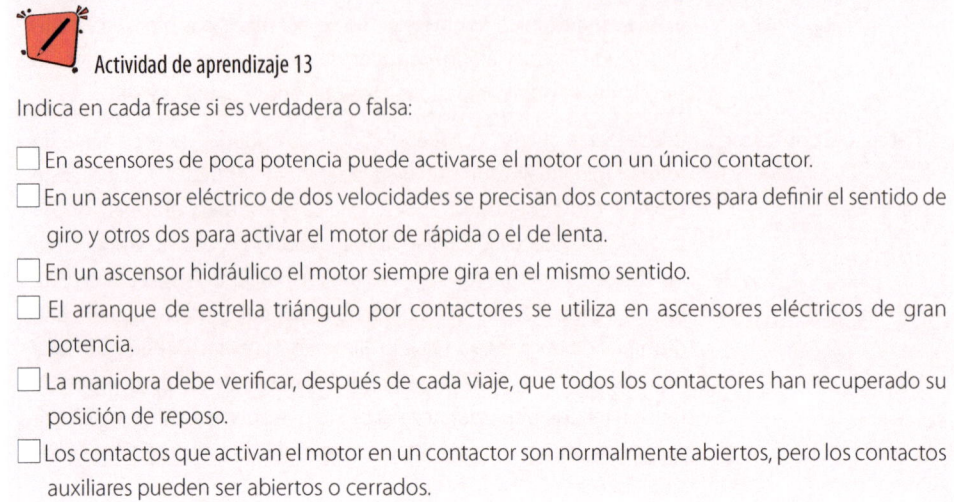

Actividad de aprendizaje 13

Indica en cada frase si es verdadera o falsa:

☐ En ascensores de poca potencia puede activarse el motor con un único contactor.

☐ En un ascensor eléctrico de dos velocidades se precisan dos contactores para definir el sentido de giro y otros dos para activar el motor de rápida o el de lenta.

☐ En un ascensor hidráulico el motor siempre gira en el mismo sentido.

☐ El arranque de estrella triángulo por contactores se utiliza en ascensores eléctricos de gran potencia.

☐ La maniobra debe verificar, después de cada viaje, que todos los contactores han recuperado su posición de reposo.

☐ Los contactos que activan el motor en un contactor son normalmente abiertos, pero los contactos auxiliares pueden ser abiertos o cerrados.

Control del motor con variador de frecuencia

Los variadores de frecuencia son circuitos electrónicos que transforman una alimentación de entrada (que puede ser monofásica, trifásica o incluso continua), en una señal de salida alterna (monofásica o trifásica) cuya frecuencia (y tensión promedio) puede regularse en función de las necesidades. Esto permite un control preciso del motor, tanto con relación a su velocidad como a su par.

El uso cada vez más frecuente de este sistema de control ha llevado a la creación de variadores específicamente diseñados para ser incorporados en maniobras de ascensores con algunas prestaciones particularmente útiles; no obstante, existen muchas instalaciones que funcionan con variadores genéricos de uso industrial.

Generación de la señal y control de potencia del variador

Sea cual sea el tipo de entrada de alimentación del variador de frecuencia el funcionamiento interno requiere que se convierta en tensión continua mediante un rectificador y unos condensadores de almacenamiento. Será a partir de esta señal continua que la etapa de salida del variador de frecuencia pueda generar una serie de pulsos de tensión (positivos o negativos) cuya anchura viene controlada por un microprocesador. La etapa de salida se basa en un tipo de transistores especiales llamados IGBT que funcionan como un conmutador electrónico de alta velocidad. La señal de cada una de las fases de salida adopta una forma similar a la de la Ilustración 162.

De este modo se puede conseguir un valor de tensión promedio diverso (en función de la cantidad de espacios sin conducir entre pulsos) y una frecuencia fundamental distinta (en función de la periodicidad con la que se pasa del tren de pulsos positivos al tren de pulsos negativos). La señal de tensión de salida es muy distinta a una señal senoidal; no obstante, para un motor, que filtra por sí solo las frecuencias altas, la corriente que se genera sí que se parece bastante a una corriente senoidal (con bastante ruido) y es suficientemente adecuada para que funcione correctamente (Ilustración 163).

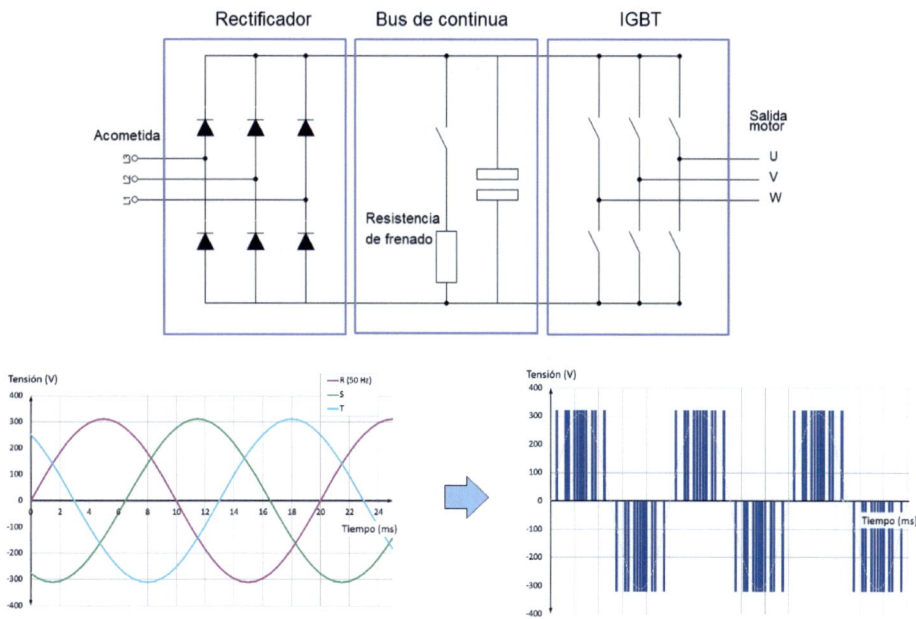

Ilustración 162. Diagrama de bloques básico de un variador de frecuencia. Fuente: elaboración propia

Esta forma de funcionar es generadora de importantes cantidades de ruido electromagnético que puede provocar problemas en la maniobra (disparos del diferencial, interferencias con buses de datos, inducción de tensiones en cables paralelos, etc.).

Las estrategias para la reducción del impacto del ruido electromagnético son:

- El uso de filtros de entrada.
- La incorporación de una reactancia en la etapa intermedia (suelen venir bornas previstas para ello)
- Evitar que la línea de acometida vaya en paralelo y por la misma canaleta que los cables del motor.
- Uso de ferritas o toroides.
- Utilización de cables apantallados con la malla puesta a tierra.
- Separación de los cables que van a motor de los cables del encóder.
- Otras medidas que debe indicar el fabricante a efectos de garantizar la compatibilidad electromagnética con la maniobra y el resto de elementos conectados a la red.

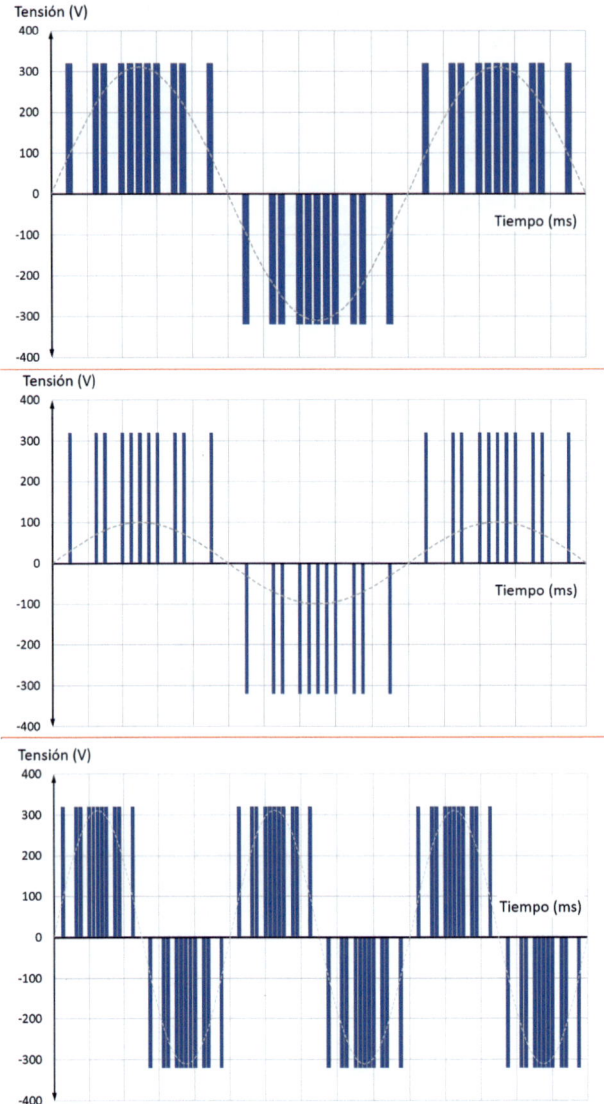

Ilustración 163. Control de la tensión y la frecuencia de la señal de salida mediante la modulación de los pulsos generados en la etapa de salida de un variador de frecuencia. Fuente: elaboración propia

En los procesos de frenado del motor se genera un excedente de energía que requiere ser disipado. Para ello los variadores de frecuencia utilizan una resistencia de una cierta potencia. Debido a su tamaño y a la necesidad de ventilación de la misma esta resistencia suele ser externa al variador.

El dibujo del esquema de la izquierda incorpora dos contactores. Desde el punto de vista funcional el variador no los requiere y pueden ser sustituidos por un circuito interno especial incorporado en algunos variadores y llamado STO (Safe torque off). El STO permite una inhibición eléctrica de la etapa de salida del variador controlándola de forma redundante por dos circuitos independientes que son monitorizados en todo momento (si alguno de los dos fallara el ascensor quedaría bloqueado hasta su revisión por un técnico al igual que ocurriría en circuitos convencionales si quedara un contactor pegado).

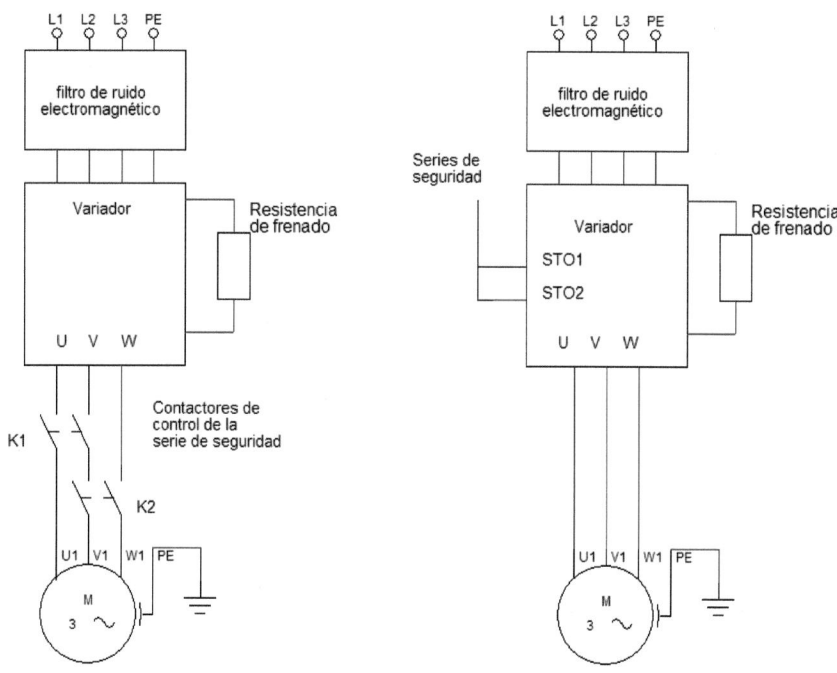

Ilustración 164. Esquema del conexionado de un variador que utiliza contactores para el control de la serie de seguridad y de un variador con sistema STO. Fuente: elaboración propia

Existe también la posibilidad de encontrar un contactor que cortocircuita las tres bornas del motor cuando este debe estar parado. Este contactor suele controlarlo el propio variador. Se utiliza en motores gearless. La ausencia de máquina en estos motores provoca que, en caso de apertura accidental de freno, la cabina se embale sin control en el sentido más favorable del movimiento. El giro del rotor provocado por efecto del peso de cabina o contrapeso hace que el motor pase a funcionar como generador. Si los terminales están cortocircuitados actúan eléctricamente como un freno oponiéndose al movimiento y haciéndolo más lento.

Dado que las corrientes que se pueden generar no son muy potentes el contactor puede ser más pequeño que el que se requeriría para el control del motor (incluso, en ocasiones, puede ser, en lugar de contactor, un relé de cierta potencia).

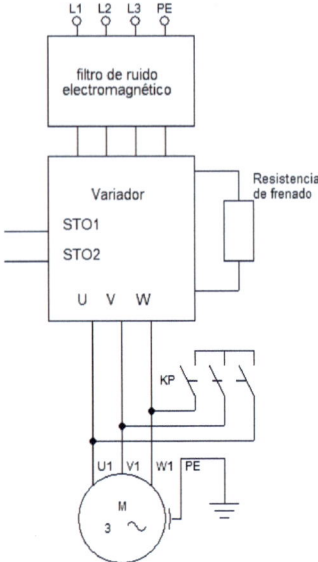

Ilustración 165. Contactor de cortocircuito de los bobinados del estátor con el motor parado para frenar el movimiento de la cabina en caso de apertura accidental del freno. Fuente: elaboración propia

 Ten cuidado

Todas las bornas de potencia del filtro y del variador de frecuencia, incluyendo las de la resistencia de freno funcionan a tensiones altas. Además, en caso de desmontar un variador hay que tener en cuenta que los condensadores internos pueden cargarse a tensiones superiores a los 600 V y retener durante un tiempo la carga aún estando desconectados de la corriente eléctrica.

 Ten cuidado

La resistencia de frenado puede llegar a calentarse lo suficiente como para generar quemaduras. Por ello debe ir siempre protegida dentro de una rejilla metálica que permita su ventilación pero no el contacto directo.

Señales de control del variador de frecuencia

Además de las bornas de conexionado de potencia y elementos de filtro del variador todos ellos incorporan otras entradas y salidas de control.

Entre las entradas comunes suelen estar:

- Entrada(s) de inhibición activación del variador (STO o entradas de marcha/paro).
- Entrada de activación de marcha en subida.

MANTENIMIENTO DE ASCENSORES

- Entrada de activación de marcha en bajada.
- Entradas de selección de la velocidad (rápida, inspección, lenta y, en instalaciones rápidas, otras velocidades intermedias en función de la longitud del recorrido a realizar).
- Entrada para resetear alarmas.
- Entradas de libre configuración según necesidades específicas.

Entre las salidas más frecuentes suelen estar:

- Relé de activación de contactores.
- Relé de activación de freno.
- Señal de alarma (aviso a la maniobra de que el variador se encuentra, por algún motivo, fuera de servicio).
- Salidas de libre configuración según necesidades específicas.

Además de estas suele venir otros bloques de conexiones:

- Bus de comunicación serie con la maniobra (es muy frecuente el uso del standard RS485 o del CAN BUS por estar particularmente protegidos frente al ruido electromagnético).
- Conectores para teclado, ordenador o consolas de programación del variador.
- Conectores para diversos tipos de encóder.

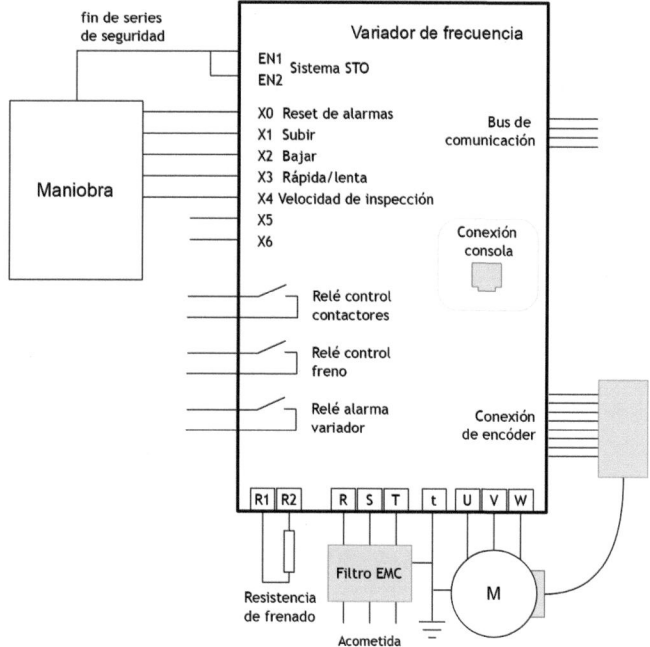

Ilustración 166. Conexiones habituales en los variadores de frecuencia utilizados en maniobras de ascensor.
Fuente: elaboración propia

Modos de funcionamiento del variador de frecuencia

Los variadores de frecuencia tienen normalmente dos modos de funcionamiento:

- **Lazo abierto.** Sin encóder, el variador no puede saber si realmente el motor está girando y la velocidad exacta a la que lo está haciendo. El control de la velocidad es menos exacto (aunque suficiente para la mayor parte de los ascensores) y el consumo puede ser algo mayor que el necesario (el variador trabaja suministrando suficiente energía para garantizar que el motor va a responder adecuadamente con independencia de la carga).
- **Lazo cerrado.** Existe un encóder que proporciona al variador una información precisa de la velocidad de giro del motor de forma que pueda autorregularse en cada momento. Lo adecuado es que el encóder venga ya preparado y conectado con el eje de giro del motor; no obstante, en máquinas donde no es posible esta instalación o en adaptaciones sobre máquinas previamente instaladas es posible encontrar el encóder asociado al limitador de velocidad). Existen diversos tipos de encóder, algunos de ellos envían sus señales en forma de pulsos al variador para que sean interpretados por este y otros se comunican directamente a través de un bus de comunicación de datos vía serie.

Tanto el lazo abierto como el lazo cerrado puede a la vez combinarse con dos opciones posibles:

	Escalar (V/f)	Vectorial
Modos de funcionamiento	No se realiza un control del par. El valor de la tensión que se aplica al motor se programa en función de la frecuencia con independencia del motor que esté conectado No es necesario conocer las características del motor ni realizar función de autotuning.	Se controla la corriente instantánea y el par del motor mediante una técnica de cálculo especial. Para que funcione correctamente es necesario que el variador conozca las características del motor que se controla. Para ello se realiza una función de sintonización entre el variador y el motor (función autotuning) durante la fase de montaje. Esta técnica mejora el control de la velocidad y el par (especialmente en los momentos más críticos de arranque y frenada). Es actualmente la más utilizada.

Programación del variador

Todos los variadores de frecuencia tienen menús amplios de programación en el cual se pueden ajustar diversos parámetros. Entre ellos:

- Los **parámetros vinculados al tipo de motor** que el variador debe controlar (número de polos, velocidad nominal, valores de resistencia e inductancia internos, regulación del autotuning, etc.).

- La **regulación de las curvas de velocidades** las llamadas curvas en S por su forma característica. Permite establecer parámetros distintos para que los viajes sean confortables y precisos.

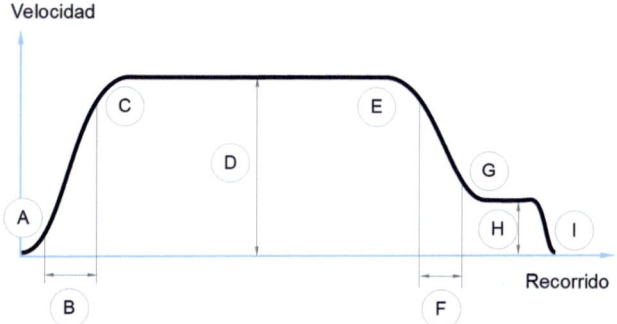

Velocidad

A. el inicio de la aceleración
B. el tiempo de aceleración
C. el final de la aceleración
D. la velocidad rápida
E. el inicio de la deceleración
F. el tiempo de deceleración
G. el final de la deceleración hasta lenta
H. la velocidad lenta
I. el paso de lenta a parada

Recorrido

Ilustración 167. Regulación de la curva de velocidades en variadores de frecuencia. Fuente: elaboración propia

- Otro de los elementos de regulación son **los tiempos de apertura y cierre del freno, contactores y otros elementos**. A diferencia de los ascensores eléctricos el frenado no se produce por actuación de las zapatas sino que se genera eléctricamente inyectando tensión continua en el bobinado. Una mala regulación de los parámetros de ajuste de freno puede llevar a que, en el momento de arrancar o frenar, se produzca una pequeña contramarcha o golpe de inicio que hay que evitar.

- En funcionamiento en lazo cerrado está la programación de los **datos del encóder** (tipo, número de pulsos, etc.).

- Hay otros parámetros de interpretación más compleja que tienen que ver con las **fórmulas de cálculo internas** que utiliza el variador para realizar la regulación de la velocidad, la intensidad y la frecuencia (datos de ganancia proporcional, constante de integración, etc.). Un mal manejo de estos parámetros introduce oscilaciones en el sistema.

- Tienen también diversos parámetros vinculados con los **límites admisibles** de corriente, par, gestión de alarmas, etc. Son valores importantes puesto que determinan los umbrales a partir de los cuales el variador queda parado. Se garantiza la protección del motor.

- Programación de funciones específicas como puede ser, en variadores especializados en elevación, la función de "piso corto". Esta función compensa la curva de velocidad cuando el ascensor recibe una velocidad de cambio a lenta antes de haber ha llegado a su velocidad nominal (esto es algo característico de ascensores a más de 1,4 m/s cuando tienen que hacer un recorrido entre dos plantas consecutivas, o bien en plantas donde el recorrido es muy inferior al resto).

- Hay además otros muchos parámetros relacionados con la configuración de las entradas y salidas de control del variador, sus valores de activación, los buses de comunicación, etc.

 Ten cuidado

Un error en la programación del variador puede llevar a situaciones peligrosas tales como que el freno se abra sin que el motor tenga suficiente par para retener el movimiento de cabina. Por ello es importante no realizar cambios en parámetros sin un buen conocimiento previo del funcionamiento del sistema.

Averías autodetectadas por los variadores de frecuencia y otros elementos de mantenimiento correctivo en maniobras con variador

Los variadores de frecuencia tienen sus propios sistemas de detección de problemas, bloqueo del motor e información a la maniobra de su situación. En cada caso hay que mirar el manual del fabricante y los esquemas concretos de interconexión con la maniobra para interpretarlas adecuadamente. En muchos modelos de variador es posible, con la consola o un ordenador con el software adecuado, tener datos complementarios de la situación del variador en el momento de la avería (estado de las entradas y salidas, valores de tensión, corriente y frecuencia, etc.). Al igual que ocurre con otros sistemas, que el variador detecte una avería, no significa, pero tampoco excluye, que la avería esté en el funcionamiento o la programación del variador.

Uno de los datos relevantes es el momento dentro del ciclo vital del ascensor. Determinados problemas relacionados con el ajuste de la programación o el conexionado del ascensor se detectan y deben corregir en las fases iniciales de puesta en marcha. De otro modo, si ocurren más adelante, difícilmente se les puede atribuir que la causa sea una programación, interconexión o ajuste de parámetros que no han variado desde el inicio.

Vamos a señalar en este apartado algunas de las averías más comunes que pueden marcar los variadores de frecuencia a través de su display, luminosos o consolas:

Problemas autodetectados de los variadores de frecuencia

Sobrecorriente en la salida del variador	Problemas ajenos al variador: • Devanado del motor dañado. • Intento de conexión del motor mientras todavía está activo el contactor de cortocircuito del devanado o intento de arrancar el motor desde cero cuando el motor está girando (por ejemplo, por

una apertura y cierre rápido de la serie de seguridad, por ejemplo la de cerrojos, mientras el ascensor está en marcha).

• Intento de arrancar el motor sin abrir el freno (es muy importante que el variador detecte esta situación, pues, de otro modo, especialmente en lazo cerrado, puede tratar de forzar el giro del motor con el freno echado, dejándolo, por rozamiento, inservible en el momento que tenga que funcionar).

• Problemas mecánicos que impidan o dificulten el giro del motor.

• Desequilibrios significativos entre el lado de cabina y contrapeso (mala compensación de cargas, cables muy largos y pesados sin cadena de compensación, etc.).

Problemas relacionados con programación:

• Tiempos de aceleración o deceleración excesivamente cortos, particularmente en ascensores con importante inercia.

Falta de conexión o desequilibrio del motor	Si el variador detecta que, aun dando tensión al motor no hay consumo de corriente o que esta no es equilibrada entre fases marcará avería por motor desconectado o desequilibrado. El fallo puede estar en las bornas del variador, en las del contactor si existe o en las de motor. También puede deberse al deterioro de alguna de las bobinas del motor.
Sobretensión en el bus de corriente continua	El bus de corriente continua es la etapa intermedia del variador. En ella, por medio de condensadores, se almacena la energía eléctrica que la etapa de salida requiere para controlar el motor. Para entender esta avería hay que comprender que, cuando el giro del motor es favorable al peso de cabina o contrapeso, el motor pasa a funcionar como un generador eléctrico produciendo una tensión que se deriva hacia el bus de continua y que se disipa a través de la resistencia de frenado. Así pues, la señal de sobretensión puede ser indicativa de que: • La resistencia de frenado está dañada, mal conectada o es insuficiente. • Se está haciendo un esfuerzo excesivo para evitar el embalamiento espontáneo del ascensor durante la marcha (por ejemplo, debido a tiempos de deceleración muy cortos en situaciones de equilibrio de carga cabina-contrapeso desfavorables). • La acometida del variador tiene una tensión excesivamente elevada.
Baja tensión en el bus de continua	Las causas que pueden motivar una baja tensión en el bus de continua son: • Una tensión de acometida insuficiente (o falta de fase). • Un consumo puntual excesivo que descargue los condensadores (sin que se haya regulado adecuadamente el valor de alarma de sobreintensidad). Este consumo puede deberse, por ejemplo, a tiempos de aceleración bruscos o cualquiera de las causas que puede provocar sobreintensidades. • Fallos internos en la etapa de rectificación o en los condensadores.

Fallos en la acometida	Falta de una fase, tensión insuficiente, etc. (recordamos que el orden de las fases de entrada es irrelevante dado que sirven para alimentar el bus de continua del variador y no se conectan directamente con el motor).
Fallos en el encóder	Los fallos del encóder pueden venir por el propio funcionamiento del aparato, por una mala conexión con el variador, por un mal ajuste de los parámetros asociados al mismo, por ruido electromagnético que interfiere con la señal que se manda al variador, etc. Hay que tener en cuenta que el variador puede detectar si le llega o no le llega información del encóder, pero no puede saber si esta es correcta. En caso de que el variador reciba señal, pero esté distorsionada es posible que trate de corregir la velocidad del motor a partir de datos erróneos por lo que se pueden producir vibraciones, ruidos o cambios inadecuados de velocidad sin detectar error.
Error de contactor pegado o no apertura de freno	Con frecuencia el variador no solo da la señal de activación de contactores o frenos, sino que, además, monitoriza que efectivamente se esté ejecutando la orden. En caso de que, tras accionar o desactivar un dispositivo, no reciba en la entrada correspondiente la señal de que ha actuado detendrá la maniobra y marcará el aviso.
Error en las señales de inhibición	En variadores con el sistema de STO como alternativa al uso de contactores se controla de forma simultánea las dos señales redundantes de inhibición. En caso de que existan retrasos significativos de una con la otra o la información no sea congruente lo marcará como fallo impidiendo nuevos arranques hasta que se realice un rearme específico.
Sobretemperatura en el variador	Generalmente el variador controla que la temperatura de la etapa de salida esté dentro de unos límites. La señal de sobretemperatura puede deberse a: • Un funcionamiento particularmente intensivo en un entorno caluroso. • Mala ventilación del variador (suelen llevar sus propios ventiladores internos, puede ser necesario forzar la ventilación del cuadro de maniobra si está en un lugar cerrado) • Frecuencia de conmutación demasiado elevada. La frecuencia de conmutación es la que determina el ritmo máximo de conmutaciones que hacen los IGBT por segundo. Cuanto mayor es la frecuencia de conmutación menores son los problemas de ruido electromagnético pero mayores los problemas de calentamiento de la etapa de salida del variador.
Sobretemperatura en el motor	Algunos variadores incorporan una entrada para controlar el estado de las PT100, las PTC, o el dispositivo de control de temperatura que el motor tenga instalado. Es posible pues, que el fallo de sobretemperatura del motor no quede registrado en la maniobra sino en el variador.

Fallos de comunicación o fallos relacionados con los parámetros	Por lo general los variadores pueden detectar si hay algún problema en el bus de comunicación así como si existen datos programados que resulten incongruentes entre ellos o fuera de rangos razonables.

Además de este tipo de averías que el propio variador detecta existen otras en las que puede estar involucrado y que también hay que tener cuenta:

Otros aspectos de mantenimiento correctivo de los variadores de frecuencia

No activación del variador (puede ser en ambos sentidos o en uno solo) **No coge alguna de las velocidades (rápida, lenta o inspección)**	La maniobra da orden de iniciar el recorrido pero el variador no parece recibirla (hasta que la maniobra desiste, marcando, por ejemplo, exceso de tiempo de recorrido, error de contactores, error de freno u otra causa). En estos casos hay que revisar con detención el conexionado entre la maniobra y las entradas de control del variador para verificar que llegan las órdenes de forma adecuada. En el caso de que no vaya a la velocidad adecuada habría que verificar que, efectivamente, se reciben las señales en las entradas programadas y los parámetros por el que se ajusta de forma independiente la frecuencia de salida para velocidad rápida, lenta o inspección están bien programados.

Vibraciones y ruidos extraños en el motor	Este es un tema particularmente complejo porque resulta relativamente frecuente y son muchos los factores que pueden estar influyendo.
	Damos por descontado que las primeras causas que hay que descartar son las que tienen que ver con la mecánica del ascensor (guías, rozaderas, desalineamientos, poleas, cables…).
	La primera distinción que habría que afinar es qué tipo de ruido se detecta superpuesto al "ruido base" de un motor girando normalmente. Esto requiere de una cierta educación auditiva para hacer una distinción básica:
	• **Ruidos de un tono más grave** que el ruido habitual (bramidos, ronquidos…). Algunos de ellos se perciben en cabina como vibraciones. De algún modo lo que indican es que el variador no logra estabilizar la velocidad del motor sino que está realizando oscilaciones de la velocidad en torno a una referencia. Las posibles causas son:
	  – Error en los parámetros que calculan la señal de referencia interna del variador para suministrar la tensión y frecuencia adecuada en cada caso. Estos ajustes son complejos y deben seguirse las indicaciones y regulaciones propuestas por el fabricante en cada caso.
	  – Error en los parámetros establecidos en el autotuning para cada motor.
	  – Error en la información que llega al variador procedente del encóder (Para discriminar esta causa de las otras se puede hacer la prueba de poner el variador en lazo abierto de forma que el encóder no influya en el manejo del motor).

	• **Ruidos bastante más agudos** que el ruido característico de un motor (tipo silbidos o pitidos). Pueden ser relativamente normales y deberse simplemente al efecto del ruido electromagnético en la vibración de la estructura del motor (depende entre otras cosas de la forma y materiales empleados en la fabricación del motor). En principio no se perciben como vibración en el interior de cabina por lo que no requieren de especial atención (más allá de que se cumplen las medidas establecidas por el fabricante para atenuación del ruido electromagnético).
Contramarcha (rollback) en el arranque o la parada	Si el motor no tiene suficiente fuerza en el momento de apertura del freno la cabina iniciará el movimiento hacia el lado favorable (lo cual es claramente apreciable cuando la cabina debe arrancar en sentido contrario pues se produce la contramarcha (conocida en inglés por rollback). Lo mismo puede ocurrir en el momento de la frenada. Si se descartan otros problemas como puede ser la regulación mécanica del freno y la tensión de su bobina es un problema de programación del variador en uno de estos puntos: • Los datos de cálculo para el control del par en el arranque o los datos de control del frenado eléctrico por inyección de corriente continua. • La apertura prematura del freno en el arranque o retraso en el cierre del mismo si el problema ocurre al final del viaje.
Golpe al arrancar o al frenar	Si el problema se detecta cuando el ascensor se mueve en el sentido favorable es el mismo problema que el de la contramarcha (el tirón inicial o final se debe a la gravedad al no tener fuerza el motor para retener la cabina) Si el golpe al arrancar o al frenar ocurre también en el sentido no favorable es un problema de: • Ajuste demasiado brusco de las curvas en S inicial y final. • Apertura tardía del freno o cierre prematuro del mismo (según ocurra al inicio o al final del viaje).

 Actividad de aprendizaje 14

Contesta a las preguntas sobre el variador de frecuencia del esquema (ver en un tamaño mayor en el Anexo 5) de esta maniobra básica de un montaplatos

• ¿Por qué no utiliza contactores para el control del motor? ¿Cómo se garantiza que el ascensor pare inmediatamente en caso de que se abra una puerta?

• ¿Qué señales se tienen que activar para que el motor arranque en subida?

• ¿A qué podría deberse que el montaplatos solo viajara en velocidad lenta?

• ¿Qué elementos revisaría en caso de detectar que el ascensor hace contramarcha en el momento del arranque?

• ¿Qué pasará si se desconecta uno de los cables de potencia que va al motor?

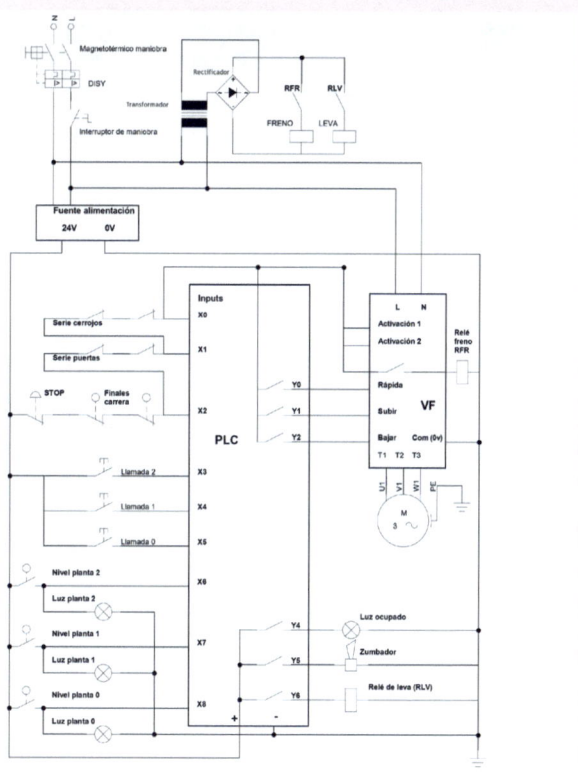

Control de freno en ascensores eléctricos

Desde el punto de vista eléctrico el freno es simplemente un electroimán de corriente continua. El freno, en principio, no tiene polaridad; no obstante, es habitual que se ponga, en antiparalelo con la bobina de freno un diodo (o un diodo y una resistencia o una resistencia y condensador) que evita los picos de tensión en el momento de la desconexión (alargando la vida de los contactos que lo controlan). En ese caso hay que garantizar que el diodo efectivamente está en sentido inverso al de conducción (el cátodo al positivo). La presencia de este circuito de descarga para la bobina del freno tiene además el efecto de retener unas décimas de segundo su caída (lo cual evita problemas en el momento en que se pasa del contactor de rápida a lenta).

Su tensión se obtiene a partir de un transformador que proporciona el voltaje adecuado y un rectificador. Su accionamiento suele estar directamente vinculado a los contactores del motor de forma que entra siempre que esté el motor activado (en subida o bajada tanto en rápida como en lenta).

Un esquema típico de accionamiento de freno en un motor de dos velocidades es el que aparece en el esquema:

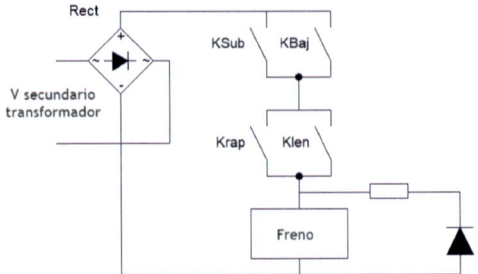

Ilustración 168. Esquema típico de conexionado de freno en ascensores eléctricos de dos velocidades. Fuente: elaboración propia

En los sistemas de variación de frecuencia además del control que puede venir de los contactores (si los hay), o de los relés de marcha o de subida y bajada de la maniobra, hay en serie un contacto del variador para fijar el momento exacto en el que el freno abre o cierra.

En maniobras antiguas el rectificador podía tener sus propios fusibles, ello podía ocasionar que, si había un problema de sobreintensidad en el freno este no abriera pero el motor tratara igualmente de ponerse en marcha (hasta que la maniobra desiste por exceso de tiempo de recorrido, sobrecalentamiento del motor o salto de alguna protección por sobreintensidad). Actualmente se tiende a que cualquier dispositivo protector contra sobreintensidades en la bobina de freno impida también el movimiento de la máquina. Así pues, una avería en el freno, es posible que se manifieste en un circuito de protección (fusible o magnetotérmico) que controle otros elementos como puede ser la serie de seguridad.

Así mismo la normativa actual exige que, si no hay otro elemento que evite los movimientos incontrolados de cabina, debe monitorizarse la correcta apertura y cierre del freno. Esto se puede conseguir mediante el uso de microrruptores que se activan con el movimiento de las zapatas o los discos de frenado).

Mantenimiento correctivo eléctrico del circuito de freno

No apertura del freno

Desde el punto de vista eléctrico el freno es un circuito sencillo y fácil de medir. Las comprobaciones que hay que realizar son:
- Las tensiones en la entrada y salida del rectificador de freno.
- La integridad de la bobina (en principio debe dar una cierta resistencia) si diera una continuidad absoluta es señal de que está cortocircuitada, si no marca ningún valor de resistencia es señal de que el hilo de la bobina está desconectado o interrumpido.
- El correcto funcionamiento de los contactos que lo activan.
- La magnetización del núcleo durante el funcionamiento (en ocasiones el fallo no es eléctrico sino mecánico por una excesiva distancia de los elementos de actuación magnética o por la tensión de los muelles).

Ten cuidado:

Con relación a la prevención de riesgos hay que tener en cuenta:

Se suele considerar como valores de seguridad en corriente continua las tensiones inferiores a 50 V en ambientes secos. Dado que las tensiones de freno con frecuencia son superiores hay que ser especialmente cuidadoso en el trabajo con corriente. El freno es un elemento de seguridad clave. En ningún caso deben usarse puentes en su circuito de activación, ya que pueden ocasionar movimientos incontrolados en cabina y no son necesarios, pues todos los elementos pueden probarse mediante mediciones de tensión, resistencia o intensidad.

Ascensor parado por no activación del freno	Además de las diversas causas de no apertura del freno expuestas anteriormente la maniobra puede quedar parada si, por cualquier razón, falla cualquiera de los microrruptores de control de apertura cuando están instalados.

Control de las electroválvulas, motor y otros elementos en ascensores hidráulicos

Mantenimiento correctivo eléctrico del equipo impulsor hidráulico	
Problemas con relación al motor	Son comunes a cualquier motor eléctrico por lo que se aplican los criterios de diagnóstico y mantenimiento correctivo ya expuestos.
Problemas relacionados con exceso de temperatura del motor o del aceite	El problema puede estar tanto en la temperatura interna de los bobinados como en la temperatura transmitida al aceite por el motor y que puede llevarlo a valores inadecuados de funcionamiento. Tanto en uno como en otro caso, el funcionamiento esperado al detectar sobretemperatura es que el ascensor no parase a mitad de recorrido sino que, en todo caso, pare y baje hasta la planta más próxima. De este modo se evita que queden personas atrapadas; no obstante, no todas las maniobras tienen en cuenta esto. El ascensor no debería volver a funcionar hasta que se enfríe nuevamente (el circuito puede rearmarse automáticamente, no es imprescindible que acuda un técnico).
Problemas característicos de electroválvulas	El problema eléctrico de las electroválvulas más característico, además de fallos en su conexionado, es el deterioro del bobinado por exceso de calor. Esta situación hace que el circuito quede abierto o en cortocircuito. Mediante el polímetro es sencillo realizar una comprobación del correcto funcionamiento del circuito desde la salida del transformador hasta la electroválvula así como verificar si está magnetizada cuando corresponda. Ya en el apartado de hidráulica se han estudiado con detenimiento los signos del fallo de cada una de las electroválvulas.

<table>
<tr><td>

Gestión del presostato

</td><td>

El presostato se utiliza como forma indirecta de medir la situación de sobrecarga en cabina. En una maniobra bien diseñada la verificación del estado del presostato solo se realiza antes de arrancar. Cuando el ascensor está en movimiento las variaciones de la presión de aceite no deberían, en ningún caso, detener el movimiento de la cabina; no obstante, es posible que en algunas maniobras esto no haya sido tenido en cuenta en el diseño.

</td></tr>
</table>

Series de seguridad y series de puertas

La serie de seguridad y las series de puertas son un elemento fundamental en el funcionamiento del ascensor. Normalmente es el primer elemento que hay que comprobar cuando un ascensor no se pone en marcha. La serie, como su nombre indica, es un conjunto de contactos de seguridad, cerrados en reposo. Estos contactos van conectados uno a continuación del otro y ubicados en un lugar tal del circuito eléctrico que haga físicamente imposible que se activen contactores, válvulas o variador si cualquiera de ellos está abierto.

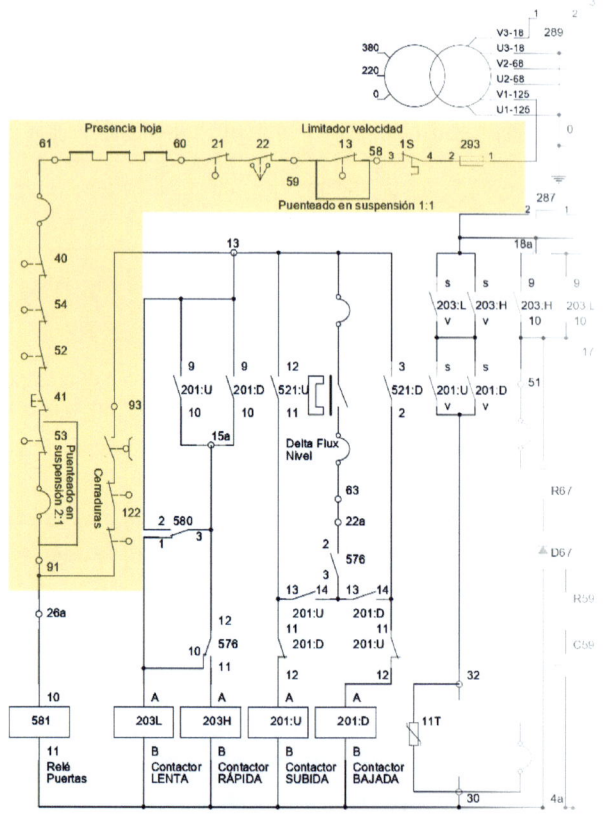

Ilustración 169. Fragmento de un esquema de una maniobra antigua de relés donde se han resaltado los elementos de la serie de seguridad. Fuente: elaboración propia

Buena parte de las averías eléctricas, especialmente las averías graves, se manifiestan porque algún elemento de la serie se abre. Por este motivo, en la mayor parte de las maniobras hay diversos pilotos o puntos de medición que permiten comprobar de una forma muy rápida los distintos tramos de la serie. Presentamos una configuración típica de la serie. El orden, número de elementos, los nombres y los puntos de registro en una serie de seguridad varía de una maniobra a otra.

Inicio de la serie. Normalmente se inicia en el transformador de la maniobra, aunque podría ser directamente de la tensión de línea si los contactores funcionan a 240 V o a la salida de un rectificador si la maniobra funciona en continua.

Fusible de la serie. Puede existir otro circuito de protección alternativo y previo al inicio.

Tramo de seguridades en cuarto de máquinas y/o cuadro de maniobra

- Contacto relé protector de fases.
- Contacto de relé térmico.
- Limitador de velocidad.
- Trampillas de acceso al hueco.
- Mandos de stop auxiliares en cuarto de máquinas.
- Mandos de activación de maniobra en inspección o maniobra de emergencia en cuadro si los hubiera.

Otros elementos que no deberían estar en la serie de seguridades pero que es posible encontrar conectados aquí en maniobras antiguas: termosonda motor, termosonda cuarto de máquinas, sobrecarga…

Tramo de seguridades en cabina

- Contacto de acuñamiento.
- Contacto de aflojamiento de cables en cabina.
- Stop de techo en cabina (en mando de inspección y, caso de estar muy alejados también junto al operador de puertas de forma que sea accesible desde fuera del hueco).
- Contactos asociados al mando de inspección (el conmutador de inspección debe abrir automáticamente las series y estas solo se pueden cerrar si se pulsa los mandos de subir o bajar).
- Final de carrera (si está instalado en el techo de cabina).
- Contactos de presencia de elementos de protección móviles en caso de ascensores con huida reducida (barandillas, topes mecánicos…).
- Contactos de trampilla en techo de cabina si existiera.

Tramo de seguridades en hueco

- Stop de foso.
- Aflojamiento de cables en foso.
- Final de carrera inferior.
- Contacto de presencia de elementos de protección móviles en caso de ascensores con foso reducido.
- Polea tensora del limitador de velocidad.
- Limitador de velocidad (si estuviera en el hueco).
- Otros contactos de foso (contacto de seguridad si se utilizan amortiguadores hidráulicos, trampillas de acceso, ubicación de escalera de foso móvil, etc.).
- Contactos asociados al mando de inspección en el foso si lo hay.
- Final de carrera superior.

 Toma nota

Hasta este punto todos los contactos deben estar cerrados. En caso contrario la maniobra no funcionará ni aceptará llamadas. Estos primeros tramos suelen llamarse "series previas" para distinguirlos de la serie de puertas.

Inicio de la serie de puertas: presencia de hoja exteriores

La serie de presencia de hojas solo existe en ascensores con puertas semiautomáticas o manuales. En caso de que las puertas exteriores sean automáticas esta serie está puenteada. Hay un contacto por puerta o dos si son puertas con dos hojas batientes independientes.

La serie cerrada indica que las puertas están apoyadas en el marco pero no necesariamente enclavadas.

 Toma nota

Hasta que no esté cerrada esta serie la maniobra no realiza el intento de cerrar puertas en caso de tener que atender una llamada.

Serie de cerrojos exteriores

Hay un contacto por planta e indica que la puerta exterior está cerrada y enclavada.

Serie de cerrojos de cabina

Con frecuencia es un único contacto, pero pueden ser dos si son puertas de cabina de apertura central o más si hay más de un embarque.

Toma nota

Solo si toda la serie está cerrada hasta este punto el ascensor puede iniciar el movimiento.

Fin de la serie de puertas

En ascensores hidráulicos en la zona de renivelación o ascensores con apertura adelantada de puertas está contemplada la posibilidad de mover el ascensor con esta serie abierta. Por ello existe un circuito de seguridad que puentea todos los tramos de la serie de puertas cuando se realizan estas operaciones.

A partir de este punto de la serie pueden ir ya los contactos de los relés que activan las bobinas de los contactores o las electroválvulas.

Con el avance de la normativa se ha ido complicando un poco más la configuración de la serie de seguridad. En los ascensores actuales se añaden nuevos requerimientos:

- Si se activa el dispositivo de maniobra eléctrica de emergencia en el cuadro de maniobra, en caso de tenerlo solo debe permitir el movimiento mediante los pulsadores de subida y bajada instalados allí.

- En caso de estar activo el mando de emergencia se anula el funcionamiento de los siguientes elementos de la serie: aflojamiento de cables, acuñamiento, limitador de velocidad, contactos de amortiguadores si los hubiera y finales de recorrido.

- Si se conecta el mando de inspección en el techo de cabina, los efectos del conmutador de emergencia deben quedar anulados y deben volver a estar operativos todos los contactos de la serie de seguridad.

- La barandilla del techo puede ser plegable para garantizar la altura requerida. En ese caso el ascensor solo debe funcionar en inspección si está desplegada y solo debe funcionar en modo normal si está plegada.

- Se incorpora la obligatoriedad de nuevos contactos en la serie en algunos elementos específicos.

- Se dan indicaciones precisas del grado de seguridad mecánica y eléctrica de los dispositivos de la serie.

- Se introduce y fijan normas sobre la disponibilidad de un dispositivo para puentear las puertas de piso y cabina.

- Pueden existir sistemas electrónicos de control del ascensor que eliminen o sustituyan algunos elementos clásicos como los finales de carrera.

- Así mismo, pueden existir dispositivos específicos añadidos a la serie de seguridad relacionados con ascensores de foso o huida reducida.

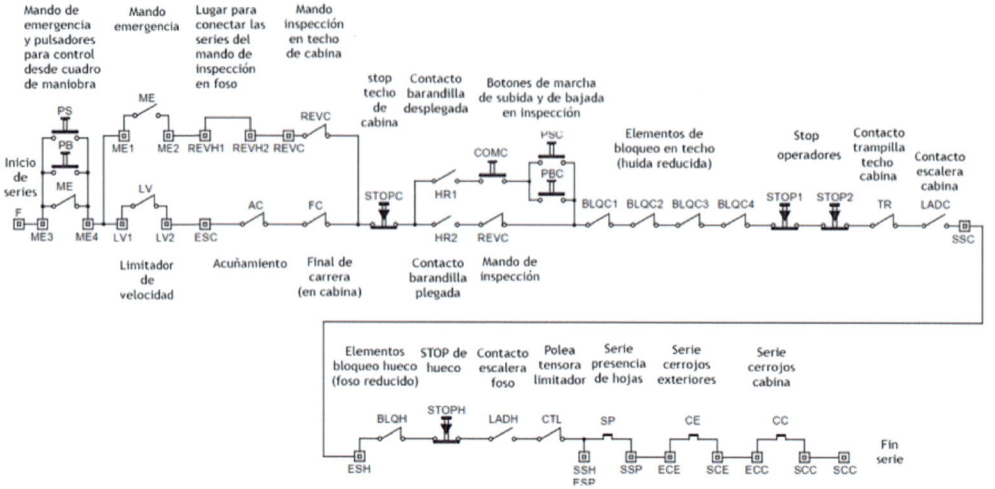

Ilustración 170. Ejemplo de una serie de seguridad en una maniobra comercial moderna. Fuente: elaboración propia a partir de un esquema de la maniobra TMC24 de Tresa

Mantenimiento correctivo eléctrico de la serie de seguridad

Serie abierta

Con más o menos derivaciones, la serie es un circuito sencillo en el que debería ser fácil localizar el problema y ver qué elemento es el que ha actuado.

Determinación del tramo abierto

 Ten cuidado:

Existe una mala praxis, fuertemente arraigada, de utilizar puentes para verificar, desde el cuadro de maniobra, qué tramo está abierto. Es una práctica peligrosa fuente de accidentes y daños a la maniobra (pues no es raro equivocar la borna en la que se realiza el puente dañando el circuito). No está justificado en ningún caso el uso de puentes para el diagnóstico pues existen alternativas igual de rápidas y fiables para valorar el estado de la maniobra.

En las maniobras modernas suelen existir leds en la placa que indican el estado de cada tramo. Cuando no se dispone de esta información de forma inmediata, la alternativa más segura es quitar corriente y utilizar el medidor de continuidad para comprobar, borna a borna, qué tramo está interrumpido. También existe la posibilidad, si es necesario hacer las pruebas trabajando con corriente, de medir si llega tensión en las bornas de inicio y fin de tramo. El trabajo sobre la maniobra permitirá identificar el tramo pero no el componente particular que puede estar fallando, lo que habrá que hacer mediante inspección visual.

Movimiento del ascensor con series previas abiertas

En ocasiones se requiere mover el ascensor para poder restaurar algún elemento de la serie (por ejemplo, en caso de acuñamiento o con un ascensor pasado de recorrido).

 Ten cuidado:

Para operaciones de rescate de personas deben seguirse las indicaciones recogidas en el módulo dos.

Fuera de las operaciones de rescate, cualquier movimiento del ascensor orientado a restaurar la posición de la serie se debe hacer sabiendo exactamente qué es lo que se espera conseguir (desacuñar, desaccionar el final de carrera, volver a tensar los cables…), solo cuando no es posible hacerlo de otro modo y solo durante el recorrido mínimo que permita ese fin.

Cualquier intento de puesta en marcha con series previas abiertas debe hacerse garantizando que todas las puertas exteriores y de cabina están cerradas y enclavadas de forma que ni haya ni puedan acceder personas al hueco o a cabina.

En maniobras que cumplen la EN 81-20 esto se puede hacer con garantías de seguridad a través del mando en emergencia que puentea parte de los contactos de la serie. En maniobras anteriores donde no existe este dispositivo hay que valorar, en este orden las opciones posibles:

- Realizar el movimiento manual del ascensor (accionamiento de la válvula de emergencia o la bomba manual en ascensores hidráulicos, movimiento del tambor tras liberación del freno en ascensores eléctricos).
- Paso del ascensor a modo inspección, realización del puente que se precise (y exclusivamente en el tramo que se precise) y accionamiento del ascensor con los mandos de subir y bajar en inspección. En el puenteo de las series se debería utilizar siempre cables específicamente preparados y señalizados con esta finalidad.
- Cuando sea imposible utilizar los métodos anteriores es preferible un movimiento puntual y controlado sobre los contactores o las válvulas a poner el ascensor en modo de funcionamiento normal con una serie de seguridad puenteada.

Una vez realizada la operación que permite restaurar la posición de las series previas hay que quitar inmediatamente el puente realizado.

Solución problemas de series de puertas abiertas

En la medida de lo posible el problema de una serie de puertas abiertas hay que solucionarlo desde fuera del hueco (presionando sobre la puerta que pueda estar mal cerrada). En algunos casos puede ser imprescindible mover la cabina para ajustar alguna puerta desde el interior o para evitar caídas hacia el hueco cuando se está trabajando fuera.

Serie abierta	En la medida de lo posible se puenteará exclusivamente la puerta que pueda estar afectada estando siempre presente. En ocasiones la operación requiere puentear una de las series de puerta completa (por ejemplo para poder inspeccionar desde el hueco cuál es la puerta que da fallo). Se pasará el ascensor a inspección y se puenteará exclusivamente el tramo que se precise. Se evitará siempre realizar un puente simultáneo que afecte a puertas de cabina y hueco.

Ten cuidado:

Jamás debe ponerse un ascensor en modo normal con puertas puenteadas.

Caídas de tensión en la serie	En una instalación de muchas paradas puede haber varias docenas de contactos y una larga tirada de cables entre el inicio de la serie y las bobinas de contactores o electroválvulas. La resistencia de un contacto individual es muy baja, pero la suma de todos ellos puede provocar caídas de tensión significativas, especialmente si hay acumulación de carbonilla u óxido. Esta situación se manifiesta especialmente en el momento en el que los contactores tienen que entrar. Según la gravedad del problema puede haber un cierto retardo en la entrada del contactor, un rateo hasta quedar en posición activada, o simplemente no llegar a entrar. Es un problema complejo. El primer paso es siempre revisar con el multímetro la continuidad de todos y cada uno de los contactos (particularmente los de puertas, más expuestos a acumulación de suciedad) y limpiar o sustituir aquellos que no estén en condiciones. Si esto no soluciona el problema se puede valorar la posibilidad, si el transformador lo permite, de incrementar algo la tensión en el inicio de la serie valorando, en todo caso, que la tensión en las bobinas del contactor en funcionamiento está dentro de las tolerancias admisibles para las mismas. Cualquier otra solución, que pase por una modificación del circuito (utilizando, por ejemplo, contactores intermedios de menor potencia que activen a su vez a los principales) debe hacerse tras un estudio riguroso de lo establecido en la norma EN 81-20 y que exige, entre otras cosas, que cualquier dispositivo intermedio incorporado esté permanentemente monitorizado y cumpla estrictas medidas de seguridad.

 Actividad de aprendizaje 15

En el esquema de la página siguiente (ver en un tamaño mayor en el Anexo 6) se presentan los conectores de cuarto de máquinas, hueco y cabina de una maniobra de ascensor eléctrico de dos velocidades. Contesta a partir del mismo a las siguientes preguntas:

· Enumera en el orden en el que están conectados, todos los elementos que forman parte de la serie de seguridad y puertas.

- ¿La serie se corresponde con la de un ascensor de puertas semiautomáticas o automáticas? Justifica la respuesta.
- ¿A qué tensión irán las bobinas de los contactores de esta maniobra?
- Con la cabina del ascensor en planta y puertas exteriores cerradas pero no enclavadas ¿qué tensión habrá en las bornas 7, 9, 61, 32, 37, 38 y 70 con relación al neutro?
- ¿Qué comprobación realizarías en caso de que existiera continuidad entre la borna 7 y 70 pero aun así el ascensor no arrancara?

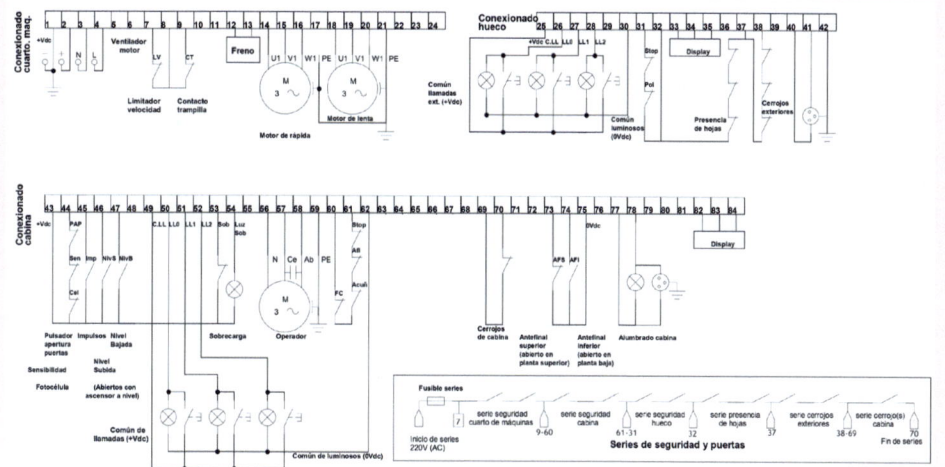

Llamadas

Con el tema de las series cerramos los diversos subsistemas que tienen que ver con el movimiento de la cabina (acometida, motor, contactores, variador, freno, sistema hidráulico). Siguiendo el esquema de bloques vamos a comenzar ahora con aquellas señales de entrada que la maniobra recibe y que son las que de algún modo determinan si la cabina se tiene que mover, hacia dónde y cómo debe hacerlo.

Entre estas entradas comenzaremos con los circuitos de llamada. En el primer módulo ya se explicaron los diversos modos de gestión de llamadas de las maniobras de ascensores (universal, selectiva en subida, selectiva en bajada, selectiva mixta, selectiva en subida y bajada y por piso de destino), no vamos a repetirlo aquí. Nos interesa, más bien, el conexionado de los botones de llamada y los aspectos de mantenimiento eléctrico correctivo que hay que tener en cuenta.

En estos momentos hay dos configuraciones básicas de los circuitos de llamadas:

- **Circuitos de llamadas basados en conexión de cada llamada a la maniobra por hilos independientes** que ha sido el sistema utilizado en todas las maniobras de relés y en buena parte de los ascensores con maniobra electrónica, particularmente para pocas paradas.

- **Circuitos de llamadas basados en bus de datos.** El sistema anterior presenta un problema en recorridos largos: son necesarios cordones de maniobra para cabina y para hueco con muchos hilos (típicamente uno por planta, más un hilo común para todas ellas). Así mismo las maniobras se limitan en su aplicación por el número máximo de entradas previstas físicamente en el circuito para botones de llamadas. El conexionado supone además una complicación añadida cuando se trata de ascensores dúplex, tríplex, etc. que deben compartir y coordinar el reparto de las llamadas externas.

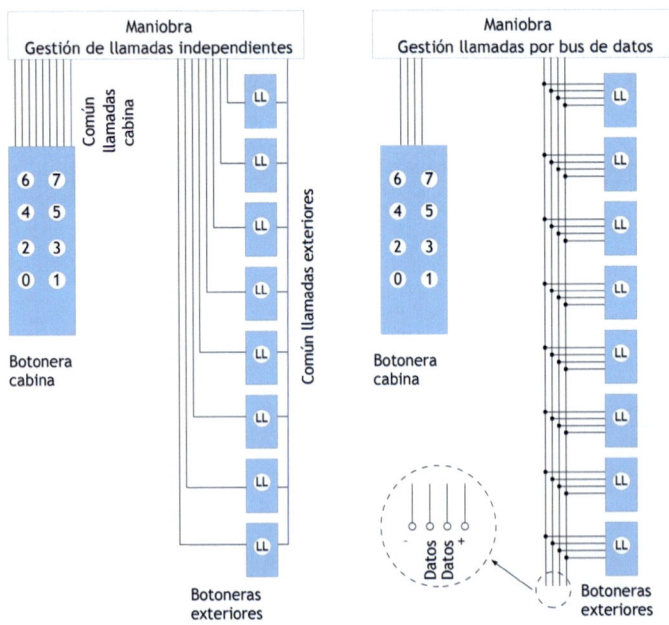

Ilustración 171. Diferencia en el cableado de las botoneras en sistemas convencionales y sistemas basados en bus de datos.
Fuente: elaboración propia

La alternativa es utilizar un bus de comunicación (habitualmente son de cuatro hilos, dos de alimentación y otros dos para datos, aunque también hay buses de solo tres hilos). Cada pulsador, o cada grupo de pulsadores, se conecta a un circuito electrónico que traduce la señal del pulsador a un código que viaja por el bus hasta la maniobra. De este modo, con solo cuatro hilos para cabina y otros cuatro para hueco se puede gestionar un gran número de llamadas (el bus puede tener un límite de dispositivos conectables, pero cabe el recurso de usar elementos repetidores para ampliarlo formando una red tan extensa como se requiera). El ahorro de cableado puede ir más allá, pues por este mismo bus pueden viajar también la información de otros elementos: pulsos de posición, niveles, antefinales, fotocélulas, señales de luminosos, sobrecarga y, en general, cualquier información de entrada y salida de la maniobra que no requiera de potencia eléctrica o no esté relacionada con las series de seguridad.

Para los buses de comunicación se suelen utilizar sistemas estandarizados (en particular CAN BUS aunque también pueden usarse buses basados en RS-485 u otros sistemas). Sus costes actuales son lo bastante bajos como para que compense, incluso, en ascensores de pocas paradas, por lo menos para las llamadas y señales de cabina.

Mantenimiento correctivo del subsistema de llamadas	
Fallo en un pulsador individual	El problema más frecuente en el circuito de llamadas son fallos en los pulsadores por uso o vandalismo. La reparación pasa simplemente por la sustitución de la pieza. Otra de las causas puede ser: • En maniobras de relés: fallo en el relé que memoriza la llamada. Se soluciona mediante el cambio de relé o la revisión de sus conexiones. • En maniobras electrónicas: fallo en el circuito electrónico de entrada a la placa (es muy raro que ocurra espontáneamente, a menos que se le haya realizado algún tipo de cortocircuito o conectado a una fuente de tensión superior a la establecida… por ejemplo con un puente hecho en un lugar equivocado). Cuando la llamada está permanentemente activada lo habitual es que el ascensor permanezca en esa planta con puertas abiertas sin atender otras llamadas.
Fallo general en todas las llamadas	La causa más probable es un problema ajeno al circuito de llamadas (series abiertas, fotocélula, fallo en el operador, sobrecarga, etc.). En caso de que el ascensor sí funcionara al generar llamadas directamente en la maniobra habría que verificar los comunes de llamada o el bus de datos.
Fallo general en todas las llamadas de exteriores o en un grupo de ellas	Si el ascensor sí que atiende llamadas de cabina pero no de exteriores La primera valoración es sobre la posible actuación de funciones del ascensor que inhiben temporal o permanentemente las llamadas exteriores. En concreto: • La temporización de exteriores • La función de bomberos • La función de completo • En algunas maniobras, el bloqueo prolongado de la fotocélula de cabina o la actuación repetida de la sensibilidad en varios intentos de cerrar puertas (dejando sin servicio exteriores hasta que se realiza una llamada desde cabina). Si ninguna de estas funciones está activada y el fallo afecta a todo el grupo de llamadas exteriores (o a todas las llamadas exteriores a partir de una determinada planta) hay que buscar la causa en el conexionado del común de llamadas exteriores (instalaciones con hilos de llamada independientes) o en el bus de datos (instalaciones que usen este sistema).

Fallo general en las llamadas de cabina	En algunas maniobras existe una función para evitar que alguien pulse, por error o estulticia, todas las llamadas de cabina y el ascensor pase largo rato realizando viajes inútiles. Según la maniobra puede estar programada para: • Aceptar solo un número limitado de llamadas simultáneas. • Borrar automáticamente las llamadas pendientes de cabina si, después de atender dos o tres de ellas no se ha detectado paso de gente por la fotocélula. El desconocimiento de esta función o una mala programación de la misma puede llevar a considerar fallo algo que no lo es. Fuera de este tema, si el ascensor solo atiende llamadas exteriores la causa del problema está o en el común de llamadas o en el bus de datos de cabina.
El ascensor para en una planta distinta de la que ha sido llamado	Este fallo puede estar causado por: • Error en las señales de posicionamiento del ascensor. No se trata pues de un fallo de llamadas sino de una confusión de la maniobra sobre en qué planta se encuentra realmente la cabina. Este tema se verá con más detalle en el próximo apartado. • Error en el circuito de llamadas (lo cual solo es razonable que ocurra después del montaje o de una reparación): bien por confusión del conexionado de las botoneras cuando es una maniobra con hilos independientes, bien por error en el código de identificación de cada pulsador (que suele establecerse, para las llamadas exteriores, con algún sistema de microrruptores o programación, de forma que cada pulsador tiene asignado un código distinto). • Pulsador de una planta permanentemente activado. Según el tipo de maniobras las llamadas se codifican de forma tal que, en el caso de pulsar simultáneamente dos llamadas estas se suman de algún modo (propiamente se superponen sus códigos binarios). Por ejemplo, si el pulsador de la primera llamada se ha quedado enganchado puede darse el caso de que, si alguien lo llama a la segunda planta el ascensor lo interprete como una llamada a la planta tres, la atienda y, una vez atendida, vuelva otra vez a la planta primera que es la que tiene enganchada.

Actividad de aprendizaje 16

Busca una posible causa relacionada con el circuito de llamadas para cada una de las siguientes incidencias en un ascensor de diez paradas:

• El ascensor permanece continuamente en planta 0 con puertas abiertas y no atiende llamadas de otras plantas.
• El ascensor no atiende llamadas a la planta 2 desde cabina, pero sí desde exteriores.

- Tras registrar llamadas a todas la plantas en cabina el ascensor se pone en marcha pero tras realizar los tres primeros viajes sin que nadie entre o salga de cabina se borran todas las llamadas pendientes.
- El ascensor no atiende llamadas de cabina pero sí llamadas exteriores

Control de posición

El subsistema de llamadas responde a la pregunta ¿dónde tiene que ir el ascensor?, los dispositivos de posición dan la respuesta a la cuestión ¿dónde se encuentra ahora?

Variantes en el tipo y ubicación de los dispositivos de posicionamiento

Los elementos de posición del ascensor son típicamente tres con la posibilidad de un cuarto:

- Señales de **nivel de planta**. Indican que el ascensor ha llegado a una planta y puede parar. Puede ser una señal única o bien tener dos señales distintas en vistas a facilitar la nivelación, una para indicar el nivel cuando el ascensor sube y otra para indicar el nivel cuando el ascensor baja.
- Señales de **cambio de velocidad** (excepto en ascensores de 1 velocidad que no se requieren). Estas señales se colocan a la distancia que se necesite para el paso del ascensor desde velocidad rápida a velocidad lenta. La distancia depende de dos cosas:
  - ✓ La velocidad del ascensor.
  - ✓ El sistema impulsor (ascensores eléctricos de dos velocidades, con variador, hidráulico normal o hidráulico con placa electrónica de control del aceite).

  Para cada planta (excepto los extremos) hay una señal de cambio de velocidad antes de llegar en bajada y otra antes de llegar en subida.

- **Antefinales en plantas extremas**. Los antefinales indican que se llega, bien a la planta baja (antefinal inferior) bien a la planta más alta (antefinal superior). Su activación debe inhibir la velocidad rápida en el sentido de aproximación al extremo (se puede salir de la planta extrema en velocidad rápida pero no llegar a ella manteniendo esa velocidad).
- Delimitación de la **zona donde es seguro hacer renivelación con puertas abiertas** en ascensores hidráulicos o, en algunas maniobras, delimitación de la zona donde es seguro realizar una apertura anticipada de puertas (inicio del movimiento de apertura de las puertas unos centímetros antes de la parada definitiva del ascensor).

Cada una de estas señales, según la tecnología de la época de instalación y el tipo de maniobra puede obtenerse mediante sistemas mecánicos (particularmente, se han usado interruptores de aspa o interruptores accionados por roldana y resbalón), fotorruptores (actualmente en desuso) o, desde hace algunas décadas, magnetorruptores.

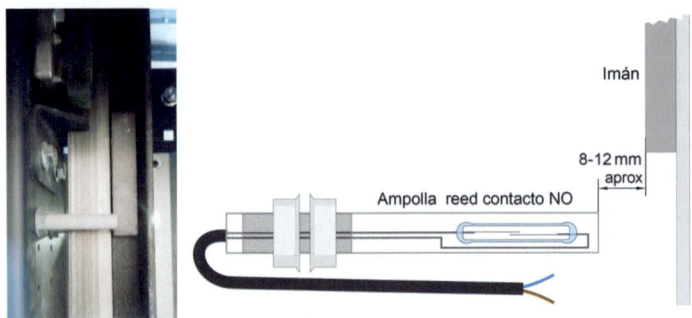

Ilustración 172. Magnetorruptor. Fuente: elaboración propia

Según la instalación, los dispositivos pueden estar repartidos, bien en el hueco (con el elemento actuador en cabina), bien en cabina (con el elemento actuador en el hueco).

Mantenimiento correctivo según el dispositivo utilizado

Fallos en la nivelación, cambio de velocidad, llegada a plantas extremas o renivelación

Con carácter general los problemas característicos de cada tipo de dispositivo son:

Dispositivos mecánicos: suelen ser los más robustos y menos susceptibles de fallos. Los problemas pueden estar asociados a desgaste mecánico, deterioro de los contactos o distancia inadecuada del resbalón o elemento de actuación.

Fotorruptores: fallos por alimentación indebida del aparato, acumulación de suciedad en el emisor o el receptor, desajuste de las pantallas que interrumpen el haz o problemas por incidencia directa de la luz solar en el receptor.

Magnetorruptores: los magnetorruptores se basan, normalmente, en una ampolla reed (dos láminas dentro de un recipiente de vidrio que se atraen y cierran circuito en presencia de un campo mágnético).

Es relativamente sencillo hacer contactos normalmente abiertos que se cierran en presencia de un imán. Hacer contactos normalmente cerrados o sistemas biestables (que una vez que han cambiado de posición la mantengan aunque no haya un imán presente) es algo más delicado. En cualquiera de los sistemas la intensidad que soporta la ampolla reed es limitada. Esto hace que los magnetorruptores puedan dar fallos por diversas causas:

• Por deterioro mecánico o eléctrico de la ampolla reed y sus contactos.

• Por estar excesivamente lejos del imán que lo actúa y también, especialmente en los contactos NC, conmutados y biestables, por estar excesivamente cerca. (la distancia correcta está normalmente entre 8 y 12 mm).

• Por interferencia de otros imanes próximos correspondientes a otras señales.

Posicionamiento absoluto y posicionamiento incremental

Hay dos formas en las que la maniobra puede gestionar la posición del ascensor:

- **Posicionamiento absoluto:** hay algún tipo de contacto asociado a cada una de las plantas de forma que a la maniobra le llega una información directa de en qué planta se encuentra el ascensor. Los primeros dispositivos eran de este tipo y utilizaban un sistema de correas de transmisión que abrían o cerraban unos contactos en el cuarto de máquinas. Más tarde se introdujeron otros sistemas tipo interruptores de aspa o de roldana colocados en cada planta y actuados desde cabina. Sea de forma directa o a través de un relé de piso, cada planta se asocia a dos contactos que se abren cuando el ascensor está en el nivel. A esta parte del circuito se le llama "copiador de hueco". La combinación de la llamada con el copiador de hueco es la que determina el movimiento del ascensor. Vemos un ejemplo simplificado de una maniobra de relés basada en este principio:

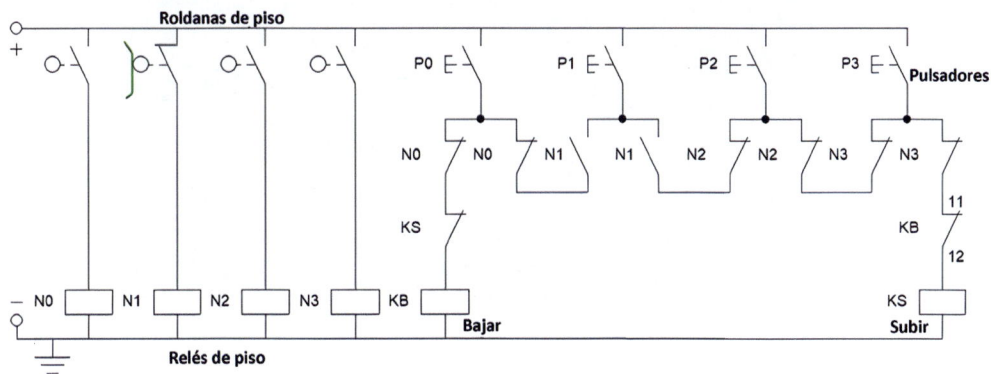

Ilustración 173. Esquema básico del copiador de hueco en una maniobra de relés con posicionamiento absoluto.
Fuente: elaboración propia

El esquema está dibujado con el ascensor en la planta 1 (la roldana de la planta 1 cierra contacto, N1 está activado y los contactos N1 abiertos). Desde esta posición:

- Una llamada mantenida en el pulsador de la planta cero activará el contactor de bajada (bloqueando la posibilidad de que entre el contactor de subida). El movimiento se detendrá cuando la cabina presione la roldana de la planta cero, entre su relé y se abran los contactos N0.
- Una llamada de esa misma planta no activa ninguno de los contactores.
- Tanto una llamada mantenida de P2 como de P3 activará el contactor de subida hasta que llegue a la planta desde la que se le llama.

Posicionamiento incremental. El principal problema del sistema anterior es que se requiere, para cada planta una roldana, un relé y todo el cableado de hueco. Por ello este sistema actualmente solo se utiliza en maniobras muy básicas (por ejemplo, montacargas de dos paradas). La alternativa es un sistema de conteo a partir de una planta extrema (normalmente la planta baja). Mediante un sensor que es actuado en cada planta generando un pulso. La maniobra, según esté subiendo o bajando, se encarga de sumar o restar plantas para saber en todo momento en qué planta está y actuar en consecuencia.

Este sistema de posicionamiento incremental comenzó a implementarse en maniobras de relés gracias a un dispositivo electromecánico llamado selector de pisos rotativo. El selector de pisos rotativo consta de un disco de contactos que gira una posición en uno u otro sentido por cada impulso que recibe una de sus dos bobinas. Quedan pocos ascensores con este sistema, en algunos de ellos el selector de piso electromecánico ha sido ya sustituido por una placa electrónica que realiza la misma función.

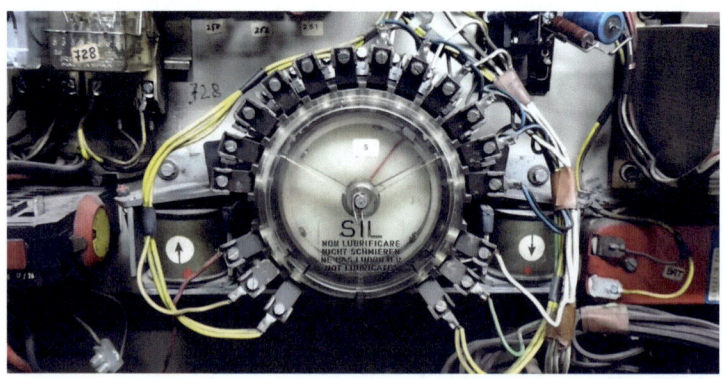

Ilustración 174. Selector de pisos rotativo electromecánico en una maniobra antigua de ascensor. Fuente: Matías Prodán

En las maniobras electrónicas ya no es necesario el selector de pisos pues su función la realiza el programa informático que gestiona el sistema de posicionamiento. Por este motivo, tras un fallo de corriente, el ascensor realiza un viaje automático a una planta extrema. Al activarse el antefinal correspondiente tiene la referencia a partir de la cual el programa pueda contar o descontar conforme recibe pulsos. En estos casos se suele usar la expresión de que el ascensor baja (o sube) a "corregirse".

Configuraciones específicas con los sistemas de cambio de velocidad

Las distancias requeridas para el cambio de velocidad pueden ser de apenas unos centímetros (elevadores de 0,15 m/s de una sola velocidad) o de varios metros (ascensores con velocidades superiores a 2 m/s). En la mayor parte de aplicaciones las distancia entre plantas consecutivas están en torno a los 3 m y las distancias de frenado por debajo de 1,5 m. En esta configuración la señales de cambio de velocidad están inmediatamente antes que el nivel donde tienen que parar y entre señales de nivel hay siempre dos señales de cambio de velocidad tal y como se aprecia en la imagen.

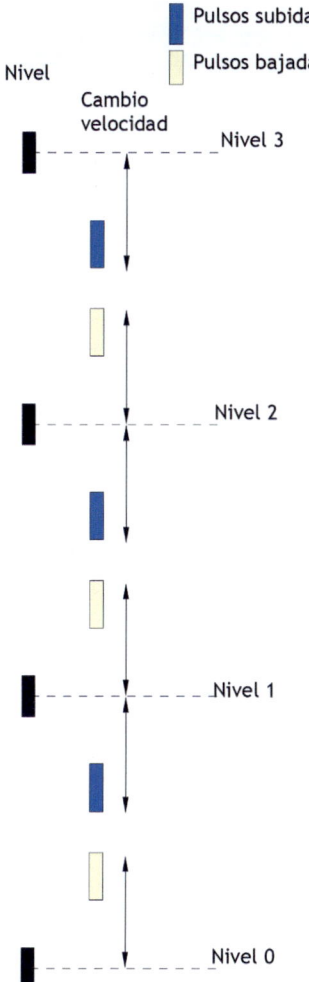

Nivel

■ Pulsos subida

☐ Pulsos bajada

Cambio velocidad

Nivel 3

Nivel 2

Nivel 1

Nivel 0

Ilustración 175. Distribución de las señales de pulsos de cambios de velocidad. Fuente: elaboración propia

Desde el punto de vista de la maniobra la secuencia de señales que recibe y que le sirven para saber en qué planta está y cuándo tiene que cambiar de velocidad es siempre:

Nivel – Pulso (bajada) – Pulso (subida) – Nivel

Si el ascensor va de la cero a la uno, deberá arrancar, ignorar el primer pulso, cambiar de velocidad en el segundo y parar al llegar a nivel

El problema aparece cuando, o bien en alguna parada la distancia entre plantas es notablemente inferior (pongamos, por ejemplo, una parada distante 1 m de la planta inferior para salvar unos escalones en la entrada principal), o bien la velocidad del ascensor puede requerir distancias de frenado mayores de 2 m.

En cualquiera de esos supuestos se hace evidente que en todas o algunas paradas la secuencia será distinta (el pulso de subida se "cruza" con el pulso de bajada). En estos supuestos si el ascensor va de la cero a la uno deberá arrancar y en cuanto detecte el primer pulso, comenzar ya a pasar a lenta.

El sistema puede hacerse todavía más complicado si las distancias de cambio de velocidad requeridas son superiores a la longitud de una planta.

Por este motivo las configuraciones de las señales de cambio de velocidad pueden ser muy diversas, ir en un solo sensor, requerir usar sensores y líneas distintas para los pulsos en subida y en bajada, tener una programación específica para las plantas cuya distancia es inferior al resto o utilizar otras medidas alternativas al sistema de pulsos (por ejemplo el posicionamiento de la cabina asociado al encóder del motor o del limitador de velocidad con señales de corrección y reajuste a lo largo del hueco).

En cada instalación hay que remitirse pues a las indicaciones del fabricante para entender la configuración de las señales que recibe la maniobra antes de actuar sobre ellas.

Fallos en la nivelación

Si un ascensor nivelaba bien y deja de hacerlo no implica necesariamente que exista un problema en el dispositivo de posicionamiento. Es necesario realizar una valoración previa antes de corregir la posición de los actuadores de la señal de nivel pues se corre el riesgo de enmascarar un problema subyacente como pueden ser deslizamiento en la polea tractora, desgaste del freno, fallos en el sistema hidráulico, problemas en el aceite, problemas en el control del variador, etc.

Con relación a causas directamente relacionadas con el posicionamiento hay que valorar:

- El ajuste entre el actuador y el sensor, en particular en magnetorruptores (comprobando si ha habido posibles cambios en el mismo por problemas de entreguía o rozaderas).
- Que las distancias de cambio de velocidad son correctas y el ascensor llega a realizar un pequeño tramo en lenta antes de llegar a planta (especial atención en ese caso a la temperatura del aceite en ascensores hidráulicos que puede hacer variar significativamente estas distancias).

El ascensor para en lugar de pasar a velocidad lenta

El problema puede estar en el equipo impulsor y/o contactores (fallo en el contactor o motor de lenta, problemas con la válvula de caudal en ascensores hidráulicos, etc.) pero también puede indicar que la señal de nivel está permanentemente activada.

El ascensor para entre plantas o en una planta distinta o se pasa de recorrido

Entre otras causas posibles, puede deberse a que la señal de nivel está permanentemente desactivada o falta el imán o actuador en una planta. Si esto ocurre, el ascensor pasa a lenta, pero continúa sin detenerse hasta que se pare por exceso de tiempo, llegue a otra planta que sí tenga el actuador o se pase de recorrido.

El ascensor realiza envíos frecuentes a la planta baja

En ascensores hidráulicos está establecido por normativa el reenvío automático a la planta inferior a los quince minutos de inactividad (para mantener el aceite en el calderín y el pistón recogido). En algunas maniobras electrónicas puede ser una función programada a propósito para reducir tiempos de espera (por ejemplo, en hoteles donde se requiera que habitualmente haya un ascensor disponible en la planta principal). Fuera de estos casos la realización de envíos frecuentes a la planta baja (cuando está realizando otro servicio) puede indicar un fallo en el sistema de posicionamiento. Las maniobras electrónicas suelen detectar un error en la secuencia de pulsos (por ejemplo, si llega una señal de nivel cuando se esperaba un pulso de cambio de velocidad). En lugar de detener la cabina, con el riesgo de que queden personas atrapadas, realiza automáticamente

Un viaje a la planta inferior a corregir la posición. Si esto ocurre con cierta frecuencia puede ser signo de fallos aleatorios bien en el dispositivo de detección de señales de cambio de velocidad bien en el de nivel.

Al arrancar el ascensor se estrella en rápida en la planta baja	Esta es un síntoma característico de un fallo en el antefinal inferior en maniobras electrónicas. La primera operación de los ascensores cuando reciben corriente es ir a corregirse a la planta inferior para tener una referencia a partir de la cual contar y descontar. Si en ese primer viaje no encuentran el antefinal el ascensor sigue bajando hasta pasarse de recorrido.
Avería por antefinal actuando en planta intermedia	La mayor parte de las maniobras electrónicas detectan la situación de activación de un antefinal cuando, supuestamente, el ascensor está fuera de las plantas extremas. El fallo puede estar: • En el dispositivo del antefinal que no mantiene su posición estable (conmuta al bajar, pero no recupera su posición al subir o viceversa). • En que detecte el antefinal antes de detectar el pulso de cambio de velocidad (la mayor parte de las maniobras requiere que sea en ese orden). • Que estén fallando las señales de cambio de velocidad y nivel.
Avería por ambos antefinales activados simultáneamente	Es otra de las incongruencias que la mayor parte de maniobras electrónicas pueden autodiagnosticar. En principio el antefinal que está fallando es el del extremo contrario de donde se encuentra el ascensor.
Errores de renivelación (ascensores hidráulicos)	Dado que la renivelación se debe poder realizar también con puertas abiertas, suele haber un sistema redundante de seguridad que puentea la serie de puertas. Para su buen funcionamiento son necesarias dos cosas: que la maniobra reciba todas las señales (niveles, zona de desenclavamiento) y que lo haga en el orden en que se espera. Cualquier error en las señales hace que la maniobra no renivele. Hay que consultar las especificaciones del fabricante sobre el sistema de renivelación y revisar en ese caso las distintas señales y su orden de activación. En principio, la renivelación debería poder hacerla tanto en dirección subida como en dirección bajada; no obstante, puede haber maniobras antiguas donde solo esté contemplada la renivelación en subida (que es la más habitual provocada por pérdida de presión del aceite). Puede darse el caso que se requiera renivelar en bajada, por ejemplo, al sacar carga de cabina y subir de nivel por expansión de los muelles. Si el ascensor no contempla esa opción, en lugar de bajar sube en lenta hasta salir de la zona de desenclavamiento dejando el ascensor con un desnivel significativo y, probablemente, marcando avería. En estos casos la solución pasa por eliminar la causa que provoca la necesidad de una renivelación en bajada (limitación de la carga, eliminación del aire en el calderín, sustitución de muelles o amortiguadores entre cabina y chasis…) o eliminar la señal de renivelación cuando la pérdida de nivel es por subida de la cabina sobre el nivel de planta.

Inspección

El conmutador de inspección va en el techo de cabina y, para los ascensores instalados tras la entrada en vigor de la norma EN 81-20, también tiene que haber un mando en el foso y en el cuadro de maniobra.

El mando de inspección acciona diversos contactos. Uno de ellos es para informar a la maniobra de que ha de entrar en modo inspección. Los otros, tal y como ya se ha visto, forman parte de la serie de seguridad de modo que se garantiza que el ascensor solo puede ser movido desde los mandos de inspección y que estos tienen prioridad sobre otros elementos como puede ser el mando de emergencia en el cuadro de maniobra.

Según la instalación puede ser necesario que, para que el ascensor vaya en inspección, estén instalados los mecanismos de protección previstos en el techo (barandilla desplegada o medidas complementarias en caso de huida reducida).

Actualmente es obligatorio que el movimiento desde el mando de inspección requiera la acción simultánea sobre dos pulsadores (uno de marcha y otro de subida o de bajada). En maniobras anteriores a la normativa actual es posible que baste con pulsar un único botón para moverse en inspección.

En algunas maniobras, que no utilizan bus de datos, el pulsador de subida y de bajada de inspección suelen ir conectados a la llamada de la planta baja y otra llamada (puede ser la segunda parada u otra según el diseño de la maniobra).

 Ten cuidado

Cuando se vuelve al modo normal tras usar la inspección, en la mayor parte de las maniobras electrónicas el ascensor realiza un viaje automático a una planta extrema para corregirse. Por este motivo es muy importante que, mientras se esté en el techo de cabina trabajando y no se requiera mover la máquina, se quede pulsado el stop. Esto añade una medida de seguridad complementaria frente a accionamientos involuntarios del mando de inspección.

Mantenimiento correctivo del subsistema de inspección

El ascensor no se mueve en revisión	Cualquier causa que impida al ascensor funcionar en modo normal también lo hará en inspección (series abiertas, sobrecarga, problemas en la acometida o el equipo impulsor, etc.) Si el ascensor funciona normalmente pero no en revisión hay que verificar dos cosas: • Si las series (que quedan abiertas al poner el ascensor en inspección) se vuelven a cerrar al presionar sobre los pulsadores.

	• Si llegan bien a la maniobra todas las señales asociadas al mando de inspección (orden de inspección y las señales de los pulsadores de subir/bajar). • Que la maniobra no deje el operador abierto cuando se pasa al modo de inspección.
Estando en revisión al pulsar para subir o bajar el ascensor arranca en bajada y rápida	Esto ocurre cuando el mando de inspección sí que corta la serie de seguridad pero no le llega a la maniobra la señal de que el ascensor debe funcionar en inspección. Desde el punto de vista de la maniobra el ascensor está en modo normal con las series abiertas. Al cerrar las series con los pulsadores de marcha en inspección lo que hace la maniobra es tratar de mandar el ascensor a la planta baja para corregirse. En este caso hay que revisar el contacto que da señal de inspección a la maniobra. El fallo puede estar en el mando o en el cable que lleva esa señal a la maniobra.
El ascensor no llega a las plantas extremas en revisión	En muchas maniobras, y con el fin de evitar accidentes o atrapamientos, no se puede viajar desde el techo de cabina más allá de los antefinales. En este caso no se trata pues de una avería sino de un sistema de protección previsto por el fabricante. Algunas maniobras tienen previsto que este funcionamiento se pueda modificar mediante programación y en otras en cambio, viene dado por el cableado y no es posible variarlo.
Tras funcionar en revisión y volver al modo normal el ascensor no funciona	Las causas más corrientes son que se haya dejado el stop de cabina o alguna puerta mal cerrada, o esté activado el mando de emergencia en el cuadro de maniobra. Otro de los elementos que pueden bloquear el funcionamiento en modo normal, pero no en inspección, es la activación de la fotocélula o la sensibilidad o problemas en los circuitos de llamadas. En algunas maniobras, particularmente en ascensores con huida reducida, se requiere, por el propio diseño, quitar y poner corriente, o realizar una operación de reinicio en la maniobra tras usar el ascensor en inspección. Esta es una medida complementaria para garantizar que el operario no está ya en el techo de cabina cuando se restablece el modo normal.

Otras señales de entrada de la maniobra

Además de llamadas, posicionamiento y señales relacionadas con la inspección, otras de las señales de entrada en la maniobra son:

Señales de pesacargas: función sobrecarga y completo

El dispositivo de pesaje de la carga en cabina puede ser de diverso tipo:

- El presostato en el grupo de válvulas de ascensores hidráulicos.

- Sistemas electromecánicos de muelles o amortiguadores que accionan un interruptor en el suelo de cabina.
- Sistemas electrónicos acoplados en los silentblocks del motor, en la bancada, en los cables o en los silentblocks de cabina

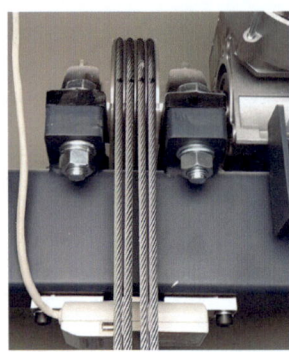 

Ilustración 176. Sistemas de pesaje de la carga por medición de la flexión de la cabina y por la tensión de los cables.
Fuente: elaboración propia

En principio la función básica es la de **sobrecarga** que impide el movimiento de cabina cuando hay un exceso de peso, mantiene la puerta abierta y genera una señal luminosa y acústica de aviso.

Además de esta función, algunos dispositivos generan la señal de **completo**. Esta señal se ajusta para que se active cuando se alcanza el 75-80 % de la carga de cabina. En ese caso se da prioridad a las llamadas de cabina desatendiendo las llamadas exteriores hasta que baje parte del pasaje. Esta función es muy útil en instalaciones de dos o más ascensores para facilitar un reparto eficiente de los viajes. En el apartado de llamadas ya se ha comentado que una mala regulación de la activación de la señal de completo hace que el ascensor solo atienda llamadas de cabina.

Mantenimiento correctivo del subsistema de pesacargas

La sobrecarga se activa cuando no hay motivo o no se activa cuando sí lo hay

El fallo más común es la mala regulación del dispositivo de pesaje (entre otras cosas porque no todos son igual de precisos o fiables con el tiempo). En principio para ajustarlo adecuadamente se requiere cargar la cabina con pesas de valor conocido hasta llegar a la carga nominal, algo que no siempre es fácil de gestionar, particularmente en grandes aparatos.

Ocasionalmente el fallo está en el propio dispositivo de pesaje.

 Ten cuidado:

En caso de que sea necesario cambiar el presostato es necesario cerrar la llave de paso del grupo de válvulas pues de otro modo se producirá una fuga de aceite a alta presión en el momento en que se desenrosque.

MANTENIMIENTO DE ASCENSORES

Tras activarse la sobrecarga no se desactiva a pesar de haber salido parte de la carga	Esto ocurre, con cierta frecuencia, en ascensores hidráulicos y ascensores con chasis de mochila. Se debe al efecto de las rozaderas que quedan en una posición forzada y no recuperan con facilidad su posición cuando se libera el peso de cabina. Suele solucionarse con un simple salto en cabina, para evitar que se repita hay que garantizar que las guías están bien engrasadas, las rozaderas en buen estado y la entreguía sin holguras ni angosturas.

Señal de bloqueo de llamadas exteriores

Es posible que la función de completo (es decir, la inhibición de llamadas exteriores) se realice no por el control de la carga sino mediante un llavín previsto en cabina. Esto se instala cuando se requiere, durante un tiempo, un uso exclusivo del ascensor desde cabina. Esta aplicación era algo característico, hace ya unos cuantos años, en las fincas donde el portero hacía una ronda por los pisos para bajar la basura a la calle. Mediante este llavín, evitaba que otras personas accedieran a cabina cuando estaba realizando este servicio y la tenía cargada con las bolsas.

Señal de bomberos

Es una función especial que es obligatoria para edificios con gran afluencia (está regulado por el código técnico de edificación y los decretos sobre accesibilidad).

El modo bomberos se activa mediante un pulsador exterior (normalmente protegido con un cristal y con la cartelería de "uso exclusivo bomberos"). Cuando el modo bomberos se activa:

- Los ascensores interrumpen el servicio y bajan a planta de evacuación (normalmente el nivel de calle) abriendo puertas.
- Una vez en la planta de evacuación solo los bomberos los pueden manejar desde el interior mediante un llavín que, lamentablemente, no está estandarizado.
- Las células fotoeléctricas se inhabilitan para que el humo no bloquee el ascensor.
- Las puertas no se abren automáticamente en las plantas si los bomberos no las accionan para evitar que las llamas pudieran entrar dentro del ascensor por accidente.

Temperatura de cuarto de máquinas, otras señales de termosonda y entradas de fuera de servicio temporal del ascensor

Otras de las señales de entrada a la maniobra son las que tienen que ver con las condiciones de trabajo que deben impedir el arranque del ascensor. Se trata de entradas distintas de la señal de sobrecarga que evitan que el ascensor emprenda un nuevo viaje en determinadas circunstancias pero que, en caso de que ocurran durante un trayecto no detengan el ascensor como lo haría una serie de seguridad. Estas señales pueden ser la temperatura del cuarto de máquinas, del motor o del aceite u otras más excepcionales (por ejemplo, un anemómetro en ascensores panorámicos de hueco abierto).

Es más que conveniente que estas posibles señales, o bien sean reconocidas por la maniobra y faciliten un código específico de error cuando se produzcan, o bien tengan su propia señalización para saber que se han activado. De otro modo su correcto funcionamiento puede confundirse con fallos aleatorios del ascensor difícilmente diagnosticables puesto que se rearman automáticamente.

Control de puertas

El control de puertas implica tanto señales de entrada para la maniobra como señales de salida. Las posibles **señales de entrada** son:

- Señales de apertura de puertas: pulsador de apertura de puertas, fotocélula y contacto de sensibilidad.
- Pulsador de cierre de puertas.

Las posibles **señales de salida** para el control de dispositivos son:

- Operador de puertas (u operadores si es un ascensor de doble o triple embarque).
- Electroleva.
- Electrocerraduras.

Fotocélula, pulsador de apertura de puertas y contacto de sensibilidad

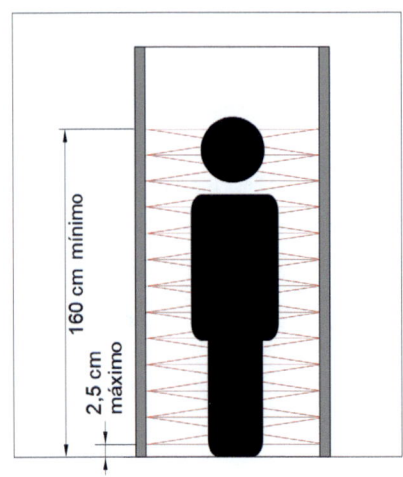

Ilustración 177. Sistema de barrera óptica de detección de obstáculos. Fuente: elaboración propia

Por lo general, aunque no siempre, cada uno de estos tres elementos tiene un contacto normalmente cerrado que forman una serie (PAP-SEN-CEL) de forma que, si cualquiera de ellos se abre, se interrumpe el movimiento de cierre y se vuelve a abrir la puerta. Una vez que se inicia el viaje la apertura de PAP-SEN-CEL no produce ningún efecto.

En ascensores de doble o triple embarque, en caso de activación de un elemento, el movimiento de apertura solo ha de dirigirse a la puerta que corresponda en esa planta.

Existen infinidad de modelos de fotocélula. La tendencia es que se vayan reemplazando todos los modelos antiguos por sistema de barrera óptica capaces de detectar un objeto de diámetro mayor de 50 mm situado en cualquier posición entre una altura de 25 y 1600 mm.

También existe una gran cantidad de sistemas para generar la señal de reapertura cuando algún objeto interrumpe mecánicamente el cierre de la puerta, algunos de ellos son fundamentalmente mecánicos y otros electrónicos vinculados al encóder del motor de puerta de cabina. En la mayor parte de modelos se puede regular la cantidad de fuerza necesaria para que actúe.

Según la maniobra, esta serie la recibe el cuadro de maniobra o bien es gestionada directamente por el operador de puertas. Cuando la información de la serie no llega a la maniobra sino que se queda en el operador hay que prestar especial atención. En este caso, determinados problemas, como que el ascensor no arranque tras ponerlo en modo normal, pueden deberse al no cierre de puertas pero que la maniobra no los detecte como tal.

Mantenimiento correctivo eléctrico de las señales de PAP-SEN-CEL	

La puerta no se cierra	Cualquier apertura de la serie evita que la puerta cierre y, en consecuencia, que el ascensor arranque. Lo primero que hay que hacer es revisar en el sitio la situación de la cabina y la puerta por ver cuál de los tres elementos es el que está actuando.
	 • Con relación a la fotocélula, algunas anomalías son:
	   – Fallo por desalineación del emisor y el receptor.
	   – Fallo por suciedad en el emisor o el receptor.
	   – Bloqueo de la fotocélula por incidencia directa de la luz solar (en ascensores donde puede dar el sol conviene colocar el receptor en el lado de sombra y, si esta medida no es suficiente, utilizar fotocélulas con filtro de luz polarizada).
	   – Problemas relacionados con la alimentación de la fotocélula o el dispositivo en sí.
	 • El pulsador de apertura puede tener los fallos mecánicos típicos de un pulsador por uso o vandalismo.
	 • En la sensibilidad gran parte de los problemas, más que eléctricos, suelen ser de ajuste mecánico de la puerta, presencia de objetos en la pisadera, regulación de los muelles, etc.

Pulsador de cierra puertas

El pulsador de cierra puertas, en principio, disminuye el tiempo de espera entre que se pulsa la llamada desde cabina y el ascensor inicia el cierre de las puertas de cabina o entre dos llamadas de cabina consecutivas.

En ningún caso el pulsador de cierre de puertas tiene prioridad sobre la serie de PAP-SEN-CEL (no se puede aplastar a nadie por pulsar ese botón) ni es más eficaz por pulsarlo rápido muchas veces seguidas, tampoco los ascensores llegan antes por llamarlos muchas veces.

El pulsador de cierre de puertas no funciona	Esto puede ser relativamente frecuente pues, en el diseño o la programación de las maniobras se da prioridad a garantizar un tiempo mínimo de estancia en planta para facilitar la entrada y salida de personas con movilidad reducida al manejo del pulsador quedando el mismo sin un uso real.
Cuando hay varias llamadas en cabina la puerta hace amago de cerrar sin dar tiempo a salir o entrar	Una de las causas es que el botón de cierre de puertas esté permanentemente activado. Otra causa probable, no relacionada con el pulsador, es que la temporización de cabina esté mal ajustada.

Operadores de puertas

Con relación al manejo de las puertas hay dos configuraciones básicas:

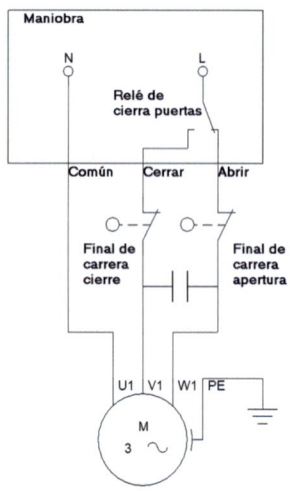

- Motores de puertas directamente controlados desde la maniobra mediante relés y/o contactores de apertura / cierre de puertas. En la mayoría de los ascensores el motor de puertas requiere de poca potencia, por ello es viable utilizar un motor trifásico reconvertido a monofásico mediante un condensador. El propio operador lleva sus correspondientes finales de carrera que cortan el movimiento de apertura o de cierre.

Ilustración 178. Ejemplo de esquema de conexionado de un motor de puertas trifásico a partir de una alimentación monofásica. Fuente: elaboración propia

- **Motores de puertas controlados por un variador de frecuencia específico** que gestiona su movimiento y aporta prestaciones diversas. En este caso la puerta lleva un encoder de forma que el operador está informado del movimiento. Ello permite el control de la velocidad de forma electrónica y no mecánica así como algunas funcionalidades tales como programación de los intentos de cierre, aproximación en velocidad más lenta en un segundo intento de cierre tras activarse la sensibilidad, control preciso del grado de fuerza necesario para que la señal de sensibilidad se active, autodiagnóstico del motor de puertas, eliminación de finales de carrera, etc. En este caso la maniobra simplemente manda la orden de abrir o cerrar, gestionando el operador todo el proceso.

Mantenimiento correctivo eléctrico de los operadores de puertas

La puerta no abre o no cierra, lo hace sin fuerza o con muchas vibraciones

Lo primero por, supuesto, es verificar que el ascensor está en condiciones de iniciar el cierre de puertas (no hay series previas abiertas, ni sobrecarga, ni activación de la serie PAP-SEN-CEL ni ninguna otra causa por la que no deba arrancar).

En ocasiones se trata de un problema mecánico. El funcionamiento eléctrico en ascensores directamente controlados por la maniobra es relativamente simple y siguen el esquema de Acometida – Contactores – Finales de Carrera – Motor. Con un polímetro debería ser sencillo ver si el motor está en condiciones y si le llega o no llega corriente. La falta de fuerza del motor puede indicar fallo en alguna de las fases (o del condensador entre fases de los motores trifásicos conectados como monofásicos).

En puertas controladas por un variador es algo más complicado porque la causa del fallo puede ser propia del variador del operador: variador desconectado, falta realizar el ajuste y lectura inicial del tamaño de la puerta, existe avería en el circuito del variador, activación interna de la sensibilidad por un mal ajuste de la misma, fallos en la conexión del encóder, fallo del fusible u otros sistemas de protección propios del variador, etc.

 Ten cuidado:

No en todas las maniobras el interruptor general de la maniobra deja sin tensión la acometida del motor de puertas. Cualquier trabajo sobre estos elementos del circuito debe hacerse con la acometida general quitada.

El motor de puertas, a pesar de haber cerrado o abierto totalmente, sigue girando

En muchas ocasiones la señal de cierre la da la maniobra durante todo el trayecto y la señal de apertura mientras el ascensor está sin llamadas. Son los finales de carrera del operador los que hacen que el motor deje de girar por lo que en ese caso sería los primeros elementos a valorar.

 Ten cuidado:

En el trabajo del operador existen riesgos de atrapamientos directos del cuerpo o de prendas de ropa por lo que su manejo ha de realizarse con especial atención.

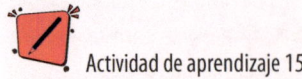

Actividad de aprendizaje 15

Analiza el siguiente fragmento de esquema del conector de cabina de un ascensor eléctrico con puertas automáticas y contesta a las siguientes preguntas:

- ¿Qué bornas habría que unir en el cuadro de maniobra para que el ascensor solo pudiera funcionar en modo inspección?
- Estando el ascensor en modo inspección, ¿qué pulsadores hay que accionar para que el ascensor suba?
- Estando el ascensor en modo normal, ¿qué pasará si soltamos la borna 53?
- ¿Qué consecuencias tendría para el funcionamiento del aparato que el hilo de la borna 49 no hiciera buen contacto?
- Estando el ascensor parado en planta ¿Qué tensión habrá en la borna 44 si alguien acciona el pulsador de apertura de puertas? ¿Qué ocurrirá en ese caso?
- ¿Cuál es la función del condensador que hay en el operador entre las bornas 57 y 58?

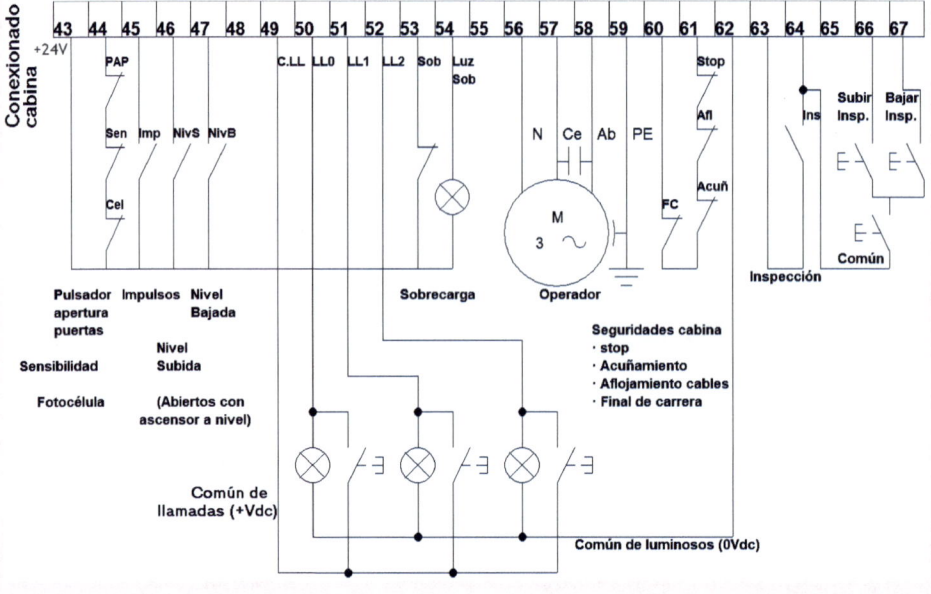

Electrolevas y electrocerraduras

Las electrolevas y electrocerraduras se utilizan en ascensores sin puertas en cabina, con puertas de cabina manuales o en ascensores en los que, por la colocación o el tipo de operador de cabina, este no puede accionar las poleíllas de los cerrojos de puertas exteriores.

La electroleva (o patín retráctil) va en cabina, funciona como un resbalón que, por efecto de un electroimán se recoge durante el viaje del ascensor y que cae, por la gravedad, cuando la alimentación del electroimán cesa al llegar a planta. Al caer el resbalón desplaza la poleílla del cerrojo de puertas exteriores permitiendo su apertura.

Cuando no se puede instalar una leva se suelen utilizar electrocerraduras en cada una de las puertas exteriores. Las electrocerraduras también son, desde el punto de vista eléctrico, un electroimán. La diferencia es que actúa directamente sobre el cerrojo provocando su apertura. A diferencia de la electroleva la electrocerradura se activa cuando el ascensor está en planta. Con frecuencia, para evitar que esté consumiendo de forma permanente, se desactiva tras un breve tiempo.

Mantenimiento correctivo eléctrico de electrolevas y electrocerraduras	
Fallo eléctrico en la electroleva o electrocerradura	Los fallos eléctricos de estos dispositivos son los propios de cualquier electroimán: deterioro de la bobina por exceso de calor tras varias horas de funcionamiento en circunstancias adversas.
	Esto puede provocar tanto un cortocircuito (haciendo saltar las protecciones de la acometida o los fusibles que pueda tener asociados) como la apertura del circuito (de forma que no saltan las protecciones de la acometida, pero tampoco funciona).

Luminosos y señales auditivas

Además de las salidas para el control de contactores y puertas, la maniobra tiene terminales o sistemas específicos para facilitar información. En términos generales estas informaciones dirigidas hacia las personas usuarias son visuales y, algunas de ellas, auditivas.

Las señales que podemos encontrar según la maniobra de ascensor son:

- Luz de libre/ocupado. Se instala en cada planta, especialmente en maniobras universales, para indicar que el ascensor está atendiendo una llamada y que no puede atender otras.
- Luz de puerta abierta.
- Registros de llamadas. Son los pilotos vinculados a cada uno de los pulsadores de llamada de cabina y de hueco. Se utiliza para informar a la persona usuaria que su llamada ha sido memorizada por la maniobra y está pendiente de ser atendida. En las maniobras universales se suele usar el nombre de "luz de acude", pues indica que se está atendiendo esa llamada.
- Posicional de planta (display). Señala el número o nombre de la planta en la que se encuentra el ascensor. Puede estar asociado a un sintetizador de voz para facilitar el uso para personas invidentes.
- Flechas de dirección (subida o bajada). Señala que el ascensor se está moviendo hacia arriba o hacia abajo. Permanecen encendidas mientras el ascensor se mueve.
- Flechas de próxima partida. Se utiliza en maniobras selectivas en subida y bajada y se

iluminan exclusivamente en la planta en la que se encuentra el ascensor. Sirven para indicar a las personas hacia dónde tiene previsto arrancar la cabina para atender las llamadas que ya tiene registradas.

- Señal luminosa y, obligatoriamente también auditiva, de sobrecarga.
- Gong de llegada a planta o sintetizadores de voz con indicación verbal de la planta.
- Señales acústicas de activación de llamada.
- Luminosos de activación y comunicación del sistema de comunicación bidireccional.
- Otras informaciones: situación de avería, estado de mantenimiento, y, con la incorporación de pantallas programables gestionadas de forma telemática, cualquier tipo de información complementaria vinculada o no con el ascensor (estado del tiempo, noticias, avisos, propuestas de ocio, información comercial…)

El circuito eléctrico de los luminosos en maniobras antiguas es, por lo general, muy simple.

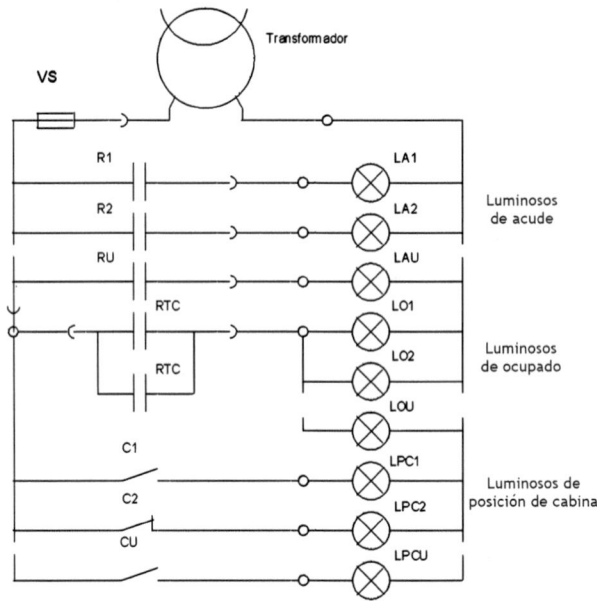

Ilustración 179. Fragmento del esquema con los luminosos en una maniobra de relés (se usa simbología antigua para representar contactos normalmente abiertos). Fuente: elaboración propia

Con la introducción de elementos electrónicos los circuitos de luminosos incorporaron dos cambios significativos:

- Se sustituyeron los luminosos de neón o de bombilla por luminosos tipo led.
- Los registros de llamada se asociaron con el pulsador. La acción del botón lo alimenta y, una vez que se deja de pulsar, es la propia maniobra quien lo mantiene encendido hasta que la llamada es atendida.

- Se utilizaron visualizadores de 7 segmentos para indicar el piso de cabina permitiendo que la información de los pisos venga codificada en binario.

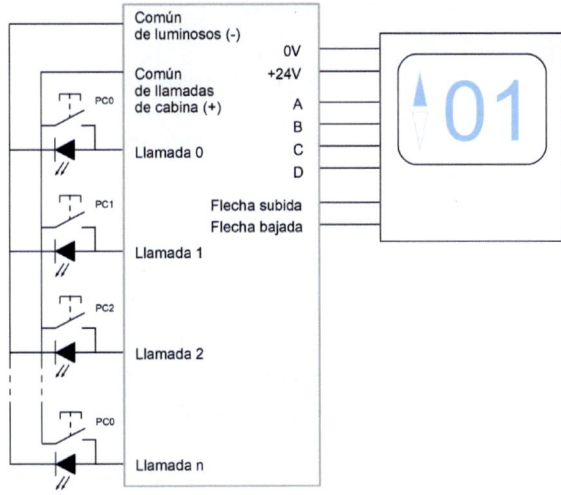

Ilustración 180. Fragmento del esquema con el conexionado de los pulsadores, luminosos de registro de llamadas de cabina y display. Fuente: elaboración propia

Saber más

La numeración que utilizamos habitualmente está expresada en el sistema decimal. Existen diez símbolos (0, 1, 2, 3, 4, 5, 6, 7, 8 y 9) con los cuales se puede representar cualquier número. El motivo de que sean diez, está probablemente asociado al hecho de que tenemos diez dedos en las manos.

En el sistema decimal la primera posición de la derecha son las unidades, la segunda son decenas, la tercera centenas, etc. Cuando escribimos un número, por ejemplo el 743, estamos de algún modo representando de forma simple $7 \times 100 + 4 \times 10 + 3 \times 1$.

Al igual que en el sistema decimal, también es posible hacer lo mismo utilizando 8 símbolos distintos o 16 o cualquier otra cantidad de símbolos… De hecho todos hemos aprendido a contar usando un único símbolo (el "palito") el uno es un palito, el dos dos palitos, el tres tres palitos… El sistema binario se basa en utilizar solamente dos símbolos, normalmente 0 y 1.

En este caso la primera posición de la derecha vale por 1, la segunda por 2, la tercera por 4, la cuarta por 8 y así sucesivamente de modo que cada posición vale el doble que la anterior.

De este modo el número binario 0101 hay que interpretarlo como $0 \times 8 + 1 \times 4 + 0 \times 2 + 1 \times 1 = 5$. El número 0000 se corresponde con el 0, el 0001 con el 1, el 0010 con el dos en, el 0011 con el tres, etc. El mayor número que podemos escribir con cuatro cifras binarias es el 1111 que corresponde a $8+4+2+1=15$. Con cinco cifras binarias podemos llegar hasta el 31.

Los sistemas electrónicos no tienen diez dedos pero sí, fácilmente, dos estados diferenciables (con tensión o sin tensión), por lo que les es fácil operar con datos codificados en sistema binario. En las maniobras de ascensores es frecuente encontrarse estos códigos en el control del display, en el acceso a parámetros a través de microrruptores, en la codificación de llamadas…

¿Te animas a escribir los números del 1 al 15 en binario?

El siguiente paso en la evolución de la gestión de luminosos ha sido la introducción de sistemas conectables a buses de datos y la incorporación de pantallas integradas con una gran flexibilidad en los datos que pueden mostrar.

	Mantenimiento correctivo eléctrico del sistema de luminosos
No se enciende ninguna señal luminosa	Verificar el fusible de luminosos y, si se alimentan con una tensión distinta de la maniobra, la salida del secundario del transformador que lo alimenta.
Fallo en un luminoso	Sustitución de la bombilla, la lámpara de neón o el led correspondiente.
El posicional de siete segmentos marca una planta distinta	El problema puede estar • En la programación del posicional. La maniobra o el circuito electrónico que controla el posicional facilita un código de cuatro bits que puede ir desde el valor 0000 hasta el valor 1111 (16 combinaciones distintas). Muchos modelos de posicionales permiten, según una programación o el posicionamiento de microrruptores, convertir la secuencia 0-1-2-3… en otra que sea adecuada al edificio (por ejemplo en un edificio con parking y entresuelo P1-0-E-1-2…). Esta configuración es la que habría que revisar. • En el circuito de adaptación de las señales individuales a la activación de los segmentos del visualizador. Este circuito es característico de maniobras en las que el posicionador de cabina no venía de origen sino que se incorporó con posterioridad por normativa. • En cualquiera de los hilos que codifican la señal en binario.

Temporizadores

En las maniobras clásicas se establecieron tres tipos de temporización en el control de la maniobra:

- **Máximo tiempo de recorrido:** es un sistema de seguridad que bloquea la maniobra en el caso de que el tiempo que tarda entre dos señales de nivel o de pulso excede de lo normal (por ejemplo, porque falla un contador o ha entrado la válvula paracaídas).
- **Temporizador de cabina:** marca el tiempo mínimo que pasa en la atención entre dos llamadas consecutivas de cabina. No permite atender nuevas llamadas de cabina hasta que transcurre el tiempo necesario para que el pasajero abra la puerta.
- **Temporizador de exteriores:** marca el tiempo mínimo, una vez pasado el tiempo de cabina, para atender una llamada exterior. No permite atender nuevas llamadas exteriores hasta que transcurre el tiempo necesario para que la persona que accede a la cabina seleccione a qué planta desea ir.

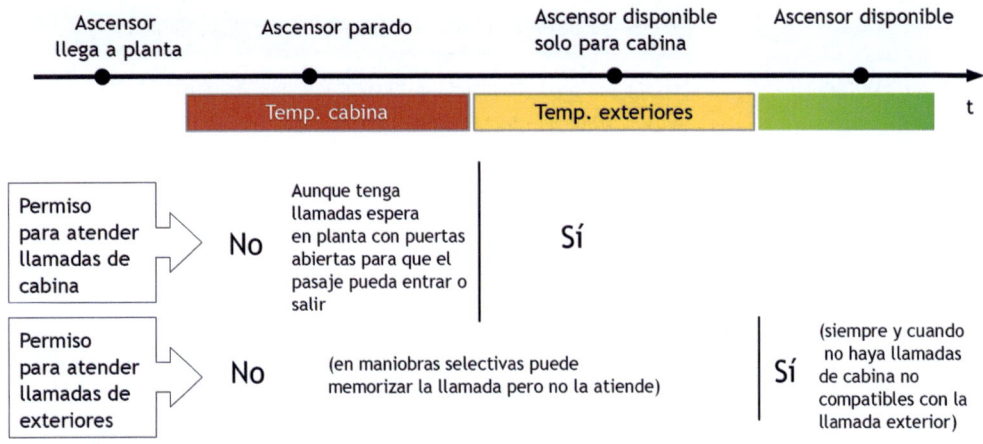

Ilustración 181. Diagrama de tiempos de reactivación temporizada de llamadas de cabina y exteriores en un ascensor.
Fuente: elaboración propia

La obtención de temporizaciones en maniobras antiguas se conseguía colocando un condensador y una resistencia en paralelo con la bobina del relé. De esta forma, la carga del condensador podía prolongar unos segundos la conexión de la bobina una vez que dejaba de estar alimentada. El principal problema es que, con el tiempo, los condensadores acaban degradándose y las temporizaciones se van reduciendo.

Más adelante se introdujeron componentes electrónicos que permitían retardos a la conexión y a la desconexión más fiables y más largos.

Actualmente las temporizaciones se realizan electrónicamente o por programación y se añaden, a estos tres temporizadores clásicos, otras prestaciones como puede ser:

- Tiempo previsto para el cierre de puertas (si en ese tiempo no se verifica el cierre de la serie la maniobra da orden de apertura y realiza un nuevo intento).
- Tiempos entre dos intentos consecutivos de cierre de puertas.
- Tiempo de la fase de estrella en un arranque estrella triángulo.
- Tiempo para hacer reenvío a planta baja cuando el ascensor no tiene llamadas.
- Tiempo en cerrar las puertas una vez que llega a planta y no tiene más llamadas.
- Tiempo de apagado de la luz de cabina con el ascensor en reposo.
- Separación del temporizador del máximo tiempo de recorrido en: máximo tiempo en rápida, máximo tiempo en lenta y máximo tiempo en inspección.
- Control preciso de todas las temporizaciones de apertura de freno, contactores y velocidades en sistemas con variador de frecuencia.
- Control de la temporización de la curva de velocidad en ascensores hidráulicos gestionados con una placa electrónica de control.

Mantenimiento correctivo eléctrico del subsistema de temporizaciones	
Avería por máximo tiempo de recorrido	Hay varias causas que pueden provocar la avería por máximo tiempo de recorrido. Entre ellas: • Actuación de la válvula paracaídas en ascensores hidráulicos. • Motor desconectado. • Fallo en los contactores. • Variador de frecuencia fuera de servicio. • Fallo en la acometida trifásica del motor. • No apertura del freno. • Fallo en el grupo de electroválvulas. • Llave de paso del aceite cerrada. • Activación del acuñamiento sin que llegue a accionar el contacto de la serie de seguridad. • Fallos en los sistemas de posicionamiento de cabina (no recepción de pulsos, no detección de nivel y continuación del viaje en lenta…). • Mal ajuste del tiempo máximo de recorrido (particularmente en plantas especialmente largas).
El ascensor no llega a abrir las puertas en planta y atiende otra llamada	Fallo en el temporizador de cabina (en algunas maniobras también puede deberse a un fallo en el operador de puertas).
En maniobras universales el ascensor va a una planta distinta de la pulsada en cabina	Propiamente, lo que puede estar pasando es que, al fallar la temporización de exteriores, un pasajero de otra planta puede llamar al ascensor antes de que quien ha entrado en cabina seleccione su piso.

Herramientas de autodiagnóstico en maniobras electrónicas

Una de las grandes ventajas aportadas por las maniobras electrónicas ha sido la mejora de la información facilitada al profesional con relación al estado de la maniobra y las averías. Cada maniobra tiene sus propias particularidades así como diversos modos de dar esta información (leds, códigos en un display, pantallas alfanuméricas, conexión presencial o remota a un ordenador…).

Sin poder entrar en las particularidades de cada maniobra, con carácter general, en el mantenimiento correctivo de maniobras nos interesa la información directa sobre **el estado de determinados circuitos clave**. El primero de ellos es la localización en la placa de los posibles leds asociados a la serie de seguridades previas y las series de puertas. Suele ser interesante también disponer de una información rápida y visual del estado de las señales de nivel y de pulso durante el trayecto y de otras señales. La posibilidad de observar esta información en tiempo real facilita mucho la indagación sobre averías que se pueden dar de modo aleatorio en diversos tramos del recorrido durante el viaje.

Cuando el ascensor está parado, resulta muy interesante la información que pueda facilitar la maniobra al respecto. Algunas de las averías tipo que la maniobra puede autodiagnosticar son:

- Series de seguridades abiertas.
- Series de puertas (presencias de hojas o cerrojos) abiertas durante el movimiento del ascensor.
- Serie de puertas cerrada tras dar orden de apertura de puertas.
- Actuación de la protección térmica del motor o del aceite.
- Actuación de la protección térmica de cuarto de máquinas.
- Contactor pegado.
- Exceso de tiempo para el cierre de puertas.
- Exceso de intentos de cierre de puertas sin que se cierre la serie de puertas.
- Fotocélula, sensibilidad o pulsador de apertura de puertas abierta excesivo tiempo.
- Antefinales activados fuera de plantas extremas.
- Ambos antefinales activados.
- Cambio anómalo del antefinal (el antefinal de bajada se activa durante un viaje en subida o viceversa).
- Activación de sobrecarga.
- Fallo de variador (la consola del variador señalará de forma más específica el fallo detectado).
- Descorrección de la posición por secuencia incorrecta de señales de pulsos y nivel.
- Ascensor en planta sin activación de la zona de desenclavamiento para renivelación en ascensores hidráulicos.
- Fusibles fundidos.
- Parámetros de programación incongruentes o fuera de rango.

Además de estos elementos que son averías, la maniobra puede ofrecer un listado de motivos de no arranque que no son considerados necesariamente como averías como pueden ser:

- Sobrecarga activa.
- Fotocélula, pulsador de apertura de puertas o sensiblidad abiertos.
- Llamada en la misma planta en la que se encuentra el ascensor.
- Ascensor en modo inspección.

De forma complementaria la mayor parte de las maniobras pueden ofrecer un listado de las últimas averías registradas así como información algo más precisa de en qué situación estaba el ascensor cuando se produjo la avería. Todos estos datos, aunque no abarcan, ni de lejos, la totalidad de averías posibles, son siempre informaciones valiosas que hay que tener en cuenta en el mantenimiento correctivo.

La tendencia actual es incorporar servicios de telemetría que permitan obtener de forma remota esta información cuando se produce un aviso. De este modo determinadas acciones como es el reinicio de la maniobra se pueden accionar remotamente o, por lo menos, ir a resolver el aviso con una noción previa de lo que nos podemos encontrar.

 Cuestonario

1. Identifica el nombre de cada unidad y la magnitud eléctrica que miden:

Símbolo	Nombre de la unidad	Magnitud eléctrica asociada
V		
A		
W		
kWh		
Ω		

2. Señala la posición del selector del tester y la posición de las puntas de prueba para la comprobación de la tensión a la entrada y la salida de la fuente de alimentación del esquema.

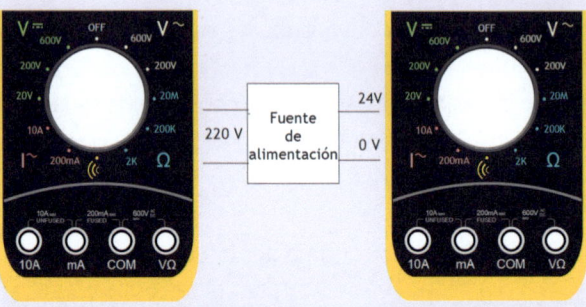

3. ¿Qué cuatro acciones hay que realizar para realizar un corte de acometida seguro en un ascensor en operaciones de mantenimiento?

4. Marca en cada frase si es verdadera o falsa:

☐ En un ascensor tienen que existir magnetotérmicos independientes para la maniobra, el alumbrado de cabina y la luz de hueco.

☐ El Reglamento electrotécnico de baja tensión establece que el cable de toma de tierra sea a franjas amarillas y verdes.

☐ Está permitido que la luz de cabina se apague cuando esté estacionado en planta con puertas cerradas.

☐ La existencia de un enchufe en el techo de cabina, en el cuarto de máquinas o en foso es opcional.

☐ Los ascensores deben contar con un sistema que garantice un alumbrado de emergencia en cabina durante, por lo menos, una hora, en caso de corte del suministro eléctrico.

5. Si en un ascensor una de las bobinas tiene el barniz fundido y hace contacto con la chapa del estátor.

☐ a) Saltará el magnetotérmico desde el mismo momento en que haga contacto.

☐ b) Saltará el magnetotérmico en cuanto entren los contactores del motor.

☐ c) Saltará el diferencial desde el mismo momento en que haga contacto.

☐ d) Saltará el diferencial en cuanto entren los contactores del motor.

6. En un ascensor hidráulico de dos velocidades de arranque directo los contactores que se requieren son:

☐ a) Un contactor para activar el ascensor en subida.

☐ b) Dos contactores para activar el motor del ascensor en subida

☐ c) Tres contactores: contactor de marcha, contactor de estrella y contactor de triángulo.

☐ d) Cuatro contactores: subir, bajar, rápida y lenta.

7. Marca en la siguiente lista los elementos que forman parte de la serie de seguridad del ascensor.

☐ Contacto del limitador de velocidad.

☐ Antefinal superior e inferior.

☐ Stop de cabina.

☐ Contacto auxiliar de seguridad del mando de inspección.

☐ Microrruptores de control de apertura de freno.

☐ Contacto de escalera de foso.

☐ Señal de nivel.

8. Marca en la siguiente lista posibles causas por las cuales un ascensor de dos velocidades pueda quedar parado en el momento en que debería pasar a velocidad lenta.

☐ Contactor de lenta desconectado.

☐ Bobinado de lenta del motor deteriorado.

☐ Señal de nivel permanentemente activada.

☐ Distancia excesivamente larga entre la señal de cambio de velocidad y nivel.

☐ Fallo en el contacto del contactor de lenta que debe mantener el freno abierto.

☐ Mala lubricación de las guías.

9. Marca en la siguiente lista qué elementos habría que comprobar si un ascensor permanece en planta con puertas abiertas sin atender llamadas:

☐ Estado de la fotocélula.

☐ Contacto del pulsador de apertura de puertas.

☐ Posibles fallos en el operador.

☐ Estado de la sonda de control de temperatura del cuarto de máquinas.

☐ Contacto del pulsador de cierre de puertas.

10. El fallo de exceso de tiempo de recorrido puede venir causado por:

☐ a) La activación simultánea de ambos antefinales.

☐ b) La actuación de la válvula paracaídas en un ascensor hidráulico.

☐ c) Fallos en la serie de puertas.

☐ d) Las tres anteriores son correctas.

Gestión de modificaciones y puesta en servicio de ascensores

¿Todavía un módulo más?

> Has visto cómo mantener y reparar ascensores. Quienes nos dedicamos a la conservación de ascensores hacemos, de tanto en tanto, otro tipo de tareas que nos falta por comentar: poner en servicio un aparato y realizar modificaciones sobre el mismo.

¿Y no hubiera sido más lógico haber comenzado el libro con lo de poner en marcha el ascensor y ya luego ver lo del mantenimiento y reparación?

> Hubiera sido más (crono-)lógico. Pero no creas, precisamente ahora que tienes una perspectiva de todo lo que conlleva la conservación de los ascensores puedes entender lo importante que es hacer una puesta en marcha rigurosa con todos sus ensayos y ajustes.

¿Y esto de las modificaciones? ¿Podemos trucar un ascensor para que corra más?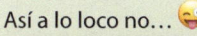

> Así a lo loco no…
> Pero con cabeza y cumpliendo la legislación se puede modificar lo que haga falta. En este módulo te explico qué y cómo.
> Ya ves, un módulo cortito y con esto casi terminamos el libro.

¿Casi?

> Casi, casi.

Presentación del módulo

Este módulo final es particularmente breve. En él se recogen algunos aspectos relacionados con la gestión de modificaciones importantes en el ascensor y la puesta en servicio del mismo.

La realización de modificaciones importantes, cuando son tareas ya de una cierta envergadura (sustitución de puertas, cambio de cabina, etc.), no suele recaer en el personal de mantenimiento ordinario sino en un departamento especializado o incluso en personal de montaje.

En otras modificaciones, en cambio, como puede ser una sustitución de cables, un cambio de limitador de velocidad, un cambio de máquina, etc. se aplican los conocimientos, técnicas, medidas de prevención y herramientas explicadas en módulos anteriores sobre mantenimiento correctivo mecánico, hidráulico y eléctrico que no procede volver a repetir aquí.

Así pues, en este módulo, más que analizar cada una de las múltiples labores de modificación de una instalación simplemente se expondrá, brevemente, el concepto de modificación y la forma en la que debe gestionarse administrativamente que es diferente al de una reparación ordinaria. Dado que este tipo de actuaciones pueden acarrear sanciones administrativas o, incluso, responsabilidades penales sobre quien las realiza es importante, como responsables de la conservación de ascensores tener algunas nociones básicas.

La puesta en servicio del ascensor es, en sentido estricto, el momento en el que formalmente se da por concluida la instalación y comienza el mantenimiento del ascensor. Así pues, desde el punto de vista de quien realiza la conservación, es el inicio de su trabajo. Puede resultar curioso que sea precisamente este el último punto de este libro. Tiene su sentido. Hemos realizado ya todo el recorrido: la definición del ascensor y sus elementos (módulo 1), su mantenimiento preventivo (módulo 2), las operaciones de rescate (módulo 3), el mantenimiento correctivo mecánico, hidráulico, eléctrico-electrónico (módulos 4, 5 y 6 respectivamente). Desde esta perspectiva volvemos al punto de origen, la entrega del ascensor, con suficiente bagaje para entender la importancia de realizar un buen traspaso, a qué temas hay que prestar especial atención y cómo hacer una correcta puesta a punto.

Estructura de contenidos

- **Modificaciones.**
- **Puesta en servicio.** *Revisión del montaje y remate de tareas pendientes. Limpieza y ajuste de elementos. Pruebas de seguridad.*

Modificaciones

Definición y ejemplo de modificaciones en un ascensor

Las modificaciones son cambios en ascensores ya existentes, que no pueden ser considerados como operaciones de simple mantenimiento o reparación, o que afecten únicamente a la estética del ascensor.

Algunos ejemplos de modificaciones importantes de un ascensor son:

- Cambios en la velocidad nominal, la carga, la masa de la cabina, el recorrido o el número de paradas.
- Cambio por otro elemento de distinto tipo de dispositivos de enclavamiento, maniobra, guías, puertas de cabina, puertas de exterior, el motor, la máquina, la polea motriz, el limitador de velocidad, los amortiguadores, el paracaídas, el dispositivo de bloqueo, el dispositivo de retén, el pistón, la válvula de sobrepresión, la válvula paracaídas, el freno, la plataforma, los dispositivos de maniobra en emergencia, la protección del movimiento incontrolado de la cabina y, en general, cualquier elemento que afecte a la seguridad del ascensor.

Aparte de las anteriores algunos ejemplos de modificaciones específicos de ascensores hidráulicos son el cambio del tipo de pistón, de retén, de válvula de sobrepresión, o de la válvula paracaídas.

No se consideran modificaciones importantes, en cambio operaciones tales como: la introducción de sistemas de apagado o atenuado de la iluminación de la cabina con el fin de mejorar la eficiencia energética del ascensor cuando no está en uso, las reparaciones, calibraciones o ajustes de elementos existentes, la sustitución de piezas que no son dispositivos de seguridad, etc.

No se puede considerar modificaciones la renovación completa del ascensor existente sea en una o varias etapas.

Aspectos legales y gestión de las modificaciones importantes

La empresa que realiza la modificación puede ser una empresa fabricante, instaladora o conservadora de ascensores (no es obligatorio que sea la misma empresa que lleve el contrato de mantenimiento del ascensor, si bien cualquier modificación debe coordinarse con ella).

El criterio general es que las modificaciones deben realizarse en base a la normativa en vigor, no a la que estuviera vigente en el momento de la instalación del aparato. En caso de que hubiera un problema de compatibilidad técnicamente irresoluble se deberá justificar y acreditar que las alternativas propuestas cumplen requisitos de seguridad equivalentes y que se establecen medidas de control específicas al respecto.

Para garantizar que una modificación importante cumple con las prescripciones establecidas en la Instrucción Técnica Complementaria del Reglamento de Ascensores en vigor hay tres opciones:

- **Mediante un examen de tipo.** Es el trámite más sencillo pues lo que hace la empresa que realiza la modificación es acogerse a las pruebas ya realizadas sobre un modelo por un fabricante, lo que simplifica la documentación a presentar y los ensayos que deben realizarse.
- **Mediante una verificación por unidad de una modificación.** Este es el trámite a realizar cuando se realizan modificaciones singulares, no protocolarizadas o sin modelos previamente aprobados. En este caso se debe presentar una información técnica bastante exhaustiva con las referencias a los planos y esquemas de diseño, la reglamentación aplicable, los ensayos y cálculos realizados, copia de las declaraciones CE de conformidad de todos los componentes utilizados, etc. También en este caso el organismo de control estudiará la documentación y realizará los oportunos ensayos y/o pruebas.

  Ni en el proceso de verificación por unidad ni en el examen de tipo las pruebas a realizar podrán ser más exigentes que los que se realizan para la primera puesta en servicio del ascensor.
- **Realización de la modificación en el marco de un sistema de gestión de la calidad certificado por una empresa acreditada.** Ello implica que la propia empresa responsable de la modificación cuenta con un sistema de control debidamente auditado y responde directamente del control y la idoneidad del trabajo realizado.

Realizado el control final el titular debe **notificar la modificación al departamento de industria de la comunidad autónoma** aportando la ficha técnica de la modificación, la declaración de la empresa de que la modificación cumple la normativa aplicable, las actas de las pruebas finales si fueran prescriptivas y el nuevo manual de funcionamiento que tenga en cuenta la modificación realizada. Todo ello se incorpora al expediente del ascensor.

La legislación sobre Seguridad industrial establece el régimen sancionador que puede aplicarse a los responsables y personas concernidas en la realización de modificaciones importantes que no sigan el procedimiento establecido y cuya actuación pueda causar daño a personas o bienes.

Puesta en servicio

La puesta en servicio de un ascensor es el acto mediante el cual, por primera vez, y una vez instalado, se pone el aparato a disposición de los usuarios cumpliendo, además, los requisitos de notificación al órgano competente de la comunidad autónoma establecidos en la Instrucción Técnica Complementaria de ascensores (gestión del alta en el RAE que se conoce también como "legalizar" el aparato)

Hasta que no se realiza la puesta en servicio el Reglamento de ascensores prohíbe utilizar el ascensor para fines distintos a los previstos. De un modo explícito, se prohíbe el uso del ascensor "*para el aprovechamiento como aparato elevador de materiales y/o personas para la construcción.*"

En la práctica cotidiana de las empresas la instalación y el mantenimiento son departamentos diferentes. Por ello se establecen protocolos internos para gestionar el traspaso y la responsabilidad sobre el ascensor desde el departamento de montaje al de mantenimiento. Esta operación de traspaso, a la que se suele designar como "*hacer la puesta en marcha*" es previa o simultánea a la puesta a disposición para el cliente. La "puesta en marcha" suele implicar la revisión de la calidad del montaje, el remate de tareas que no se pudieron terminar, la limpieza de la instalación, el ajuste de diversos elementos y las pruebas de seguridad finales.

Revisión del montaje y remate de tareas pendientes

En la puesta en marcha se debe realizar un examen de toda la instalación por comprobar que está debidamente montada. En caso de deficiencias graves lo habitual es que se remita la responsabilidad de su subsanación al departamento de montaje.

En ocasiones, cuando se trata de pequeños remates o tareas que, por cualquier motivo, no se pudieron acometer en la instalación, es posible que se realicen en la operación de puesta en marcha. Algunas de estas tareas típicas son:

- La revisión y ajuste fino de la nivelación.
- La revisión de la regulación de las puertas.
- La detección y solución de pequeños ruidos.
- El ajuste preciso del pesacargas.
- La programación de la línea de teléfono y comunicación de emergencia.
- La retirada de plásticos de protección de cabina y botoneras.
- El pegado de señalizaciones y carteles.

Limpieza y ajuste de elementos

También suele realizarse en la puesta en marcha la limpieza en profundidad de toda la instalación (hueco, pisaderas, puertas, cabina, espejos, cristales…). Esta operación de limpieza implica también la retirada de materiales no usados en montaje o piezas de recambio que puedan venir con el material de la instalación.

Entre los elementos de ajuste en la puesta en marcha se suele prestar especial atención a:

- El engrase de la instalación (guías, motor, poleas, silleta…).
- La regulación del confort del recorrido: (ajuste de válvulas en ascensores hidráulicos, revisión del ajuste de freno en ascensores eléctricos de dos velocidades y curvas en S de ascensores con variador de velocidad).

- El ajuste de las diversas temporizaciones en función del uso de la instalación.
- Otros ajustes de programación que optimicen el uso del aparato y reduzcan el número de avisos por averías o disfunciones (número de llamadas máximas admitidas en cabina, número de reintentos de cierre de puertas, definición de la planta de reenvío, definición de la planta de bomberos, selección de la planta a la que el ascensor acudirá para corregirse al dar corriente, etc.).

Inspecciones y ensayos previos a la puesta en marcha

 Actividad de aprendizaje 1

Tradicionalmente la empresa que realiza el montaje del aparato ha sido la responsable del control final y los ensayos previos a la puesta en marcha; no obstante, se lleva años debatiendo sobre la pertinencia o no, que antes de la puesta en servicio de un aparato sea prescriptiva la intervención de un Organismo de Control Autorizado ajeno a la empresa que realice la inspección del aparato.

Indaga, en la Instrucción Técnica Complementaria del reglamento de ascensores vigente cuáles son actualmente las prescripciones legales sobre este tema.

Las pruebas previas a la puesta en marcha que, por lo general deben realizarse, son **todas las establecidas en el plan de mantenimiento anual** y que se trataron con profundidad en el módulo de mantenimiento preventivo.

Además de ello la norma EN 81-20 en su apartado 6.3 detalla los siguientes ensayos previos a la puesta en marcha.

Ensayo del sistema de frenado

El ensayo debe demostrar que:

a. El freno electromecánico debe ser capaz, por sí mismo, de detener la máquina cuando la cabina desciende a su velocidad nominal y con un 125 % de la carga nominal. En estas condiciones, la deceleración de la cabina no debe ser más brusca que la actuación del paracaídas o el impacto contra los amortiguadores.

b. Si uno de los conjuntos de freno no funciona, el que está operativo es capaz de frenar la cabina en bajada yendo a velocidad nominal y con su carga nominal.

c. Así mismo debe comprobarse que dentro de ciertos límites (típicamente al abrir el freno) la cabina se mueva en el sentido favorable (o que existen medios disponibles y operativos para que así lo haga).

Instalación eléctrica

Se deben realizar una inspección visual valorando daños, cables sueltos, flojos, etc. Además, debe garantizarse la continuidad de los conductores, el aislamiento de los diferentes circuitos y, muy importante, comprobación de la efectividad de las medidas de protección de la acometida.

Comprobación de la adherencia

Pruebas para valorar que la adherencia llega a los mínimos exigibles: la adherencia mínima debe comprobarse mediante la realización de diferentes paradas con las condiciones más severas de frenado compatibles con la instalación. En cada ensayo, el ascensor debe detenerse completamente. El ensayo se debe llevar a cabo:

- Con la cabina subiendo vacía, en la parte superior del recorrido;
- Con la cabina cargada al 125 % de su carga nominal, en la parte inferior del recorrido.

Prueba para valorar que la adherencia no pasa de los máximos tolerables: con el contrapeso apoyado en su amortiguador se debe hacer girar la máquina hasta que deslicen los cables o, si el deslizamiento no ocurre, verificar que la cabina no llega a elevarse.

Comprobación del equilibrado

Se debe comprobar también que el equilibrado es el declarado por el instalador.

Acuñamiento de cabina y contrapeso

El propósito del ensayo antes de la puesta en servicio es comprobar el correcto montaje, ajuste y solidez del montaje completo, incluyendo a la cabina y a su decoración, al paracaídas y a las guías y su fijación al edificio.

El ensayo se debe hacer con la cabina en movimiento descendente, con la carga requerida distribuida uniformemente sobre la superficie de la cabina, con la máquina funcionando hasta que los cables deslicen o se aflojen, y con las condiciones de carga que para cada ascensor estipula la norma (UNE EN 81-20 6.3.4)

Después del ensayo, se debe constatar que no ha ocurrido ningún daño que pueda afectar adversamente al funcionamiento normal del ascensor. Si es necesario, los componentes de fricción se pueden remplazar. Se considera suficiente una inspección visual.

Para facilitar el desbloqueo del paracaídas, se recomienda que el ensayo se haga junto a una puerta para facilitar la descarga de la cabina.

Dispositivo de bloqueo cuando exista

El dispositivo de bloqueo es un sistema utilizado por algunos ascensores para evitar el descenso involuntario de cabina manteniéndola estacionada en soportes fijos ubicados en cada planta.

En caso de existir deben realizarse las siguientes comprobaciones

a. Ensayo dinámico. El ensayo se debe hacer mientras la cabina esté viajando hacia abajo a velocidad nominal, con la carga distribuida uniformemente, y con los contactos del dispositivo de bloqueo y del amortiguador por disipación de energía si los hubiera, cortocircuitados para evitar el cierre de la válvula de descenso.

La cabina debe estar cargada al 125% de la carga nominal y será detenida por el dispositivo de bloqueo en cada acceso.

Después del ensayo, se debe constatar que no ha ocurrido ningún daño que pueda afectar adversamente al funcionamiento normal del ascensor. Se considera suficiente una inspección visual.

b. Un examen visual del acoplamiento del o de los dispositivos de bloqueo con todos los soportes, y de la holgura de funcionamiento, medida en un plano horizontal, del o de los dispositivos de bloqueo con todos los soportes a lo largo del recorrido.

c. Comprobación de la carrera de los amortiguadores.

Amortiguadores

a. Amortiguadores del tipo de **acumulación de energía** (tipo muelle o amortiguador de goma). El ensayo se debe llevar a cabo de la siguiente forma: la cabina, con su carga nominal, debe descansar sobre el o los amortiguadores, los cables se deben dejar flojos o se debe reducir la presión del circuito hidráulico al mínimo mediante el accionamiento del pulsador de la maniobra manual de emergencia en descenso, y se debe comprobar que la compresión se corresponde con lo indicado en la documentación técnica de conformidad (NOTA: Puede ser necesario anular o modificar temporalmente el ajuste del dispositivo de presión mínima).

b. Amortiguadores del tipo de **disipación de energía** (tipo hidráulico o similar). El ensayo se debe llevar a cabo de la siguiente forma: la cabina, con su carga nominal y el contrapeso, se deben llevar contra sus amortiguadores a la velocidad nominal o a la velocidad para la que ha sido diseñada la carrera de los amortiguadores en el caso de amortiguadores de carrera reducida, comprobando la deceleración.

Después del ensayo, se debe constatar que no ha ocurrido ningún daño que pueda afectar adversamente al funcionamiento normal del ascensor. Se considera suficiente una inspección visual.

Válvula paracaídas

Se debe llevar a cabo un ensayo del sistema con la carga nominal uniformemente distribuida y a una sobrevelocidad de descenso para accionar la válvula paracaídas. El ajuste correcto de la velocidad de accionamiento se debe comprobar, por ejemplo, comparando con el diagrama de ajuste proporcionado por el fabricante. En el caso de ascensores con varias válvulas interconectadas, la comprobación de la simultaneidad de su cierre se debe hacer midiendo la inclinación del techo de cabina.

Ensayo de presión

Se somete al circuito hidráulico a una presión hidráulica equivalente al 200 % de la presión a plena carga, entre la válvula antirretorno y el cilindro. Se observará entonces el sistema, durante 5 min, para comprobar que no hay ni fugas ni caídas de presión (teniendo en cuenta los posibles efectos del cambio de temperatura del fluido hidráulico).

Después del ensayo, se debe confirmar mediante comprobación visual que se mantiene la integridad del sistema hidráulico.

Este ensayo se debe llevar a cabo después del ensayo de los dispositivos contra la caída libre e incluir cualquier elemento hidráulico que forme parte del medio de protección contra movimientos incontrolados de la cabina.

Medios de protección contra sobrevelocidad de la cabina en subida

El ensayo se debe llevar a cabo con la cabina vacía y ascendiendo a una velocidad no inferior a la nominal, usando únicamente este dispositivo para frenarla.

Parada de la cabina en los accesos y precisión de nivelación

Se debe verificar en todos los accesos, y en ambas direcciones de viaje, que la precisión de nivelación de la cabina es de 1 cm.

Si durante, por ejemplo, las operaciones de carga y descarga se sobrepasa la precisión de nivelación de 2 cm debe volver a nivelar con precisión de 1 cm

Protección contra el movimiento incontrolado de la cabina

Estos sistemas son específicos de ascensores, generalmente hidráulicos, susceptibles de realizar movimientos de renivelación o aproximación con puertas abiertas y cuyo sistema de parada no es un freno.

En estos casos debe verificarse la detención del aparato en caso de movimiento incontrolado de la cabina que lleve al ascensor fuera de la zona de seguridad.

Comprobación del cierre de puertas de piso

Estando la cabina fuera de planta debe verificarse que al abrir la puerta exterior 10 cm y soltar esta se cierra y enclava.

 **Cuestonario**

1. Marca en la siguiente lista aquellas operaciones que son consideradas modificaciones importantes:

☐ Bajar la puerta de la planta baja para que llegue a cota cero.

☐ Introducir un sistema de apagado de las luces de cabina para ahorrar energía cuando el ascensor esté parado con puertas cerradas.

☐ La retirada del ascensor actual y el montaje de uno nuevo.

☐ Pasar de puertas de cabina semiautomáticas a automáticas para mejorar la accesibilidad.

☐ Cambio de los cables de tracción por otros del mismo diámetro y tipo.

☐ La modificación de la decoración de cabina.

2. Marca si las siguientes frases son verdaderas o falsas:

☐ Las modificaciones importantes deben comunicarse al departamento de industria e incorporarse al expediente técnico del ascensor.

☐ El examen de tipo es un trámite más sencillo pues se basa en las pruebas y ensayos ya realizados por el fabricante sobre un modelo.

☐ La verificación por unidad es el trámite adecuado en modificaciones singulares sin modelos previamente aprobados.

3. En un ascensor se va a realizar la sustitución de la maniobra. Marca la frase verdadera:

☐ a) El cambio de maniobra obliga también a la sustitución del motor, el operador de puertas y el resto de elementos electromecánicos del ascensor.

☐ b) El cambio de maniobras es considerada una operación de simple mantenimiento o reparación.

☐ c) La nueva maniobra basta con que cumpla las normas que estaban vigentes cuando se legalizó el ascensor.

☐ d) La nueva maniobra debe cumplir con todas las normas actualmente vigentes.

4. Escribe tres ejemplos de operaciones de ajuste de elementos previo a la puesta en marcha.

5. ¿En qué norma se especifican los ensayos previos a la puesta en marcha de un ascensor?

6. Según la normativa actual, ¿las pruebas de acuñamiento previas a la puesta en marcha se realizan estando el ascensor parado o en marcha?

7. Según la normativa actual, ¿las pruebas de frenado se realizan con el ascensor vacío, a plena carga o con un peso superior a plena carga?

8. ¿Cuál es la precisión en la nivelación exigible a cualquier ascensor de nueva construcción?

9. ¿A qué presión y durante cuánto tiempo debe probarse la instalación hidráulica de un ascensor?

10. ¿A qué distancia debe abrirse una puerta exterior semiautomática o automática para verificar que es capaz de cerrar y enclavar por sí sola cuando no está la cabina en planta?

Epílogo: una cuestión de confianza

En este libro le hemos dedicado muchas páginas a los aspectos técnicos del trabajo de conservación de ascensores. Hemos dado importancia también, pues nos jugamos mucho allí, a todo lo relacionado con la prevención de riesgos laborales.

Quizás hemos pasado más de puntillas por otras dimensiones también importantes del trabajo de conservación como son los aspectos comerciales, la relación con el cliente, el compromiso con la propia formación, el trabajo en equipo, los derechos laborales, el sentido de empresa, la gestión de la calidad, la ética profesional, el desarrollo personal… probablemente un libro de texto sobre conservación de ascensores no sea el contexto literario idóneo para hablar de ello, y aun así, es ineludible acabar haciéndolo.

Quienes nos dedicamos a la conservación de ascensores somos algo más, bastante más, que ejecutores de un oficio o meras piezas en el engranaje técnico o burocrático del mantenimiento del ascensor. No cosas, sino personas al servicio de otras personas. Personas de confianza, para nuestros clientes, nuestras empresas y nuestros equipos de trabajo.

Es desde aquí, donde trazamos una frontera entre la díscola sumisión de las máquinas y la dignidad y compromiso de quienes las mantenemos. Línea que es vector de desarrollo, un camino, para nosotros siempre vertical, por donde avanzar, un espacio en el que podemos apoyar humanamente, con nuestros artefactos, a quienes requieren subir o bajar con menos esfuerzo, más rápido o más cómodamente, una vía para crear oportunidades de negocio y facilitar soluciones técnicas y responsables.

De otro modo, corremos el riesgo, tras varios cientos de páginas (y otras miles más que pudieran añadirse), de creer poder entenderlo todo… sin haber realmente entendido nada. De pensar, ingenuamente, que todo trabajo técnico es ajeno a una dimensión ética y una dimensión social.

Creamos entonces la posibilidad de la confianza como una forma humana de relación profesional, como un compromiso cordial y razonable, como una fiabilidad que se comparte, como algo que, no solo hacemos, sino que honestamente somos. Confianza auténtica, no hecha de buenas intenciones, ni falsas apariencias, ni lemas publicitarios, ni simulacros de cortesía. Trabajo comprometido, desarrollo sostenido, aparato a aparato, piso a piso, ("golpe a golpe, verso a verso" que diría Machado), empeño cotidiano en crear y mantener algo, unas máquinas y un oficio… que realmente merezcan ser conservados.

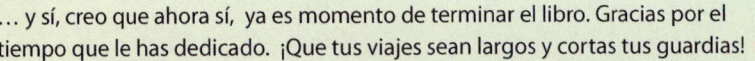

… y sí, creo que ahora sí, ya es momento de terminar el libro. Gracias por el tiempo que le has dedicado. ¡Que tus viajes sean largos y cortas tus guardias! 😌

canoⅢpina es una editorial dedicada al
libro técnico y formativo

www.canonopina.com

ediciones@canopina.com

 editorial_canopina

 canopina

 @canopina_editor